高等职业教育产教融合新形态教材——工业机器人技术专业

工业机器人构造与检修

主　编　◎　李　能　　熊治文　　杨启杰
副主编　◎　甘　杰　　卢泽松　　林煌均
参　编　◎　零的应　　凌裕华　　赖世杰
　　　　　　黎家强

西南交通大学出版社
·成　都·

图书在版编目（CIP）数据

工业机器人构造与检修 / 李能，熊治文，杨启杰主编. -- 成都：西南交通大学出版社，2025.8. -- ISBN 978-7-5774-0532-2

Ⅰ．TP242.2

中国国家版本馆 CIP 数据核字第 2025YZ6783 号

Gongye Jiqiren Gouzao yu Jianxiu

工业机器人构造与检修

主编　李　能　　熊治文　　杨启杰

策划编辑	梁志敏　王　旻
责任编辑	梁志敏
责任校对	谢玮倩
封面设计	墨创文化
出版发行	西南交通大学出版社 （四川省成都市金牛区二环路北一段 111 号 西南交通大学创新大厦 21 楼）
营销部电话	028-87600564　028-87600533
邮政编码	610031
网　　址	https://www.xnjdcbs.com
印　　刷	成都市新都华兴印务有限公司
成品尺寸	185 mm × 260 mm
印　　张	13
字　　数	333 千
版　　次	2025 年 8 月第 1 版
印　　次	2025 年 8 月第 1 次
书　　号	ISBN 978-7-5774-0532-2
定　　价	48.00 元

课件咨询　028-81435775
图书如有印装质量问题　本社负责退换
版权所有　盗版必究　举报电话：028-87600562

前　言

在智能制造浪潮席卷全球的时代背景下，工业机器人作为高端装备制造业的核心载体，正以前所未有的深度与广度渗透到汽车制造、电子信息、航空航天等诸多领域，成为驱动生产效率跃升、加速产业转型升级的关键引擎。为培养契合产业需求的高素质应用型人才，助力相关专业学子与行业从业者系统掌握工业机器人构造与检修核心知识，我们精心编写了这本《工业机器人构造与检修》教材。

本教材以培养应用型人才为导向，在内容编排上匠心独运，严格遵循认知规律。从工业机器人的基本认知切入，逐步深入机械传动原理的核心内容，对典型串联四轴、六轴机器人的构造与检修技术进行细致入微的剖析。同时，教材还涵盖末端执行器设计、日常保养维护、电气系统维护等关键模块，构建起完整且严谨的知识体系，真正实现理论教学与实践应用的深度融合，帮助学习者全方位、系统化地掌握工业机器人构造与检修技术，切实提升实际操作能力。

鉴于工业机器人领域产品型号丰富、技术迭代迅速，本教材难以涵盖所有类型与结构。编写团队经广泛调研产业发展现状，深入挖掘企业实际需求，精选具有行业代表性的工业机器人品牌与型号作为教学范例，力求以点带面，为学习者搭建起通向工业机器人技术世界的桥梁，起到抛砖引玉的作用。

本教材共七个教学项目，其中，凌裕华编写项目一；凌裕华、赖世杰共同编写项目五；杨启杰、零的应共同编写项目二；李能编写项目三、项目四；李能、黎家强共同编写项目六；熊治文、甘杰共同编写项目七。珠海福泽智能科技有限公司卢泽松先生、广州煌嘉智能科技有限公司林煌均先生深耕工业机器人维修一线，积累了丰富的实践经验，作为技术顾问与副主编，他们凭借专业视角，为教材编写提供了关键指导与大量技术支持，有力保障了教材内容的专业性与实用性。

在此，谨向所有参与教材编写、为此书的编写给予帮助的工作者致以最诚挚的感谢！鉴于编者水平有限，书中难免存在疏漏与不足之处，恳请同行教师与广大读者不吝赐教，提出宝贵意见，助力教材质量不断提升。

编　者

2025 年 4 月

目 录

项目一 工业机器人基本认知 ... 001
- 1.1 工业机器人的作用及类型 ... 001
- 1.2 工业机器人的基本组成及主要技术参数 ... 007

项目二 机械传动基本原理 ... 019
- 2.1 齿轮传动 ... 019
- 2.2 谐波减速器 ... 031
- 2.3 RV 减速器 ... 032
- 2.4 齿轮传动的润滑 ... 033
- 2.5 同步带传动 ... 035
- 2.6 轴承的作用及主要类型 ... 037

项目三 典型串联四轴机器人构造与检修 ... 039
- 3.1 SCARA 机器人构造与检修 ... 039
- 3.2 垂直多关节四轴机器人构造与检修 ... 075

项目四 典型串联六轴机器人构造与检修 ... 077
- 4.1 机座 ... 077
- 4.2 一轴 ... 080
- 4.3 二轴 ... 088
- 4.4 三轴 ... 094
- 4.5 四轴 ... 102
- 4.6 五轴 ... 107
- 4.7 六轴 ... 110
- 4.8 平衡器 ... 112

项目五 末端执行器 116

5.1 卡爪式夹持器 116

5.2 吸附式取料手 117

5.3 焊枪及送丝系统 118

5.4 喷枪及喷涂系统 121

项目六 工业机器人保养与维护 123

6.1 工业机器人的保养 123

6.2 工业机器人的零点标定 130

项目七 工业机器人电气维护 139

7.1 伺服电机的构造及工作原理 139

7.2 控制柜内部结构及部件更换 145

7.3 系统备份与加载 161

7.4 故障诊断 180

附 录 197

附录 A FANUC M-10iA 工业机器人各轴及总装 3D 动画 197

附录 B 电路图 198

参考文献 202

项目一 工业机器人基本认知

1954 年，乔治·德沃尔申请程序化物品转移专利，该设计被认为是现代工业机器人雏形。1973 年，德国库卡公司制造出第一台电机驱动的六轴工业机器人 FAMULUS，奠定了多关节机器人的技术基础。1978 年，日本研发出选择性柔顺装配机械手（SCARA），显著提升了精密装配场景的作业效率。20 世纪 70 年代末，工业机器人开启智能化演进阶段，逐步集成传感器、控制系统与自主决策能力。如今，工业机器人已在汽车、电子、冶金、轻工、石化、医药等 52 个行业大类、143 个细分领域中得到广泛应用。

工业机器人作为高端制造装备的重要组成部分，不仅是我国先进制造业的关键技术支撑，更是信息化社会的核心生产设备。我国工业机器人产业起步于 20 世纪 70 年代初，其发展历程可系统划分为三个重要阶段：70 年代的萌芽探索期、80 年代的技术开发期及 90 年代的成果实用化期。经过二十余年的持续发展，我国工业机器人产业已形成较为完善的产业体系，并具备一定的发展规模。

在产业发展成果方面，我国现已实现部分机器人核心元器件的自主生产，并成功开发出弧焊、点焊、码垛、装配、搬运、注塑、冲压、喷漆等多类型工业机器人。沈阳新松、深圳汇川、安徽埃夫特、南京埃斯顿等本土企业生产的工业机器人，已广泛应用于国内众多企业的智能化生产线上，有力推动了制造业的自动化升级。与此同时，产业的快速发展也催生出一批专业素养过硬的机器人技术研究人才。

在技术研发领域，众多科研机构与企业持续深耕，已全面掌握工业机器人操作机的优化设计制造技术、控制与驱动系统的硬件设计技术、软件编程技术、运动学及轨迹规划技术，以及弧焊、点焊等专项工艺技术，还具备大型机器人自动生产线及周边配套设备的研发制造能力。尤为值得关注的是，部分关键技术已达到国际先进水平，甚至在某些细分领域实现了与世界前沿技术的齐头并进，彰显出我国工业机器人产业强劲的创新实力与发展潜力。

1.1 工业机器人的作用及类型

1.1.1 工业机器人的定义

尽管机器人技术已历经数十年发展，但至今尚未形成统一的定义。这主要归因于机器人应用领域广泛、技术迭代迅速，同时还涉及复杂的人类概念。正因如此，全球各国标准化机构，甚至同一国家的不同标准化组织，始终未能达成一个统一、精确且得到国际公认的严格定义。

本书将重点介绍几种在相关资料中被广泛引用的工业机器人定义：

（1）美国机器人协会定义：工业机器人是一种具备编程能力的多功能操作机，可通过程序控制执行各类任务，实现对材料、零件、工具或专用装置的移动。

（2）国际标准化组织（International Organization for Standardization，ISO）定义：机器人是一种自动可控、位置精准、具备编程功能的多功能机械手，通常配备多个轴，能够通过程序操作处理材料、零件、工具及专用装置，完成多样化任务。

（3）我国国家标准《机器人 词汇》（GB/T 12643—2025）定义：工业机器人是一种"自动控制且可重复编程的多用途操作机，能对三个或更多的轴编程，能固定在某一位置或固定在移动平台上，在工业自动化中使用"。

由此不难看出，工业机器人是由仿生机械结构、电动机、减速机及控制系统组成的，可用于从事工业生产，能够自动执行工作指令的机械装置。它可以接受人类的指挥，也可以按照人类预先编排好的程序执行。最新的现代工业机器人还能通过加载人工智能技术实现智能化的动作指令。

1.1.2 工业机器人的分类

工业机器人的结构多种多样，其功能、特性、驱动方式、控制方式、应用场合等各不相同，因此关于工业机器人的分类，国际上没有制定统一的标准，本书将主要从机器人的结构特征、驱动方式、控制方式、应用领域来介绍工业机器人的分类。

1.1.2.1 按机器人的结构特性分类

机器人的结构类型多种多样，其运动多用坐标特性来表示。通常可以分为直角坐标机器人、柱面坐标机器人、球面坐标机器人、多关节机器人、并联关节机器人等。

1. 直角坐标机器人

直角坐标机器人是指在空间上具有相互垂直关系的 3 个独立自由度的多用途机器人。其 3 个关节都是可移动关节，关节的轴线相互垂直，类似于笛卡儿坐标系的 x 轴、y 轴、z 轴，如图 1-1 所示。

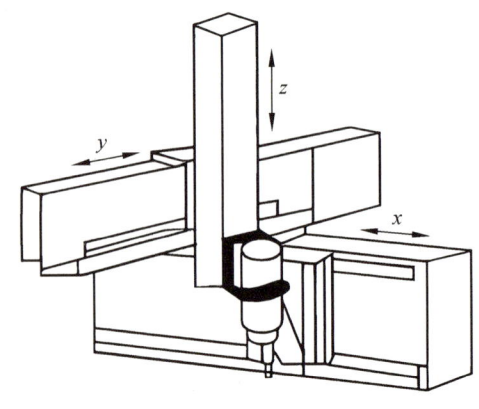

图 1-1 直角坐标机器人

直角坐标机器人的特点主要表现为直线运动，控制简单，其不足之处是灵活性较差、自身占据空间较大。

2. 柱面坐标机器人

柱面坐标机器人是指能够形成圆柱坐标系的工业机器人。该机器人的结构主要由一个旋转关节和垂直、水平移动两个移动关节构成，如图1-2所示。其末端执行器的姿态可由（z, r, θ）决定。

柱面坐标机器人的特点主要包括：空间结构紧凑，工作范围较大，末端执行器速度较高，控制简单且运动灵活等。但其空间利用率相对较低，原因在于工作时需沿 r 轴线进行前后方向的移动。

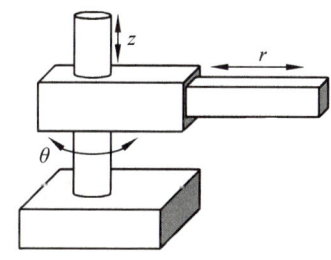

图1-2 柱面坐标机器人

3. 球面坐标机器人

球面坐标机器人一般由两个回转关节和一个移动关节构成。其轴线按极坐标配置，r 为移动坐标，β 为手臂在铅锤面内的摆动角，θ 是绕手臂支承底座垂直轴的转动角。其运动形成的轨迹表面为半球面，如图1-3所示。

球面坐标机器人的特点主要是占用空间小，操作灵活且范围大，但其运动学较为复杂，难以控制。

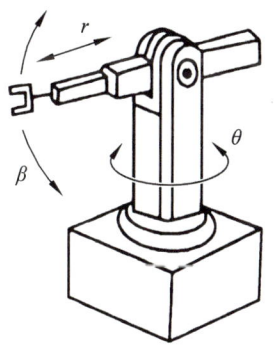

图1-3 球面坐标机器人

4. 多关节机器人

多关节机器人是指具备多个关节的工业机器人，也称关节手臂机器人或者关节机械手臂，是当今工业领域应用最为广泛的一种机器人，按照关节的构型不同可分为垂直多关节机器人与水平多关节机器人。

垂直多关节机器人主要由机座和多关节臂构成。目前常见的关节臂数有 3~6 个。如图 1-4 所示为发那科（FANUC）垂直多关节机器人。该类型机器人结构紧凑、工作空间大，动作接近于人类，工作时能够绕开障碍物，在焊接、装配等领域都有较好的适用性。

图 1-4　垂直六关节臂机器人

水平多关节机器人也称 SCARA（Selective Compliance Assembly Robot Arm，选择顺应性装配机器手臂），如图 1-5 所示。该类型机器人广泛应用于电子产品工业、汽车工业等领域，可用于完成搬取、装配、喷涂、焊接等操作。

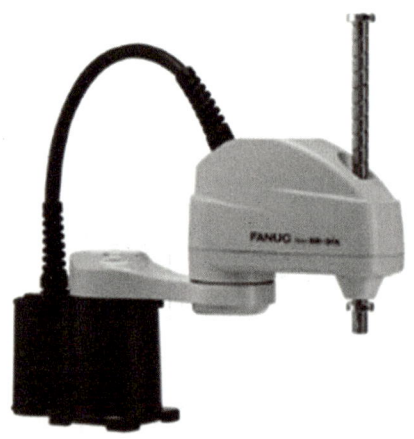

图 1-5　水平多关节机器人

5. 并联机器人

并联机器人是指由固定底座与具有若干自由度的末端执行器，通过不少于两条独立运动链连接形成的新型机器人，如图 1-6 所示。该类型机器人广泛应用于装配、搬运、分拣等需要高精度或大载荷量，且无须很大工作空间的场景。

与串联型机器人相比，并联机器人具有无累积误差、精度较高、结构紧凑、刚度高、承载能力强、工作空间较小等特点，且具有较好的各向同性。

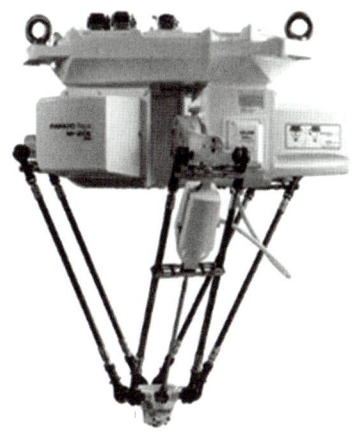

图 1-6 并联机器人

1.1.2.2 按机器人的驱动方式分类

1. 气动式机器人

气动式机器人通过压缩空气来驱动其执行机构。这种驱动方式的优点是空气来源方便,动作迅速,结构简单,造价低;缺点是空气具有可压缩性,导致工作速度的稳定性较差。因气源压力一般只有 60 MPa 左右,故此类机器人适用于抓举力较小的场合。

2. 液动式机器人

相对于气力驱动,液力驱动的机器人具有大得多的抓举能力,可高达上百千克。液力驱动式机器人结构紧凑,传动平稳且动作灵敏;但其对密封的要求较高,不宜在高温或低温场合工作,且对制造精度要求较高,成本较高。

3. 电动式机器人

目前越来越多的机器人采用电力驱动式,这不仅是因为电动机可供选择的品种众多,更是因为其可以运用多种灵活的控制方法。

电力驱动是利用电动机产生的力矩驱动执行机构,以获得所需的位置、速度、加速度。电力驱动具有无污染、易于控制、运动精度高、成本低、驱动效率高等优点,其应用最为广泛。

电力驱动又可分为步进电动机驱动、直流伺服电动机驱动、无刷伺服电动机驱动等。

4. 新型驱动方式机器人

伴随着机器人技术的发展,出现了利用新的工作原理制造的新型驱动器,如静电驱动器、压电驱动器、形状记忆合金驱动器、人工肌肉及光驱动器等。

1.1.2.3 按机器人的控制方式分类

1. 非伺服机器人

非伺服机器人按照预先编好的程序顺序进行工作,使用限位开关、制动器、插销板和定序器来控制机器人的运动。插销板用来预先规定机器人的工作顺序，往往是可调的。定序器是一种按照预定的正确顺序接通驱动能源的装置。驱动装置接通能源后，带动机器人的手臂、腕部和手部等装置运动。

当它们移动到由限位开关所规定的位置时，限位开关切换工作状态，给定序器送去一个工作任务已经完成的信号，并使终端制动器动作，切断驱动能源，使机器人停止运动。非伺服机器人工作能力比较有限。

2. 伺服控制机器人

伺服控制系统是机器人运动最常见的控制方式。伺服控制机器人将通过传感器取得的反馈信号与来自给定装置的综合信号比较后，得到误差信号，经过放大后用来激发机器人的驱动装置，进而带动手部执行装置以一定规律运动，到达规定的位置或速度等，这是一个反馈控制系统。伺服系统的被控量可为机器人手部执行装置的位置、速度、加速度和力等。伺服控制机器人比非伺服机器人有更强的工作能力。

伺服控制机器人按照控制的空间位置不同，又可以分为点位伺服控制和连续轨迹伺服控制：

（1）点位伺服控制机器人的运动为空间点到点之间的直线运动，在作业过程中只控制几个特定工作点的位置，不对点与点之间的运动过程进行控制，其所能控制点数的多少取决于控制系统的复杂程度。常用于点焊、搬运机器人。

（2）连续轨迹控制机器人的运动轨迹可以是空间中的任意连续曲线，具有良好的控制和运行特性。由于数据是依时间采样的，而不是依预先规定的空间采样，因此机器人的运行速度较快、功率较小、负载能力也较小。连续轨迹伺服控制机器人主要用于弧焊、喷涂、打飞边毛刺和检测。

1.1.2.4　按程序输入方式分类

1. 编程输入型机器人

编程输入型机器人是将计算机上已编好的作业程序文件，通过 RS-232 串口或者以太网等通信方式传送到机器人控制柜，计算机解读程序后输出相应控制信号，命令各伺服系统控制机器人来完成相应的工作任务。

2. 示教输入型机器人

示教输入型机器人的示教方法有两种：

（1）由操作者用手动控制器（示教操纵盒等人机交互设备）将指令信号传给驱动系统，使执行机构按要求的动作顺序和运动轨迹操演一遍，图 1-7 所示即为通过示教器来控制机器人运动的工业机器人。

（2）由操作者直接控制执行机构，按要求的动作顺序和运动轨迹操演一遍。在示教的同时，工作程序的信息自动存入程序存储器中。在机器人自动工作时，控制系统从程序存储器中调出相应信息，将指令信号传给驱动机构，使执行机构再现示教的各种动作。

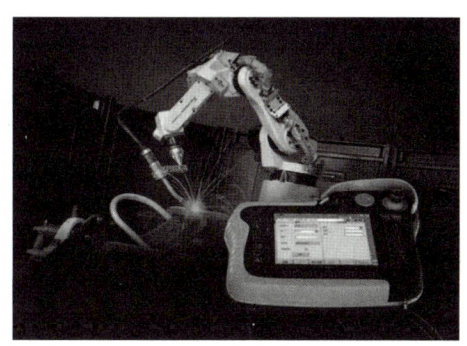

图 1-7 示教机器人

1.2 工业机器人的基本组成及主要技术参数

1.2.1 工业机器人系统的主要组成

工业机器人是一种功能齐全、可独立运行的典型机电一体化设备。一台通用的工业机器人主要包括机械结构系统、驱动系统、控制系统、感知系统、人机交互系统以及机器人-环境交互系统等组成部分,如图 1-8 所示。

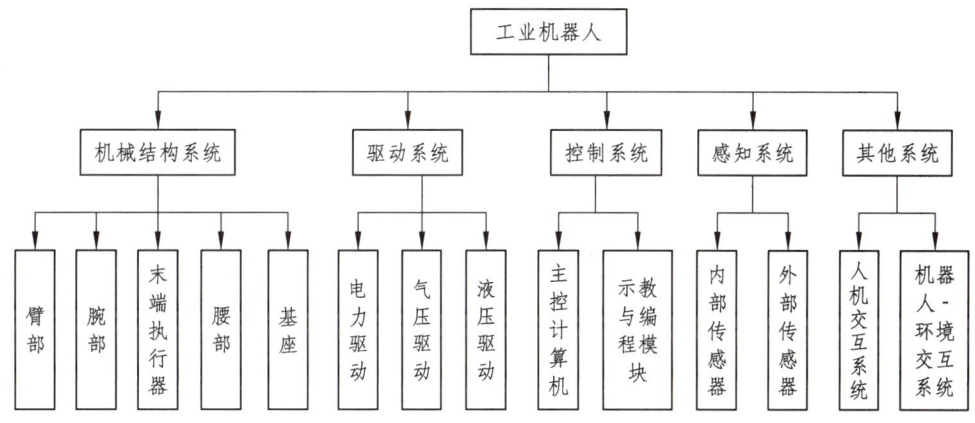

图 1-8 工业机器人的组成

1.2.1.1 机械结构系统

机械结构系统是工业机器人的机械主体,是完成各种作业任务的执行机构,主要由臂部、腕部、末端执行器(手部)、腰部与基座组成。其设计直接影响运动精度和负载能力。

(1)臂部:由多关节连杆组成,负责实现机器人末端在三维空间内的运动轨迹。典型结构包括水平多关节(SCARA 型)和垂直多关节(6 轴串联型),后者通过臂部伸缩、回转和俯仰动作实现复杂位姿控制。

(2)腕部:连接臂部与末端执行器的关键部件,通常含 1~3 个自由度,可实现绕轴线旋转(臂转)和俯仰运动(腕摆)。高精度减速器(如谐波减速器)常被用于提升腕部定位精度。

（3）末端执行器（手部）：根据任务需求配置夹爪、吸盘、焊枪等工具，需满足快速更换和力控需求。例如，气动夹爪适用于轻型工件抓取，而液压夹持器则用于重型部件搬运。

（4）腰部：连接臂部与基座的回转部件，采用精密轴承和伺服电机驱动，支撑臂部完成大范围回转动作。其刚度和传动精度直接影响重复定位误差。

（5）基座：分为固定式和移动式两类。固定式基座通过地脚螺钉增强稳定性，移动式基座集成轨道或 AGV（Automated Guided Vehicle，自动导引运输车）导航系统，常用于汽车生产线等动态作业场景。

1.2.1.2 驱动系统

驱动系统可为机械结构提供动力，主流技术包括以下两种。

1. 电力驱动

电力驱动的占比在 80% 以上，其主要工作原理是采用伺服电机+减速器。其中，谐波减速器因高精度（弧分级）和紧凑结构被广泛应用于关节驱动。而直线电机在并联机器人中直接驱动线性运动轴，可消除传动链误差，适用于芯片封装等高精度场景。

2. 气动与液压驱动

气动系统用于末端执行器快速动作（如冲压线上下料），工作压强通常为 0.4~0.6 MPa。液压驱动常保留在大型重载机器人（如铸造机器人），其优点是输出力可达数吨级，但存在泄漏和维护成本高的问题。

1.2.1.3 控制系统

控制系统由硬件和软件协同实现运动规划与实时调整，典型架构如下。

1. 主控计算机

主控计算机通常搭载实时操作系统（如 VxWorks），执行轨迹插补算法（如三次样条插补）和逆运动学解算，以确保末端路径平滑。

2. 示教与编程模块

根据应用场景的不同，示教与编程模块可分为在线示教和离线编程两种：

（1）在线示教：需在机器人实际工作环境中进行，通过示教器（手持设备）直接控制机器人关节运动或末端轨迹，实时调整动作路径，依赖人工现场操作，需暂停机器人生产任务，适用于简单任务或小批量生产场景，如码垛、装配等场景。

（2）离线编程：在计算机软件中完成编程，通过 CAD 模型或仿真环境生成机器人运动路径，无须占用实际设备，其交互特点主要是利用虚拟仿真技术，支持复杂轨迹规划（如焊接、激光切割路径），可提前验证程序逻辑。因此，其可以通过算法自动优化路径，减少试错时间，尤其适用于大批量、高复杂度任务。

3. 通信接口

通信接口支持 EtherCAT、PROFINET 等工业总线协议，可实现与 PLC（Programmable Logic Controller，可编程逻辑控制器）、视觉系统的毫秒级数据同步。

1.2.1.4 感知系统

感知系统主要包括内部传感器和外部传感器两部分。

1. 内部传感器

内部传感器是指安装在机器人操作机本体上的传感器，用于监测机器人自身运动状态和内部工作参数，如关节位移、速度、加速度、力矩等。其核心功能是为伺服控制系统提供实时反馈信号，确保运动精度和稳定性。常见的有光电编码器（绝对值/增量式），用于检测关节角度，分辨率可达 $0.001°$；力矩传感器监测关节负载，用于防止过载损坏。

2. 外部传感器

外部传感器是指部署在机器人末端执行器或作业环境中的传感器，用于感知外部对象及环境信息，如物体位置、接触力、距离、图像等。其核心功能是辅助机器人适应动态环境，完成复杂任务，主要包括视觉系统和力/触觉传感器等。

（1）视觉系统：主要包括 2D 相机，用于工件识别（如 OCR 字符读取）；3D 激光扫描仪，实现高精度三维建模（精度±0.05 mm）等。

（2）力/触觉传感器：包括六维力传感器（如 ATI Omega 系列），引导装配作业中的柔顺控制，误差补偿精度可达 0.1 N。

1.2.1.5 人机交互系统

人机交互系统（Human-Robot Interaction System，HRIS）是指支持操作者与工业机器人之间进行信息传递、指令交互和协同作业的技术体系，其核心目标是通过设计符合人类认知习惯的交互方式，提升操控效率与安全性，如操作终端及状态监控界面等。其中，操作终端常包括示教盒，配备急停按钮、使能开关和触摸屏，支持手动/自动模式切换等；状态监控界面如 HMI（Human-Machine Interface，人机界面），可显示电机温度、关节扭矩等实时参数，并集成了故障诊断树（如发那科的 iPendant 系统）。

1.2.1.6 机器人-环境交互系统

机器人-环境交互系统（Robot-Environment Interaction System）是指机器人通过感知、通信与自适应机制，与外部物理环境和设备协同工作的软硬件集成系统。其核心功能是实现机器人与作业场景的动态适配，包括障碍物识别、任务对象操作、多设备协同等，确保机器人在复杂工业场景中完成高精度、高可靠性的任务。例如，通过 I/O 信号与传送带、数控机床联动，机器人接收到机床门开启信号后执行上下料。区域扫描激光雷达（如 SICK microScan3）构建动态安全围栏，触发速度限制或紧急停止。

1.2.2　工业机器人的技术参数

虽然工业机器人种类多种多样，但无论哪种类型的机器人都有其适用的作业范围以及要求。工业机器人的主要技术参数可概括为：自由度、定位精度及重复定位精度、作业范围、运动速度及承载能力。

1. 自由度

自由度是指机器人运动链所产生的独立运动数，包括直线、回转、摆动运动，但不包括末端执行器的开合自由度，如刀具旋转等。自由度通常是用于衡量机器人动作灵活性的重要指标，自由度越多，机器人就越灵活，但结构也越复杂，控制难度越大。因此，机器人的自由度需要根据实际用途进行设计，一般为 3~6 个自由度。对于作业要求不变的批量作业机器人来说，运行速度、可靠性是其最重要的技术指标，其自由度可以在满足作业要求的前提下适当减少；反之，对于种类多、小批量作业的机器人来说，通用性、灵活性就更加重要，这样的机器人则需要较多的自由度。

2. 定位精度与重复定位精度

定位精度是指机器人定位时，执行器实际到达的位置与目标位置之间的误差值，它是衡量机器人作业性能的重要指标。

重复定位精度是指在同一环境、同一条件、同一目标动作、同一命令下，机器人连续重复运动若干次时，其位置的分散情况，是关于精度的统计数据。通常情况下，常用该指标作为衡量示教-再现工业机器人精度水平的重要指标。

3. 作业范围

作业范围是指机器人手腕中心点所能到达的空间，也叫作作业空间。该指标是用于衡量机器人作业能力的重要指标。机器人作业时，由于末端执行器的形状和尺寸是跟随作业需求配置的，为了真实反映机器人的特征参数，机器人作业范围是指不安装末端执行器时的工作区域。

机器人在执行某作业任务时可能会因存在手部不能到达的盲区而不能完成任务的情况。因此，在选择机器人执行作业任务时，需要合理选择符合当前执行范围的机器人。

4. 运动速度

运动速度决定了机器人的工作效率及运动周期，它反映机器人性能水平。机器人的实际运动速度与机器人的结构刚性、运动部件的质量和惯量、驱动电机的功率以及实际负载的大小等因素有关。运动速度越快，机器人所承受的动载荷越大，加（减）速承受的惯性力越大。

5. 承载能力

承载能力是指机器人在作业范围内的任何姿态上所能承受的最大负载，一般用质量、力等技术参数表示。对于搬运、装配等类型的机器人，其承载能力是指机器人能抓取的物品质量；而对于焊接、切割等加工机器人，因其无需抓取物品，承载能力是指机器人所能安装的末端执行器的质量等，因此，承载能力根据不同的作业类型含义也有所区别。

1.2.3 典型工业机器人产品及型号

目前，全球工业机器人的生产厂家主要集中于东亚和欧洲，主要有发那科（FANUC）、安川（YASKAWA）、ABB、库卡（KUKA），这4个品牌都是目前全球销量前列、产品规格全面的工业机器人代表性品牌。

1.2.3.1 发那科（FANUC）

发那科作为全球领先的工业机器人制造商，提供了从轻型协作机器人到重型关节型机器人的广泛产品线，满足不同行业和应用场景的需求。常见型号如下。

1. SCARA 机器人（平面关节型机器人）

发那科 SCARA 机器人的代表型号有 SR-3iA、SR-6iA、SR-12iA，4轴结构设计，适用于平面内高速高精度作业，如电子元件组装（如手机、电路板）、小型零件分拣、插装、食品、药品包装，等。负载为 3~12 kg，可覆盖轻量级任务。重复定位精度为±0.01 mm，适合精密装配（见图 1-9）。

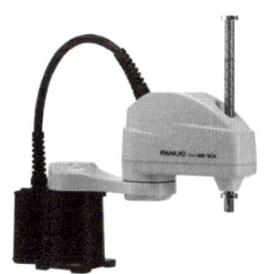

图 1-9　SCARA 机器人（SR-3iA）

2. 六轴多关节机器人

发那科六轴多关节机器人的代表型号包括：轻型——LR-10iA（负载 10 kg）、LR Mate 200iD（负载 7 kg）；中型——M-20iD（见图 1-10，负载 20~35 kg）；重型——M-900iA（负载 700 kg）、M-2000iA（负载 2.3 t）。它们自由度都是 6 轴，可灵活适应复杂空间轨迹，同时集成 iRVision 视觉系统，支持自主定位，常应用于汽车焊接、喷涂、搬运（如 M-20iD 用于车身焊接，见图 1-11），也可应用于机床上下料（LR Mate 系列）、物流码垛（重型 M-900iA）。

图 1-10　六轴多关节机器人（M-20iD/35）

图 1-11　光纤激光焊接

3. Delta 并联机器人

发那科 Delta 并联机器人的代表型号有 M-1iA（见图 1-12）、M-3iA，其最高速度可达 200 次/min，适合超高速分拣。采用 3～4 轴并联结构，轻量化设计。可负载 1～3 kg，常应用于食品、药品高速包装（如巧克力分拣）、化妆品、日用品装盒等。

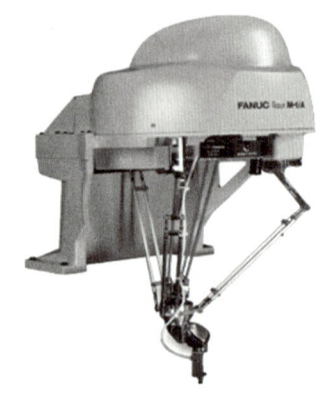

图 1-12　Delta 并联机器人（M-1iA）

4. 协作机器人

发那科协作机器人的代表型号有 CRX 系列（CRX-10iA、CRX-25iA），该系列是发那科近年来推出的新产品，属于第二代智能工业机器人，具备安全性，无需安全围栏，可通过力传感器实时检测碰撞，感知到人体接触并安全停止（见图 1-13）。因此，协作机器人可取消第一代机器人作业区间的防护栅栏等安全保护措施，实现人机协同作业，具备易用性，还可通过拖拽示教功能，快速编程。该产品常用于人机协作装配（如汽车内饰安装）、实验室样品处理。

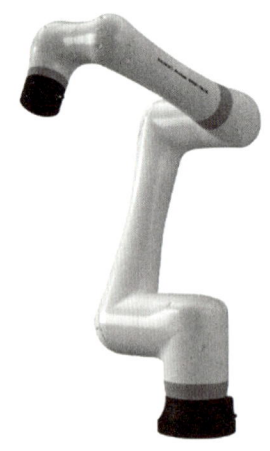

图 1-13　CRX 系列协作机器人

1.2.3.2　安川（YASKAWA）

安川工业机器人产品主要有以下几大类。

1. 六轴多关节机器人（MOTOMAN 系列）

安川六轴多关节机器人的代表型号有：
（1）轻型：GP 系列（如 GP7、GP12，负载 7～12 kg）、HC 系列（高精度，如 HC10DT）。
（2）中型：MH 系列（如 MH50，负载 50 kg）、AR 系列（如 AR1440，负载 20 kg）。
（3）重型：ES 系列（如 ES165，负载 165 kg）、VA 系列（高速搬运，如 VA1400）。

该类型具备六轴全关节结构设计，适应复杂三维空间操作，重复定位精度可达±0.02 mm（HC 系列），部分型号最大合成速度超 8 m/s（如 VA1400），常用于汽车焊接、搬运（如 ES165 用于车身组装）、机床上下料（GP 系列，见图 1-14）、半导体晶圆搬运（HC10DT）。

图 1-14　六轴垂直多关节型（GP4）

2. SCARA 机器人（水平多关节机器人）

安川 SCARA 机器人的代表型号有 YS 系列（如 YS1000、YS2000），该类型采用 4 轴结构设计，水平方向高速运动，可负载 1～20 kg（YS2000 负载 20 kg）。其重复精度可达±0.01 mm，适合精密装配，常用于消费电子组装（手机、计算机零部件）、精密仪器插装、检测、医药行业药片分拣。

3. Delta 并联机器人

安川 Delta 并联机器人的代表型号有 MOTOMAN-MPP3H（高速型）、MPK 系列（见图 1-15）。其最高循环速度达 200 次/min（MPP3H），可负载 1～3 kg，为轻量化设计，可应用于食品包装（如饼干分拣）、化妆品、日用品高速装箱。

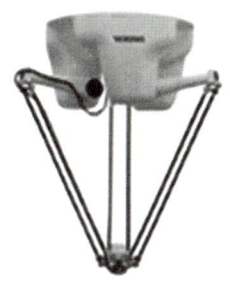

图 1-15　四轴并联型工业机器人

4. 协作机器人（Cobot）

安川协作机器人的代表型号有 MOTOMAN-HC10（协作型）、HC20DT（见图1-16）。该类型可通过力觉传感器实现碰撞检测，支持人机协作，灵活部署，可安装于移动平台或桌面，负载为 10~20 kg（HC10/20），常应用于人机协作装配（电子产品、汽车内饰）、实验室样本搬运、液体食品的灌装。

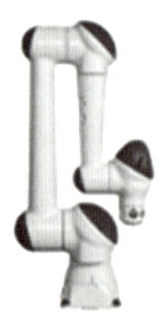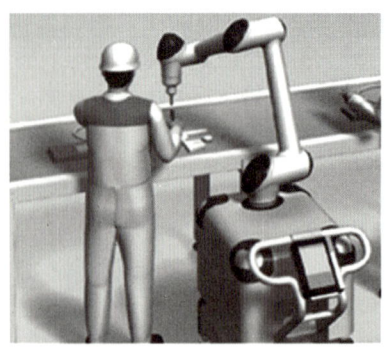

图1-16 协作机器人

5. 焊接专用机器人

安川焊接专用机器人的代表型号有 AR 系列（如 AR1440，见图1-17）、VA 系列。该类型集成焊机，支持弧焊、点焊、激光焊等工艺，高轨迹精度可达±0.08 mm（AR1440），可应用于汽车车身焊接（弧焊、点焊）、管道焊接、重型机械结构焊接。

图1-17 弧焊机器人（AR1440）

1.2.3.3 ABB

ABB 工业机器人产品主要有以下几大类。

1. 六轴多关节机器人（IRB 系列）

ABB 六轴多关节机器人的代表型号有：
（1）轻型：IRB 1100（负载 4 kg）、IRB 120（负载 3 kg）。

（2）中型：IRB 1600（负载 10 kg，见图 1-18）、IRB 2600（负载 20 kg）。

（3）重型：IRB 6700（负载 300 kg）、IRB 8700（负载 800 kg）。

该类型工业机器人的重复定位精度可达±0.02 mm（如 IRB 2600），适合精密操作。其采用优化运动控制算法（TrueMove™和 QuickMove™技术），提升了工作效率，常用于汽车制造（焊接、装配）、机床上下料（IRB 2600）、物流搬运（IRB 6700 搬运重型货物）。

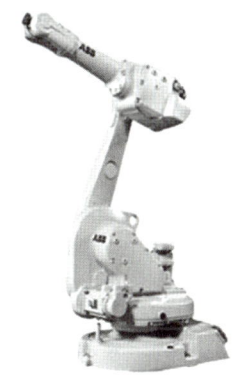

图 1-18　六轴多关节机器人（IRB 1600）

2. 协作机器人（Cobot）

ABB 协作机器人的代表型号有：

（1）YuMi 系列：双臂协作机器人（负载 0.5 kg/臂），专为精密装配设计（见图 1-19）。

（2）单臂协作机器人：IRB 14000（负载 5 kg）、IRB 1100 Cobot（负载 4 kg）。

该类型机器人内置力传感器和软性包裹材料，无须安全围栏，支持拖拽示教和视觉引导，快速适应小批量生产。常可用于消费电子装配（如手机、手表零件组装）、实验室样本分拣、医疗设备包装。

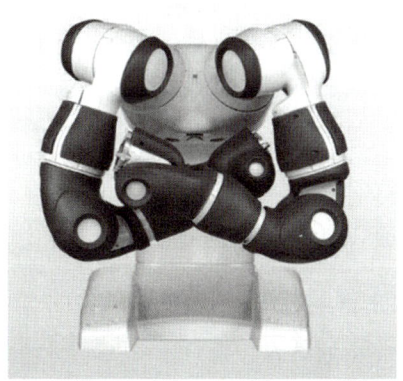

图 1-19　双臂协作机器人（YuMi 系列）

3. SCARA 机器人（水平多关节机器人）

ABB SCARA 机器人的代表型号有：IRB 920T（负载 6 kg，见图 1-20）、IRB 930（负载 12 kg）。其速度可达到循环时间 0.29 s（IRB 920T），重复精度可达到±0.01 mm。占地面积小，适合密集产线布局，常用于电子元件插装（如 PCB 板焊接）、药品包装、小型零件分拣。

图 1-20　SCARA 机器人（IRB 920T）

4. Delta 并联机器人

ABB Delta 并联机器人的代表型号有 IRB 360 FlexPicker（负载 1~8 kg，见图 1-21）。其具备超高速特点，最高抓取速度为 200 次/min，节拍时间为 0.3 s，可灵活配置，支持 2D/3D 视觉定位，适应不规则工件分拣，常可用于食品包装（如巧克力、糖果分拣）、化妆品、日用品高速装箱。

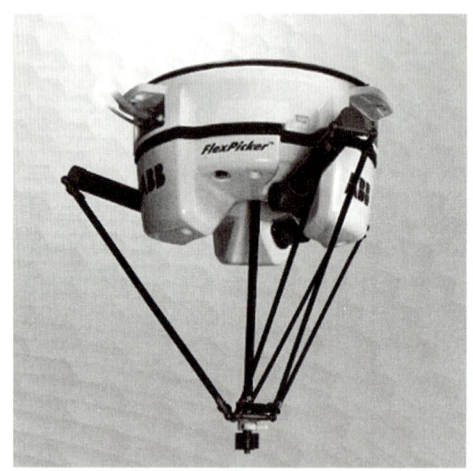

图 1-21　Delta 并联机器人（IRB 360 FlexPicker）

1.2.3.4　库卡（KUKA）

库卡工业机器人产品主要有以下几大类。

1. 六轴多关节机器人（KR 系列）

库卡六轴多关节机器人的代表型号有：

（1）轻型：KR AGILUS 系列（如 KR 3 AGILUS，负载 3 kg）、KR CYBERTECH（如 KR 6 R700，负载 6 kg，见图 1-22）。

（2）中型：KR QUANTEC 系列（如 KR 210 R2700，负载 210 kg）、KR FORTEC（负载 300~500 kg）。

（3）重型：KR 1000 TITAN（负载 1000 kg）、KR FORTEC ULTRA（负载 800 kg）。

该类型工业机器人具备高动态性能，KR CYBERTECH 采用轻量化设计，速度提升 20%。

其重复定位精度可达±0.03 mm（KR QUANTEC），适用于精密加工。常用于汽车制造（焊接、装配、喷涂）、机床上下料（KR AGILUS）、物流码垛（KR 1000 TITAN）。

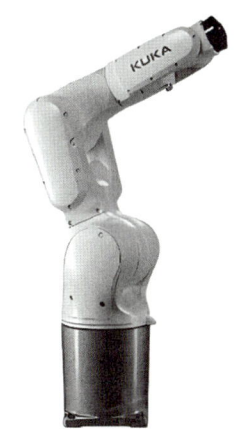

图 1-22　六轴多关节机器人（KR 6 R700-2）

2. 协作机器人（Cobot）

库卡协作机器人的代表型号有 LBR iiwa 系列，如 LBR iiwa 7 R800（见图 1-23）、LBR iiwa 14 R820。其采用 7 轴结构设计，内置扭矩传感器，碰撞检测灵敏度达 0.1 N·m，支持人机协作，无须安全围栏，可直接与工人协同作业，可负载 7 kg（iiwa 7）至 14 kg（iiwa 14），常用于精密电子装配（如手机、光学器件）、医疗设备组装、实验室自动化等领域。

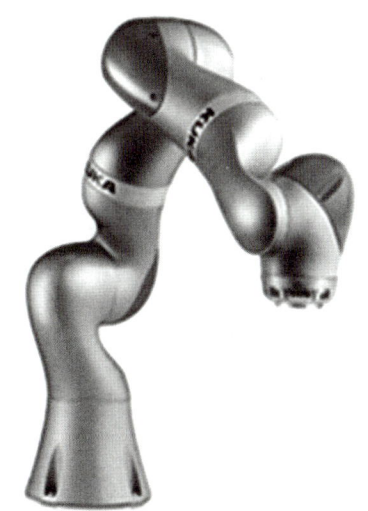

图 1-23　人机协作机器人（LBR iiwa 7 R800）

3. SCARA 机器人（水平多关节机器人）

库卡 SCARA 机器人的代表型号有 KR SCARA 系列（见图 1-24），如 KR 6 SCARA、KR 10 SCARA。其速度可达到循环时间 0.36 s（KR 6 SCARA），重复精度±0.01 mm，具有结构紧凑、占地面积小、适合狭小空间作业等特点，一般应用于电子元件插装（PCB 板焊接）、药品分拣、小型零件高速装配等场景。

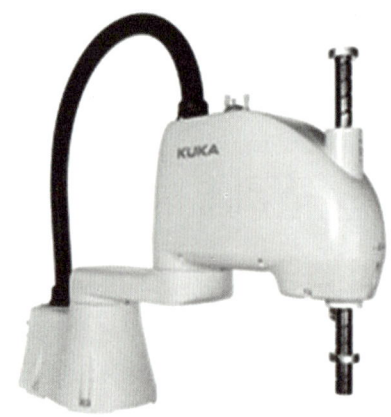

图 1-24　SCARA 机器人（KR 6 R500 Z200）

4. Delta 并联机器人

库卡 Delta 并联机器人的代表型号有 KR DELTA 系列，如 KR 3 D1200（见图 1-25）。其最高抓取速度可达 200 次/min，节拍时间 0.3 s，可灵活抓取，支持 2D/3D 视觉引导，适应不规则工件，常应用于食品包装（如巧克力、糖果分拣）、日化产品高速装箱。

图 1-25　Delta 并联机器人（KR 3 D1200）

项目二 机械传动基本原理

2.1 齿轮传动

2.1.1 齿轮机构的特点及类型

2.1.1.1 齿轮机构的作用和特点

1. 作用

(1)精确传递运动和扭矩(如机器人关节的旋转运动)。
(2)实现变速比(如RV减速器的高减速比)。

2. 特点

(1)传动效率高(可达98%以上)。
(2)寿命长(工业机器人齿轮设计寿命通常>20 000 h)。
(3)刚性高(适合高精度重复定位)。

2.1.1.2 平面齿轮机构、空间齿轮机构的类型和优缺点

齿轮传动分为平面齿轮和空间齿轮(见图2-1),两者的对比如表2-1所示。

(a)平面齿轮

(b)空间齿轮

图2-1 齿轮示意图

表 2-1 平面齿轮与空间齿轮的对比

类型	优点	缺点	机器人应用案例
平面齿轮	结构简单、成本低	仅传递平行轴运动	SCARA 机器人 X、Y 轴同步带轮系统
空间齿轮	可实现交叉轴传动	制造精度要求高	六轴机器人腕部锥齿轮传动

1. 平面齿轮机构

平面齿轮机构两齿轮轴线相互平行，主要有以下类型：

（1）直齿圆柱齿轮机构：轮齿与轴线平行，制造简单、传动效率高，适用于各种机械传动，如机床、汽车等的变速箱。

（2）斜齿圆柱齿轮机构：轮齿与轴线倾斜一定角度，重合度大，传动平稳，承载能力高，常用于高速、重载的传动场合，如工业减速器。

（3）人字齿圆柱齿轮机构：由两个旋向相反的斜齿圆柱齿轮组合而成，可抵消轴向力，承载能力更高，常用于大型机械设备的传动系统，如大型矿山机械、船舶动力装置。

2. 空间齿轮机构

空间齿轮机构两齿轮轴线不平行，有以下几种类型：

（1）圆锥齿轮机构：用于相交轴之间的传动，轮齿分布在圆锥面上，可分为直齿圆锥齿轮、斜齿圆锥齿轮和曲齿圆锥齿轮等。直齿圆锥齿轮制造简单，常用于低速、轻载的传动；曲齿圆锥齿轮传动平稳、承载能力高，常用于汽车、拖拉机的差速器等。

（2）蜗杆蜗轮机构：由蜗杆和蜗轮组成，用于交错轴之间的传动。蜗杆相当于一个螺旋，蜗轮则类似斜齿轮。其传动比大、结构紧凑、传动平稳、噪声小，但传动效率较低，常用于机床的进给机构、电梯的传动系统等。

（3）螺旋齿轮机构：用于传递两交错轴之间的运动和动力，两轮齿面为点接触，承载能力较低，磨损较快，适用于传递运动精度要求不高、载荷较小的场合，如玩具、仪器仪表中的传动机构。

2.1.2 齿廓啮合基本定律

1. 传动比的概念

传动比是指在机械传动系统中，主动轮与从动轮转速（角速度）的比值，也等于从动轮与主动轮齿数的比值。

对于齿轮传动，传动比 i 的计算公式如下（外啮合时，主、从动齿轮转动方向相反，取"−"号；内啮合时，主、从动齿轮转动方向相同，取"+"号）：

$$i = n_1 / n_2 = z_2 / z_1$$

式中　n_1、n_2——分别为主动轮和从动轮的转速；

z_1、z_2——分别为主动轮和从动轮的齿数。

例如，一个齿轮系统中，主动轮齿数为 20，从动轮齿数为 40，那么根据公式可得传动比 i=40/20=2，这意味着主动轮转 2 圈，从动轮转 1 圈。

2. 相互啮合齿轮节点、节圆的定义

对相互啮合的齿轮，其齿廓曲线的公法线与两齿轮连心线的交点称为节点。节点是两齿轮在啮合过程中相对运动的瞬心，在该点处，两齿轮的圆周速度相等，即没有相对滑动。

过节点作两个相切的圆，分别称为两齿轮的节圆。节圆是齿轮啮合传动时的一个重要概念，在标准安装（两齿轮的分度圆相切）情况下，节圆与分度圆重合；但在非标准安装时，节圆与分度圆不重合。节圆的大小取决于两齿轮的中心距以及模数、齿数等参数。

3. 两齿轮传动为恒定传动比时其齿廓必须满足的条件

在齿轮传动中，恒定传动比（即瞬时传动比恒定）是指两齿轮的角速度比在任何时刻都保持恒定，即

$$i_{12} = \omega_1 / \omega_2 = 常数$$

恒定传动比是齿轮传动平稳运行的关键特性，可有效减少振动、冲击和噪声，提高传动精度和寿命。

为了使两齿轮的传动比恒定，其齿廓曲线必须满足齿廓啮合基本定律（Fundamental Law of Gearing）。如图 2-2 所示，两齿轮的齿廓曲线在任意接触点的公法线必须始终通过固定点（节点 P），且该点将两齿轮中心距 O_1O_2 分为与角速度成反比的两段。

数学表达：

$$O_1P / O_2P = \omega_2 / \omega_1 = 常数$$

式中　O_1、O_2——两齿轮的回转中心；
　　　P——节点（啮合点公法线与中心线的交点）；
　　　ω_1、ω_2——两齿轮的角速度。

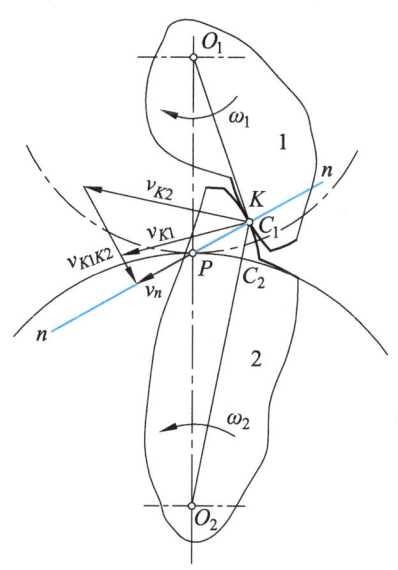

图 2-2　齿廓啮合示意图

4. 满足齿廓啮合定律的齿廓类型

在齿轮传动系统中，为确保传动比恒定，齿廓需满足齿廓啮合基本定律，即不论两齿廓在何处接触，过接触点所作的两齿廓公法线必须与两齿轮的连心线交于一定点。依据这一定律，有多种齿廓曲线类型被应用于实际的齿轮设计与制造，如渐开线齿廓、摆线齿廓、圆弧齿廓。

2.1.3 渐开线标准直齿圆柱齿轮

1. 渐开线的形成

如图 2-3 所示，当一直线 BK 沿一圆周作纯滚动时，直线上任意一点 K 的轨迹 AK，即为该圆的渐开线。这个圆称为渐开线的基圆，其半径用 r_k 表示，直线 BK 称为渐开线的发生线。渐开线的形状仅取决于基圆的大小，基圆越小，渐开线越弯曲；基圆越大，渐开线越平直；当基圆半径趋于无穷大时，渐开线变为直线。

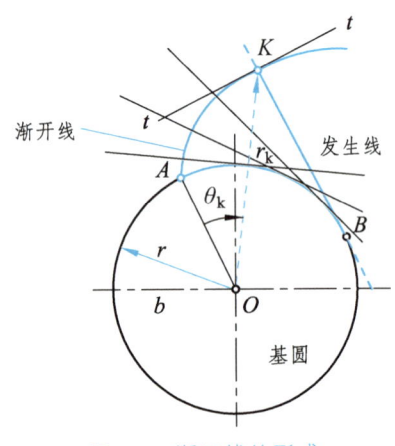

图 2-3　渐开线的形成

2. 渐开线齿廓的啮合特点

渐开线的特性：

（1） $\overset{\frown}{AB} = \overset{\frown}{BK}$。

（2）渐开线上任意点的法线切于基圆。βθ

（3）渐开线形状取决于基圆，当 $r_k \to \infty$，变成直线。

（4）基圆内无渐开线。

（5）渐开线上各点压力角不同，离基圆越远，压力角越大。

3. 渐开线标准齿轮的基本参数（表 2-2）

表 2-2　渐开线标准齿轮的基本参数

参数名称	定义	作用	标准值	示例
模数（m）	齿距 p 与圆周率 π 的比值，即 $m=p/\pi$	反映齿的大小，模数相等的两齿轮能正确啮合	单位为 mm，数值根据设计需求确定	重型机械减速箱用大模数齿轮承受大载荷；小型仪器仪表用小模数齿轮实现精密传动并减小体积

续表

参数名称	定义	作用	标准值	示例
齿数（z）	齿轮圆周上轮齿的数量	影响齿轮尺寸和传动比，模数一定时，齿数越多，分度圆直径越大	无特定标准值，依传动比等要求选取	汽车变速器通过不同齿数组合齿轮对改变传动比，适应不同行驶工况
压力角（α）	渐开线齿廓上某点的受力方向（法线方向）与该点速度方向所夹的锐角，标准齿轮通常指分度圆上的压力角	影响齿轮受力情况和传动性能	一般为20°	综合考量下，多数齿轮采用此标准压力角满足传动性能
齿顶高系数（ha^*）	用于确定齿顶高大小，齿顶高 $ha=ha^*m$	确定齿顶高度，保证啮合时齿顶与相邻齿轮齿根有间隙，影响重合度等传动性能	正常齿制 $ha^*=1$；短齿制 $ha^*=0.8$	无特定单一示例，依齿轮设计类型选用不同齿顶高系数
顶隙系数（c^*）	用于确定顶隙大小，顶隙 $c=c^*m$	确定顶隙，储存润滑油，防止齿顶与齿根碰撞	正常齿制 $c^*=0.25$；短齿制 $c^*=0.3$	无特定单一示例，按齿制类型确定顶隙系数

4. 渐开线标准直齿圆柱齿轮的啮合传动

渐开线齿轮的啮合传动依靠齿廓间的滚动与滑动复合运动实现动力传递，其核心特点包括：

（1）传动比恒定：由于渐开线齿廓满足啮合基本定律（接触点公法线始终通过节点），传动比为常数，即 $i_{12}=\omega_1/\omega_2=r_{b2}/r_{b1}=$ 常数（见图2-4）。

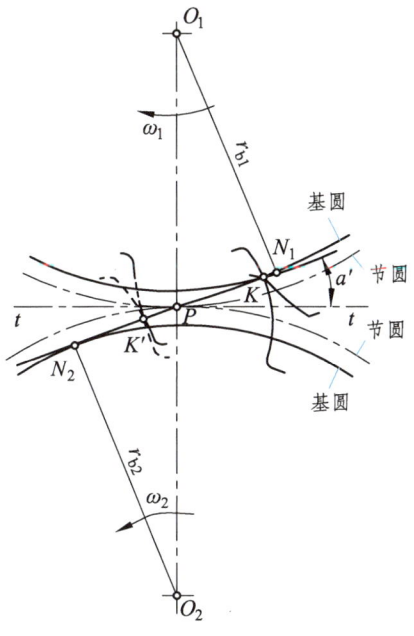

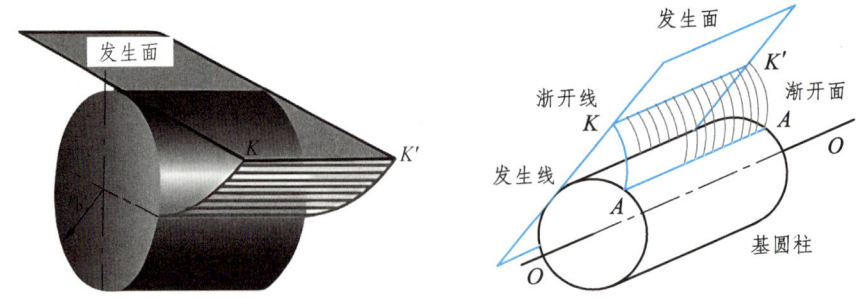

图 2-4　渐开线齿廓满足传动比恒定

（2）中心距可分性：安装中心距略有误差时，传动比不变，这一特性提高了齿轮传动的装配适应性。

（3）啮合线为直线：两齿轮啮合点的轨迹（啮合线）为两基圆的内公切线，且与公法线重合。

一对渐开线齿轮需满足以下条件才能连续传动：

（1）模数相等（$m_1 = m_2$）。

（2）压力角相等（$\alpha_1 = \alpha_2$）。

（3）基圆齿距相等（$p_{b1} = p_{b2}$），即 $\pi m_1 \cos\alpha_1 = \pi m_2 \cos\alpha_2$。

2.1.4　斜齿圆柱齿轮

2.1.4.1　斜齿轮齿廓曲面的形成

斜齿圆柱齿轮的齿廓曲面是由渐开线螺旋面构成的，其形成原理如下。

1. 基本概念

斜齿轮的齿面可以看作是由一条与齿轮轴线成一定角度（螺旋角 β）的直线（母线）在基圆柱上做纯滚动时形成的轨迹曲面。

2. 几何特性

（1）在端面（垂直于齿轮轴线的截面）上，齿廓曲线仍然是渐开线。

（2）在轴向截面上，齿廓呈斜直线，其倾斜角度即螺旋角 β。

（3）在法面（垂直于齿向的截面）上，齿廓形状与端面不同，但仍符合渐开线特性。

3. 数学描述

斜齿轮的齿面方程可表示为渐开线在螺旋运动下的包络面（见图 2-5），其参数方程可基于基圆柱半径 r_b 和螺旋角 β 推导。

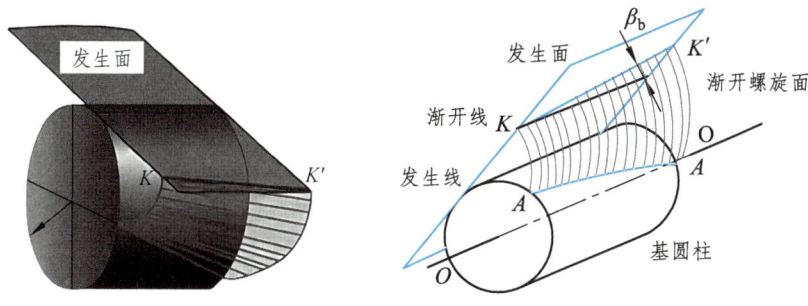

图 2-5　斜齿轮渐开线齿廓

2.1.4.2　斜齿轮的主要参数

斜齿轮的参数需分别在法面（垂直于齿向的截面）和端面（垂直于轴线的截面）定义，关键参数如下。

1. 螺旋角（β）

定义：齿向与齿轮轴线的夹角，通常取 8°~20°。

旋向：分为左旋和右旋。（判断方法：轴线竖直时，齿向向左上方倾斜为左旋，反之为右旋。）

2. 模数

法面模数 m_n 为标准值（查机械设计手册），端面模数 $m_t = m_n / \cos\beta$。

3. 压力角

法面压力角 α_n（标准值为 20°），端面压力角 $\alpha_t = \arctan(\tan\alpha_n / \cos\beta)$。

4. 齿高参数

法面齿顶高系数 ha^*（通常为 1.0），法面顶隙系数 c_n^*（通常为 0.25）。

5. 分度圆直径

$$d = m_t \cdot z = m_n \cdot z / \cos\beta$$

式中　m_t——端面模数；
　　　m_n——法面模数；
　　　β——螺旋角；
　　　z——齿数。

6. 轴向齿距与法向齿距

$p_t = \pi m_t$，$p_n = \pi m_n = p_t \cos\beta$。斜齿轮法面与端面参数对照如表 2-3 所示。

表 2-3　斜齿轮法面与端面参数对照表

参数	法面	端面	关系式
模数	m_n	m_t	$m_t = m_n / \cos\beta$
压力角	α_n	α_t	$\tan\alpha_t = \tan\alpha_n / \cos\beta$
齿距	p_n	p_t	$p_n = p_t \cos\beta$

2.1.4.3　斜齿轮的啮合传动

1. 啮合条件

1）法面参数匹配

两齿轮的法面模数 m_n 和法面压力角 α_n 必须相等。

2）螺旋角匹配

外啮合时，两齿轮的螺旋角大小相等、旋向相反（$\beta_1 = -\beta_2$）。

内啮合时，螺旋角大小相等、旋向相同。

2. 传动特点

1）重合度大

斜齿轮的重合度由端面重合度 ε_α 和轴向重合度 ε_β 组成：

$$\varepsilon = \varepsilon_\alpha + \varepsilon_\beta$$

其中，$\varepsilon_\beta = B\sin\beta / \pi m_n$，$B$ 为齿宽。

由于 ε_β 的存在，斜齿轮传动更平稳，更适用于高速场合。

2）渐进啮合

接触线从齿根逐渐向齿顶移动，减少了冲击和噪声。

3）轴向力

斜齿轮啮合时会产生轴向力 F_a，需采用推力轴承或人字齿轮抵消。

2.1.4.4　斜齿轮传动的优缺点

1. 优点

（1）传动平稳：由于重合度大，冲击和振动较小，适用于高速传动。

（2）承载能力高：接触线较长，齿面接触应力分布更均匀。

（3）适用性强：可通过调整螺旋角优化传动性能。

2. 缺点

（1）轴向力问题：需额外设计轴承或采用人字齿轮来平衡轴向力。

（2）制造复杂：加工精度要求较高，成本高于直齿轮。

（3）安装要求严格：中心距和轴线平行度误差对传动影响较大。

3. 应用场景

推荐使用：汽车变速箱、风力发电齿轮箱、工业减速器等高精度传动系统。

不推荐使用：对轴向尺寸敏感或需频繁正反转的场合。

2.1.5 蜗杆传动

2.1.5.1 蜗杆传动及其特点

蜗杆传动是由蜗杆（类似螺杆）和蜗轮（特殊设计的斜齿轮）组成的空间交错轴传动装置，通常两轴交错角为 90°，如图 2-6 所示。其传动特点如表 2-4 所示。

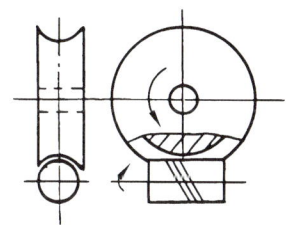
（a）圆柱蜗杆式

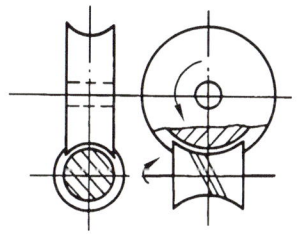
（b）环面蜗杆式

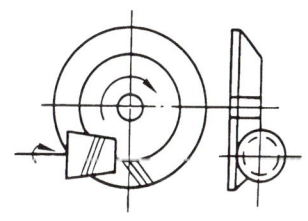
（c）锥蜗杆式

图 2-6　蜗杆传动的类型

表 2-4　蜗杆传动特点

优　点	缺　点
① 传动比大（单级可达 5~100，分度机构可达 1000 以上）； ② 传动平稳，噪声低； ③ 可自锁（当蜗杆导程角小于当量摩擦角时）	① 效率低（一般为 30%~90%，自锁时<50%）； ② 蜗轮齿部需用减摩材料（如青铜），成本高； ③ 发热量大，需考虑散热设计

蜗杆传动主要应用在起重机、机床分度机构、汽车转向系统等需大减速比的场合。

2.1.5.2 蜗杆传动的类型

1. 按蜗杆形状分类

（1）圆柱蜗杆（最常用）：

① 阿基米德蜗杆（ZA 型）：轴向齿廓为直线，加工简单。

② 渐开线蜗杆（ZI 型）：端面齿廓为渐开线，承载能力高。

（2）法向直廓蜗杆（ZN 型）：法向齿廓为直线，适用于大导程角。

（3）环面蜗杆：蜗杆包络蜗轮，接触面积大，承载能力更强，但制造复杂。

（4）锥蜗杆：用于非 90°交错轴传动，应用较少。

2. 按齿面硬度分类

（1）软齿面：蜗杆淬火、蜗轮未淬火。
（2）硬齿面：蜗杆蜗轮均淬火，用于重载。

2.1.5.3 蜗杆传动的正确啮合条件

（1）模数匹配：蜗杆轴向模数 m_{x1} 与蜗轮端面模数 m_{t2} 相等（ $m_{x1} = m_{t2} = m$ ）。
（2）压力角匹配：蜗杆轴向压力角 α_{x1} 与蜗轮端面压力角 α_{t2} 相等（标准值为20°）。
（3）螺旋方向与角度匹配：蜗杆分度圆柱导程角 γ 与蜗轮分度圆螺旋角 β 大小相等、方向相同（ $\gamma = \beta$ ）；旋向一致（通常为右旋）。

公式验证：

$$\tan\gamma = z_1 m / d_1 = z_1 / q$$

式中　z_1 —— 蜗杆头数；
　　　q —— 直径系数。

2.1.5.4 蜗杆传动的主要参数

1. 基本参数

模数 m：标准值由 GB/T 10088 规定（优先选用第一系列）。
压力角 α：常用 20°，动力传动可用 25°。
蜗杆分度圆直径 d_1：与直径系数 q 相关（ $d_1 = mq$ ），q 标准化以减少刀具数量。

2. 几何尺寸参数

蜗杆导程角 γ：$\gamma = \arctan(z_1 / q)\gamma$，影响效率和自锁性。
中心距 a：$a = m(q + z_2)/2$（ z_2 为蜗轮齿数）。
蜗轮变位系数 x_2：用于调整中心距，$x_2 = a/m - (q + z)/2$。

3. 传动性能参数

传动比 i：$i = n_1/n_2 = z_2/z_1$（ n 为转速）。
滑动速度 v_s：$v_s = v_1/\cos\gamma$（ v_1 为蜗杆圆周速度），影响润滑与磨损。
蜗杆传动几何计算公式如表 2-5 所示。

表 2-5　蜗杆传动几何计算公式

参数	蜗杆	蜗轮
分度圆直径	$d_1 = mq$	$d_2 = mz_2$
齿顶高	$h_{a1} = m$	$h_{a2} = m(1 + x_2)$
全齿高	$h = 2.2m$	$h = 2.2m$

2.1.6 锥齿轮传动

2.1.6.1 锥齿轮传动及特点

锥齿轮（又称伞齿轮）用于传递两相交轴之间的运动和动力，通常两轴交角 $\Sigma=90°$，也可用于其他角度（如 60°、120°），如图 2-7 所示。

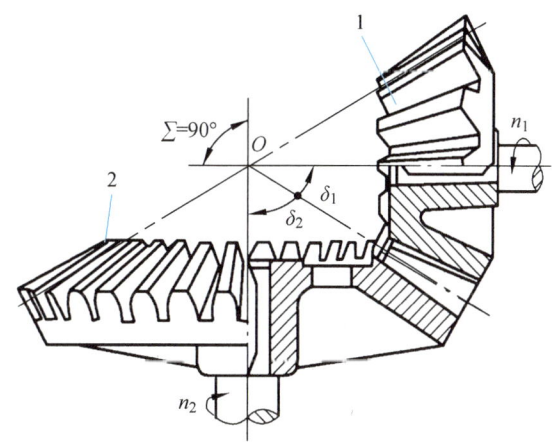

1—主动齿轮；2—从动齿轮；n_1—输入转速；n_2—输出转速；Σ—轴交角；δ_1、δ_2—分度锥角。

图 2-7 圆锥齿轮传动

1. 优点

（1）可实现相交轴传动。

（2）动比恒定（当量齿轮原理）。

（3）承载能力较高（直齿锥齿轮可达斜齿的 80%）。

2. 缺点

（1）制造和安装精度要求高。

（2）轴向力较大，需推力轴承支撑。

（3）噪声和振动大于平行轴圆柱齿轮。

锥齿轮主要应用于汽车差速器、机床换向机构、工程机械动力分流装置等。

2.1.6.2 锥齿轮传动的类型

1. 按齿线形状分类

（1）直齿锥齿轮：齿线为直线，延伸线交于锥顶，设计制造简单，用于低速传动（$v \leqslant 5$ m/s）。

（2）斜齿锥齿轮：齿线为斜线，传动平稳性优于直齿，但会产生轴向力，需专用机床加工。

（3）曲线齿锥齿轮（常用螺旋锥齿轮）：齿线为圆弧或延伸外摆线，承载能力高、噪声低，用于高速重载（如汽车主减速器）。

2. 按齿高形式分类

（1）等顶隙齿：大端和小端顶隙相等，避免齿顶干涉，应用最广。

（2）收缩齿：齿高从大端向小端逐渐缩小，加工简单但强度不均。

2.1.6.3 锥齿轮传动的正确啮合条件

（1）大端模数相等：两齿轮大端模数 m 必须相同（标准模数见 GB/T 12368）。

（2）大端压力角相等：标准压力角 $\alpha=20°$，特殊场合可用 25°。

（3）锥距匹配：两齿轮分度锥锥距 R 相等。

（4）轴交角条件：实际轴交角 Σ 需与设计值一致（通常 $\Sigma=90°$），否则会导致啮合不良。

2.1.6.4 锥齿轮传动的主要参数

1. 基本参数

（1）模数 m：以大端模数为标准值。

（2）齿数 z：小齿轮齿数 z_1 通常 ≥ 12，大齿轮齿数 $z_2 = iz_1$。

（3）分度锥角 δ：$\delta_1 = \arctan(z_1/z_2)$，$\delta_2 = 90° - \delta_1$（$\Sigma = 90°$ 时）。

2. 几何尺寸参数

（1）锥距 R：$R = m/2\sqrt{z_1^2 + z_2^2}$。

（2）齿宽 b：一般取 $b \leq R/3$（避免小端齿根过弱）。

（3）顶锥角 δ_a：$\delta_a = \delta + \theta_a$（$\theta_a$ 为齿顶角）。

3. 传动性能参数

（1）传动比 i：$i = z_2/z_1 = \tan\delta_2$。

（2）轴向力方向：

① 直齿锥齿轮：指向大端。

② 螺旋锥齿轮：与螺旋方向相关。

4. 几何计算公式（表 2-6）

表 2-6 锥齿轮传动几何计算公式（$\Sigma = 90°$）

参数	计算公式
分度圆直径	$d = mz$
齿顶高	$h_a = m$
齿根高	$h_f = 1.2m$
顶隙	$c = 0.2m$

2.2 谐波减速器

谐波减速器是一种基于弹性变形原理的精密传动装置,通过柔性轮的弹性波动变形实现运动和动力传递。

2.2.1 谐波减速器的特点

谐波齿轮传动具有以下特点:
(1)高传动比(单级可达 50~300)。
(2)零背隙、高定位精度。
(3)结构紧凑、体积小。
(4)传动效率较高(通常为 80%~90%)。
应用领域:航空航天、机器人关节、精密机床、光学仪器等。

2.2.2 谐波减速器的构成

谐波齿轮传动由以下几部分构成(见图 2-8):
(1)刚轮(Circular Spline):刚性内齿轮,齿数略多于柔轮。
(2)柔轮(Flexspline):薄壁弹性外齿轮,在波发生器作用下产生周期性变形。
(3)波发生器(Wave Generator):椭圆凸轮或滚珠轴承组件,迫使柔轮发生弹性变形。

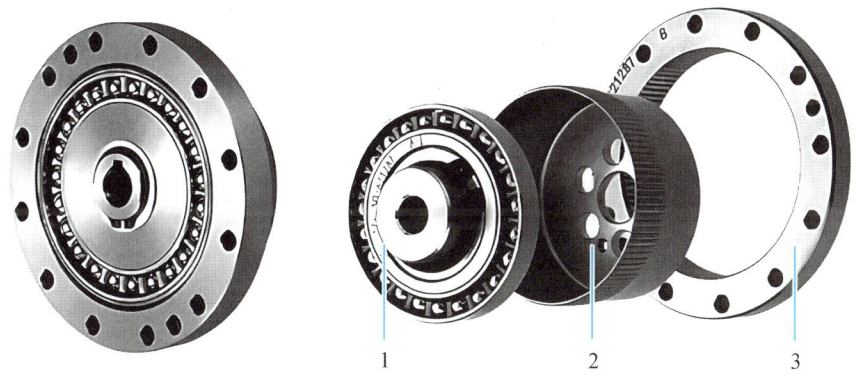

1 波发生器; 2 柔轮; 3 刚轮。

图 2-8 谐波减速器的构成

2.2.3 谐波减速器的工作原理

(1)变形啮合机制:波发生器旋转→柔轮椭圆化→柔轮齿与刚轮齿在长轴区域啮合,短轴区域脱开。
(2)运动传递:波发生器每旋转一周,柔轮相对于刚轮反向移动一个齿距,实现减速传动。

2.2.4 谐波减速器的传动比计算

作为减速器使用时，有三种传动情况：

（1）刚轮固定，波发生器输入，柔轮输出时：传动比 $i = -\dfrac{Z_1}{Z_2 - Z_1}$。

（2）柔轮固定，波发生器输入，刚轮输出时：传动比 $i = \dfrac{Z_2}{Z_2 - Z_1}$。

（3）波发生器固定，柔轮输入，刚轮输出时：传动比 $i = \dfrac{Z_2}{Z_1}$。

其中，Z_1 为柔轮齿数，Z_2 为刚轮齿数，"−"号表示输入和输出反向。

2.3 RV 减速器

2.3.1 RV 减速器的构成

RV 减速器（Rotary Vector Reducer）是一种高精度、高刚度的多级减速装置，由行星齿轮传动和摆线针轮传动复合而成，如图 2-9 所示。下面介绍其核心组件。

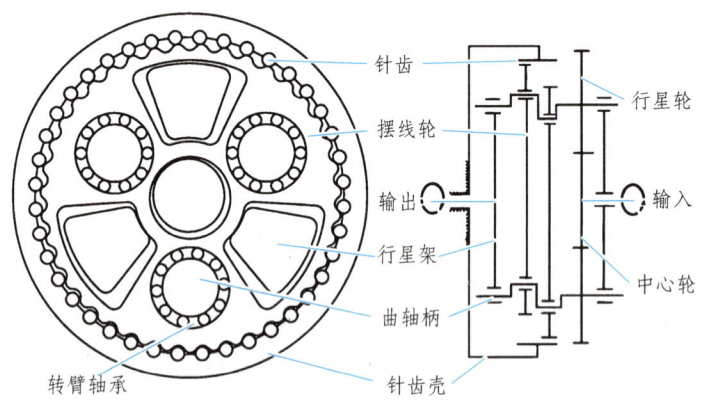

图 2-9 RV 减速器的构成

1. 输入级（行星齿轮机构）

（1）太阳轮：与输入轴连接，传递动力至行星轮。
（2）行星轮：3～4 个均布齿轮，通过行星架支撑。

2. 输出级（摆线针轮机构）

（1）摆线轮（RV 齿轮）：偏心轴驱动下做平面摆动运动，齿形为摆线轮廓。
（2）针轮：固定于壳体的针齿销，与摆线轮啮合实现第二级减速。
（3）行星架（输出盘）：将摆线轮的摆动转化为旋转输出。

3. 支撑与调整机构

（1）偏心轴：连接行星架与摆线轮，传递运动并补偿误差。
（2）交叉滚子轴承：支撑输出盘，承受径向和轴向载荷。

4. 结构特点

（1）两级减速集成，结构紧凑。
（2）多齿同时啮合，承载能力强。
（3）采用刚性组件，回差小（≤1 arcmin）。

注：arcmin，全称 arc minute，即"弧分"，用于度量角度的大小。1 度等于 60 弧分，即 1°=60'（'为表示弧分的符号）。同时，1 弧分还可以进一步细分为 60 弧秒，即 1'=60"（"为表示弧秒的符号）。

2.3.2 RV 减速器的工作原理

RV 减速器通过两级运动转化实现减速。

1. 第一级减速（行星齿轮机构）

输入轴驱动太阳轮旋转→行星轮绕太阳轮公转（同时自转）→行星轮带动偏心轴旋转。

2. 第二级减速（摆线针轮机构）

行星轮带动偏心轴旋转→摆线轮在针齿约束下做平面摆动→行星架将摆动转化为单向旋转。

2.3.3 RV 减速器的传动比计算

RV 减速器在各种传动方式下的传动比：

（1）针齿壳固定、输入齿轮（太阳轮）输入、行星架输出时：$i = 1 + \dfrac{Z_2}{Z_1} \times \dfrac{Z_4}{Z_4 - Z_3}$。

（2）行星架固定、输入齿轮（太阳轮）输入、针齿壳输出时：$i = -\dfrac{Z_2}{Z_1} \times \dfrac{Z_4}{Z_4 - Z_3}$。

（3）输入齿轮（太阳轮）固定、针齿壳输入、行星架输出时：$i = 1 + \dfrac{Z_1}{Z_2} \times \dfrac{Z_4 - Z_3}{Z_4}$。

其中，Z_1 为太阳轮齿数，Z_2 为行星轮齿数，Z_3 为摆线轮齿数，Z_4 为针轮齿数，"-"号表示输入和输出反向。

2.4 齿轮传动的润滑

2.4.1 齿轮传动的润滑方式

齿轮传动的润滑是为了减少摩擦、降低磨损、散热和防止锈蚀。根据齿轮的工作条件、转速和载荷，润滑方式主要分为以下几类。

1. 浸油润滑（油浴润滑）

（1）原理：齿轮部分或全部浸入润滑油中，通过旋转带油实现润滑。

（2）适用场景：

① 低速至中速齿轮箱（线速度一般<12 m/s）。

② 闭式齿轮传动（如减速器、变速箱）。

（3）特点：

① 结构简单，润滑可靠。

② 油量需控制，避免搅油损失过大。

2. 飞溅润滑

（1）原理：依靠旋转齿轮将油甩起，飞溅至啮合区及其他需润滑部位。

（2）适用场景：

① 中速齿轮传动（线速度3~15 m/s）。

② 多用于减速器或发动机齿轮系。

（3）特点：

① 无需额外润滑装置，成本低。

② 油位需精确控制，过高易发热，过低润滑不足。

3. 喷油润滑（强制润滑）

（1）原理：通过油泵将润滑油喷射至齿轮啮合区，实现强制润滑和冷却。

（2）适用场景：

① 高速重载齿轮（线速度>15 m/s）。

② 大型齿轮箱（如风电齿轮箱、轧机齿轮）。

（3）特点：

① 润滑充分，散热效果好。

② 需配备油泵、过滤器和冷却系统，成本较高。

4. 脂润滑

（1）原理：采用润滑脂填充齿轮箱，形成黏附性油膜。

（2）适用场景：

① 低速、轻载或开式齿轮传动。

② 不易密封或需长期免维护的场合（如起重机齿轮）。

（3）特点：

① 密封简单，防尘性好。

② 散热能力差，需定期补充或更换润滑脂。

2.4.2 润滑剂的选择

1. 润滑油的选择

（1）选择润滑油的关键指标：

① 黏度：根据齿轮载荷和转速选择（ISO VG 分级）。例如，低速重载选择高黏度油（如 ISO VG 220～680）；高速轻载选择低黏度油（如 ISO VG 32～100）。

② 极压性（EP）：重载或冲击载荷需含极压添加剂（如硫-磷系）。

③ 抗氧化性：高温工况需高抗氧化性能（如合成油）。

（2）常用润滑油类型：

① 矿物油：成本低，适用于一般工况。

② 合成油（PAO、PAG 等）：高温、低温或长寿命需求（如航空齿轮）。

（3）齿轮油标准：

① 工业齿轮油：AGMA、ISO 6743-6。

② 车辆齿轮油：API GL-4/GL-5。

2. 润滑脂的选择

（1）选择润滑脂的关键指标：

① 稠度（NLGI 等级）：常用 NLGI 1～3 级。

② 基础油黏度：与齿轮工况匹配。

③ 添加剂：含 MoS_2 等固体添加剂可增强极压性。

（2）适用场景：

① 开放式齿轮：黏附性强的半流体脂。

② 间歇工作齿轮：锂基或复合锂基脂。

3. 润滑剂选型参考（表 2-7）

表 2-7 润滑剂选型参考表

工况	推荐润滑剂类型	示例标准
低速重载（<3 m/s）	高黏度极压齿轮油	ISO VG 460，AGMA 4EP
高速轻载（>15 m/s）	低黏度合成油	ISO VG 68，PAO 基础油
高温环境（>80 ℃）	合成高温齿轮油	ISO VG 220，PAG 油
开式齿轮	黏附型润滑脂	NLGI 2，含 MoS_2

2.5 同步带传动

2.5.1 同步带传动概述

同步带传动（Synchronous Belt Drive）是一种通过带齿与带轮齿槽的啮合来传递动力和运动的机械传动方式，属于啮合型带传动。其核心特点是传动比精确、无相对滑动，广泛应用于需要同步运动的场合。同步带传动示意如图 2-10 所示。

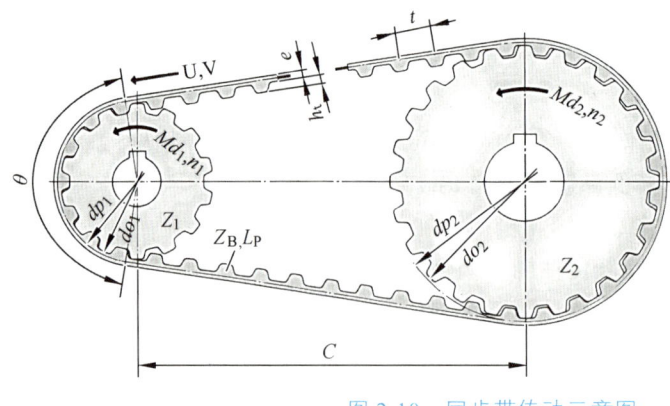

图 2-10　同步带传动示意图

2.5.1.1　基本组成

1. 同步带

材料：通常由橡胶或聚氨酯基体、高强度钢丝绳（或玻璃纤维）抗拉层、尼龙布包覆层组成。

齿形：常见梯形齿（如 MXL、XL、L）、圆弧齿（如 HTD、STPD）等，齿形影响承载能力和噪声水平。

2. 同步带轮

材质：铝合金、钢或工程塑料，齿槽与带齿精确匹配。
加工要求：齿槽需淬火硬化以提高耐磨性。

2.5.1.2　工作原理

同步带传动的工作原理是通过带齿与带轮齿槽的啮合传递运动和动力，避免传统皮带传动的打滑现象。

传动比计算公式：

$$i = n_1 / n_2 = z_2 / z_1$$

式中　z_1、z_2——主动轮和从动轮齿数；
　　　n_1、n_2——主动轮和从动轮转速。

2.5.2　同步带传动优缺点

1. 优点

（1）传动精确：无滑动，保持严格的同步性，适用于伺服系统、数控机床等精密场合。
（2）高效节能：传动效率可达 98%，高于普通 V 带传动（90%~95%）。

（3）低维护需求：无需润滑，减少污染和维护成本。
（4）适应性强：可实现长距离传动（中心距可达 10 m）、多轴同步驱动。
（5）减震降噪：橡胶材质吸收振动，运行噪声低于齿轮传动。

2. 缺点

（1）初张力要求高：需保持适当张紧力，否则易跳齿或磨损。
（2）环境限制：高温、油污或化学腐蚀环境会降低带体寿命。
（3）成本较高：带轮加工精度要求高，整体成本高于普通带传动。
（4）瞬时过载能力差：过载可能导致带齿剪切失效，需加装安全保护装置。

2.6 轴承的作用及主要类型

2.6.1 轴承的作用

轴承（Bearing）是机械系统中用于支撑旋转部件、减少摩擦并传递载荷的关键基础件。其核心功能为：

（1）支撑旋转体：保持轴或转子的径向/轴向位置精度。
（2）降低摩擦阻力：通过滚动或滑动接触替代直接干摩擦。
（3）传递载荷：承受径向力、轴向力或复合载荷（如径向与轴向联合作用）。
（4）保障运动精度：减少振动和噪声，提高传动效率。

2.6.2 轴承的主要类型

根据摩擦性质和工作原理，轴承可分为滚动轴承和滑动轴承两大类。

1. 滚动轴承

（1）工作原理：通过滚动体（球、滚子等）在内外圈之间的滚动接触实现低摩擦运动。
（2）主要类型及特点如表 2-8 所示。

表 2-8 滚动轴承的主要类型及特点

类型	结构特点	适用载荷	典型应用
深沟球轴承	单列或多列球体，带防尘盖	径向力为主	电机、家用电器
角接触球轴承	接触角 15°~40°，可承受轴向力	径向+轴向联合载荷	机床主轴、汽车轮毂
圆柱滚子轴承	线接触滚子，高径向承载能力	大径向力	轧机、齿轮箱
圆锥滚子轴承	锥形滚子与内外圈，可调游隙	径向+轴向复合载荷	车辆变速箱、起重机
推力球轴承	平面轨道，仅承受轴向力	纯轴向力	立式水泵、涡轮机

（3）滚动轴承的优点：

① 摩擦系数小（0.001～0.005），起动扭矩低。

② 标准化程度高，互换性强。

③ 维护简便（多数预润滑封装）。

（4）滚动轴承的缺点：

① 承受冲击载荷能力较差。

② 高速时可能产生噪声。

2. 滑动轴承

（1）工作原理：通过轴颈与轴承衬之间的润滑膜实现滑动摩擦。

（2）主要类型及特点如表 2-9 所示。

表 2-9　滑动轴承的要类型及特点

类型	结构特点	适用场景
径向滑动轴承	轴瓦与轴颈配合，需润滑系统	低速重载（如柴油机）
推力滑动轴承	多油楔推力盘，承受轴向力	水轮机、船舶推进器
自润滑轴承	含石墨/PTFE（聚四氟乙烯）衬层，无需外部润滑	高温、无油环境

（3）滑动轴承的优点：

① 耐冲击和振动。

② 适合极高载荷或低速工况。

③ 结构简单，可部分设计。

（4）滑动轴承的缺点：

① 摩擦损耗较大（需持续润滑）。

② 起动摩擦阻力高。

项目三　典型串联四轴机器人构造与检修

四轴工业机器人只有 4 个自由度，相对于六轴工业机器人其运动范围和姿态受到更多的限制，但由于关节少，使得它的操作时间、臂展过程也更少，反应速度和操作效率相对更快，而且成本上具有一定的优势，价格相对较低，被广泛运用在搬运、分栋、码垛等生产场景。

四轴工业机器人因其需求不同，具有多种类型，但比较典型、被大量使用的有两种：一种是 SCARA 机器人，又叫水平多关节机器人，是一种圆柱坐标特殊类型的工业机器人（见图 3-1）；另一种是垂直多关节四轴机器人，俗称"码垛机"，结构上和串联六轴机器人相类似（见图 3-2）。

图 3-1　SCARA 机器人

图 3-2　垂直多关节四轴机器人

3.1　SCARA 机器人构造与检修

SCARA 机器人受制造成本、运动节拍、防护等级及精度等要求的限制，在设计上会有多种方案，呈现不同结构类型，主要的区别在于电缆的布置方式（中空走线或外部走线）、驱动电机的布置位置及传动方式（同步带或减速器）等，各类型的代表有：Epson G 系列、汇川 IR-S4/S10 系列、YAMAHA WK 系列、Staubli TP80 及 DENSO HSR 系列等。

下面以常见的汇川 IR-S4/S10 系列为例，介绍 SCARA 机器人的结构，其总体构造如图 3-3 所示。

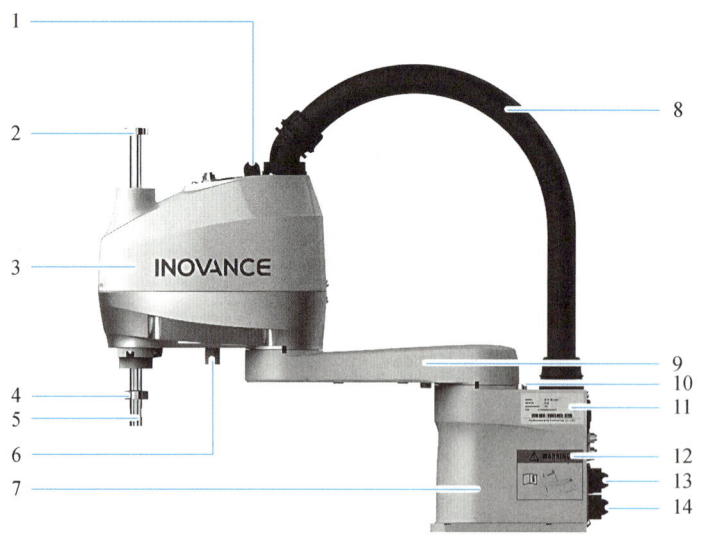

1—工作指示灯；2—J3 轴上限位机械挡块；3—第 2 机械臂；4—J3 轴下限位机械挡块；
5—J3 丝杆轴；6—第 2 关节机械限位挡块；7—机座；8—线缆单元；9—第 1 机械臂；
10—第 1 关节机械限位挡块；11—铭牌；12—标签；13—动力线；14—信号线。

图 3-3　汇川 IR-S4 系列机器人总体构造

3.1.1　机座

3.1.1.1　机座的作用

　　机座是整个机器人本体的基础，机器人的位置由机座来确定和固定，机座支撑着机器人上身的全部质量及工作负载。同时，机器人各轴、机械臂及末端执行器所需的电气线路、气管从机座内部穿过，一轴驱动伺服电机通过法兰也安装在机座里。机座上通常安装有可拆卸的面板，面板上设置有本体电池仓、与外部连接的线缆插头、通信接口、气路接头等（见图 3-4）。

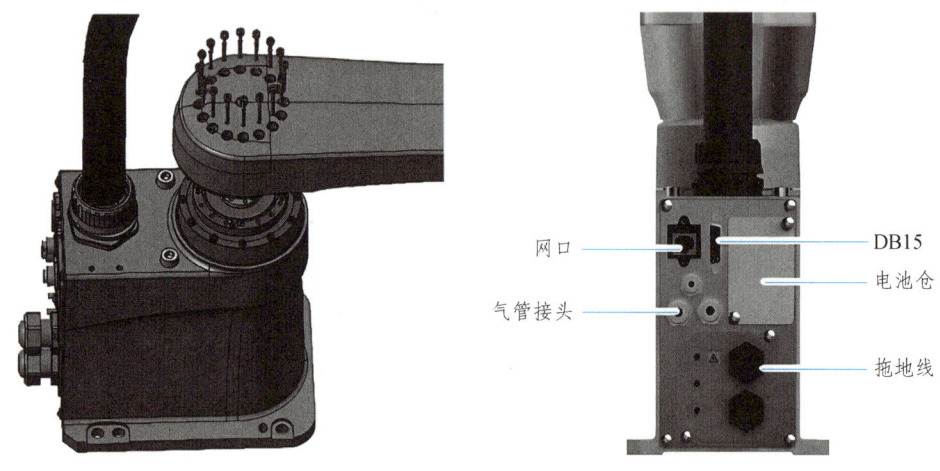

图 3-4　机座

3.1.1.2 机座的材料及要求

机座承载最大,要有足够的强度和刚度,一般用铸铁或铸铝制造,机座还要有一定的尺寸来保证机器人的稳定,并满足驱动装置及电缆的安装。对于可移动机器人,还应考虑机座适用于各种移动机构的安装。

3.1.1.3 机座与地面的安装

小型工业机器人本体通常采用台面安装的方式,在安装前应仔细阅读由生产厂家提供的该机型的用户手册,并根据手册的相关要求进行安装。下面以汇川 IR-S20 系列机器人为例,说明机器人通过机座安装在台面上的过程。

1. 安装台架要求

(1)台架不仅要承受机器人的重量,还必须能承受以最大加速度运动时的动态作用力。一般通过连接横梁等加固材料,确保台架具备足够的强度。

(2)机器人动作产生的转矩与反作用力如表 3-1 所示。

表 3-1 机器人动作产生的转矩与反作用力

类型	大小
水平面最大转矩	1000 N·m
水平方向最大反作用力	7500 N
垂直方向最大反作用力	2000 N

台架上用于安装机械手的螺纹孔为 M12 或 M14。安装机械手时,请使用强度相当于 GB/T 3098.1 中性能等级为 10.9 或 12.9 级螺钉。

(3)为了抑制振动,建议机器人安装面使用厚度为 20 mm 以上、表面粗糙度为 25 μm 以下的钢板。

(4)请将台架固定在外部(地面或墙壁)并且不会产生移动。

(5)安装时,请保持机器人基坐标 Z 轴与水平面垂直。

(6)因进行台架高度调整而使用水平仪时,请使用直径大于 M16 的螺钉。

(7)在台架上开孔并穿过线缆时,开孔直径不能小于 60 mm。

(8)在台架设计中需要考虑控制柜的存放空间。

2. 安装过程

(1)按出厂姿态定位机器人(见图 3-5)。

(2)断开机器人本体与外部的所有连接,如线缆、气管及螺钉等。

(3)采用吊装方式将机器人本体抬放到安装台架上:

① 机器人本体基座上有两个用作吊装搬运的吊环,将吊装绳索的挂钩挂在两侧吊环,确保挂钩可靠,如图 3-6 所示。

② 吊装绳索穿过机器人小臂部位后,将绳索两头挂扣在缆绳的挂钩上,该挂钩带防松功

能，如图 3-7 所示。完成吊装绳索连接后如图 3-8 所示。

③ 两人配合完成移动。其中一人轻扶住机器人本体以免移动过程出现晃动碰撞；另一人操作吊车，缓慢将机器人本体升起后，将机器人搬运到安装台架上。

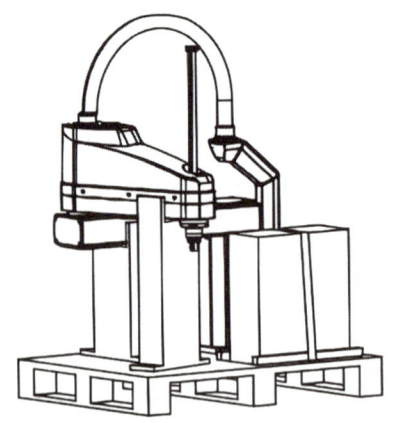

图 3-5　机器人出厂姿态

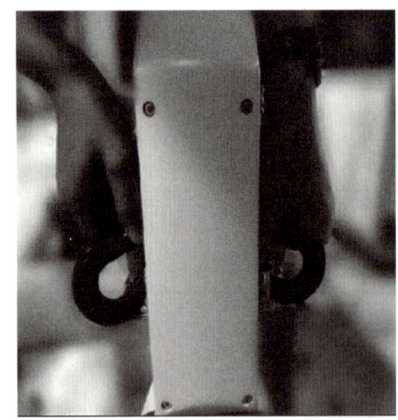 

图 3-6　将吊装绳索的挂钩挂在两侧吊环　　　图 3-7　将绳索两头挂扣在缆绳的挂钩上

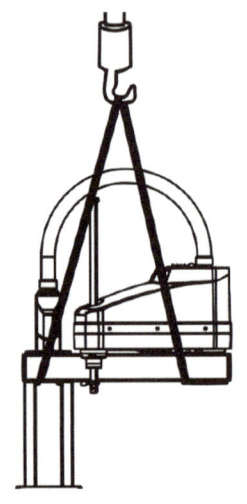

图 3-8　吊装绳索连接完成

（4）用 4 个 M12×45 的螺钉将底座固定到台架上（见图 3-9），使用强度相当于 GB/T 3098.1 中性能等级为 10.9 或 12.9 级的螺钉，拧紧力矩为 130 N·m。

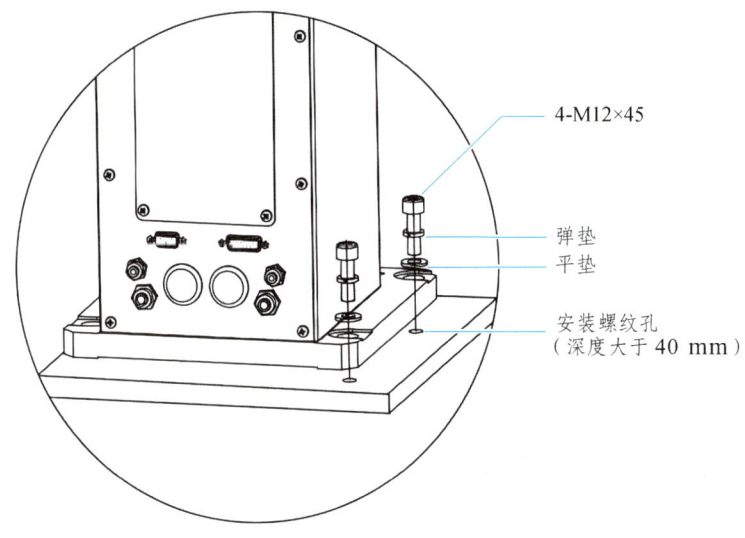

图 3-9　机座安装示意图

3.1.2　覆盖件

3.1.2.1　覆盖件的作用

SCARA 机器人的覆盖件主要有小臂外壳和底部花键母外壳两种，制造材料通常为工程塑料或铝合金，要求质量轻、耐腐蚀、抗冲击。一方面可以保护设备内部复杂的零部件，隔离设备内部免受外部环境（如高温、尘土、湿气等）的影响，确保操作人员和设备的安全；另一方面独特和创新的设计可以增强外观的视觉美感，提升品牌的辨识度和认可度。

3.1.2.2　覆盖件的拆装

下面以汇川 IR-S4 系列机器人为例说明覆盖件的拆装过程。

1. 小臂外壳的拆装

1）拆装过程（见图 3-10）

（1）使用合适的工具，将位于顶部以及后背位置 6 颗十字平弹一体盘头螺钉逐一拧下并妥善放置。

（2）运用对应的内六角扳手，把底部的 4 颗内六角圆柱头螺钉依次拆卸下来。

（3）完成上述螺钉拆卸后，小心地抬起小臂外壳，然后将其取下。

（4）在进行安装操作时，需先将外壳扣好，确保外壳与小臂紧密贴合，没有缝隙或错位。之后，按照由下到上的顺序，手动拧紧先前拆卸的 10 颗螺钉，注意控制拧紧力矩为 0.6 N·m，以保障安装的牢固性和稳定性。

\ 工业机器人构造与检修 \

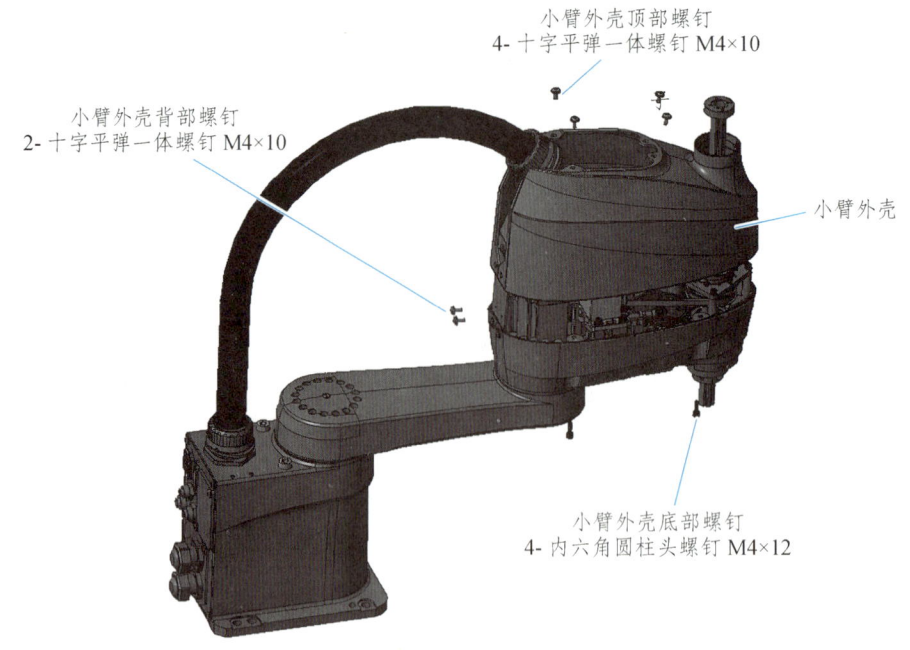

图 3-10　小臂外壳拆装示意图

2）拆装小臂外壳的注意事项

（1）在外壳拆卸与安装时，千万不能用力拉扯外壳，以免损坏线缆，造成线缆断裂，或者使线路接触不良。这不仅会让人面临触电危险，还可能引发系统故障，影响设备正常运转。

（2）拆下外壳完成维护作业后，请及时将外壳装回，务必将其固定好，否则机器人运行时外壳可能发生异响、脱落，造成严重安全问题。

2. 底部花键母外壳的拆装

1）拆装过程（见图 3-11）

（1）准备好适配的螺丝刀工具，找到花键母外壳上的十字平弹一体螺钉（规格为 4-M4×10），使用螺丝刀将这些螺钉逐一松开，松开过程中注意力度均匀，避免损伤螺钉或外壳。

（2）在所有螺钉松开后，将花键母外壳从其安装位置小心地取下。

（3）安装时，先检查花键母外壳以及底部外壳的安装面，确保没有灰尘、杂物等影响安装的异物。

（4）将花键母外壳放置到正确的安装位置，确保外壳的安装孔与对应位置的螺孔准确对应。

（5）使用与拆卸时相同规格的十字平弹一体螺钉，将其依次旋入对应的螺孔中，先用手初步拧紧，确保外壳位置固定，再按照 0.6 N·m 的力矩要求，对每个螺钉进行拧紧操作，拧紧顺序可按照对角线方式进行，以保证外壳受力均匀，安装稳固。

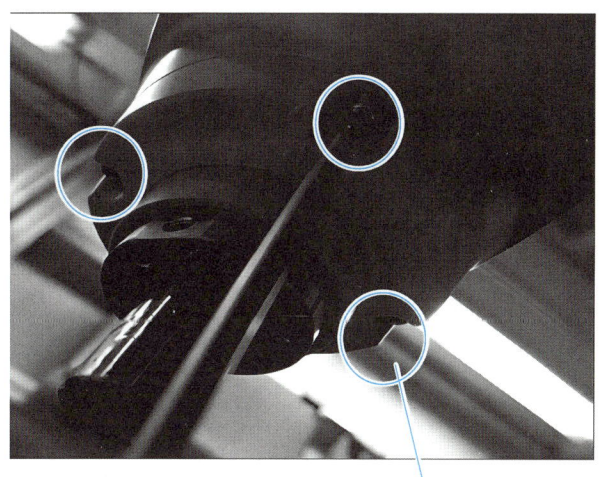

花键母外壳底部螺钉
4-十字平弹一体螺钉M4×10

图 3-11 花键母外壳拆装示意图

2）拆装底部花键母外壳的注意事项

（1）安装花键母外壳过程中，注意限位环的位置不可随意更改。

（2）拆下外壳完成维护作业后，请及时将外壳装回，务必将其固定好，否则机器人运行时外壳可能发生异响、脱落，造成严重安全问题。

3.1.3 一轴

3.1.3.1 一轴动力传动方式

一轴（即机座旋转轴）是核心运动轴之一，其他轴的运动都建立在一轴的基础上。一轴的运动范围可达±132°左右，其动力传动方式需要满足高精度、高刚性和高重复性的要求，通常采用伺服电机加减速器的典型组合。根据机器人额定工作负载的大小，减速器一般选用谐波减速器或RV减速器。谐波减速器通常使用在轻载的机器人上，如汇川IR-S4/S10系列，而RV减速器则使用在载荷较大的机器人上，如汇川IR-S50系列，保证机器人在重载下的传动刚度。

1. 采用谐波减速器的动力传动路线

动力由伺服电机输出轴输入到波发生器，减速器的柔轮固定在机座上，刚轮作为输出端输出动力，驱动大臂做旋转运动，具体路线如图 3-12 所示。

传动比为

$$i = \frac{N_g}{N_g - N_f}$$

式中 I——传动比；
  N_f——柔轮齿数；
  N_g——刚轮齿数。

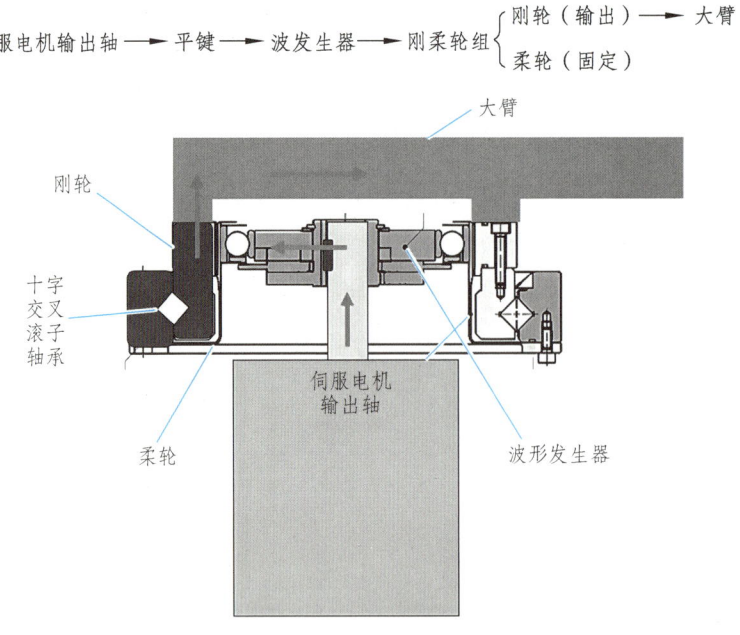

图 3-12　一轴谐波减速器动力传动路线示意图

2. 采用 RV 减速器的动力传动路线

动力由伺服电机输出轴输入到减速器第 2 减速部的行星轮，行星轮带动曲柄轴旋转，第 1 减速部的摆线轮摆动，针齿外壳固定在机座上，动力由行星架输出，驱动大臂做旋转运动，具体路线如图 3-13 所示。

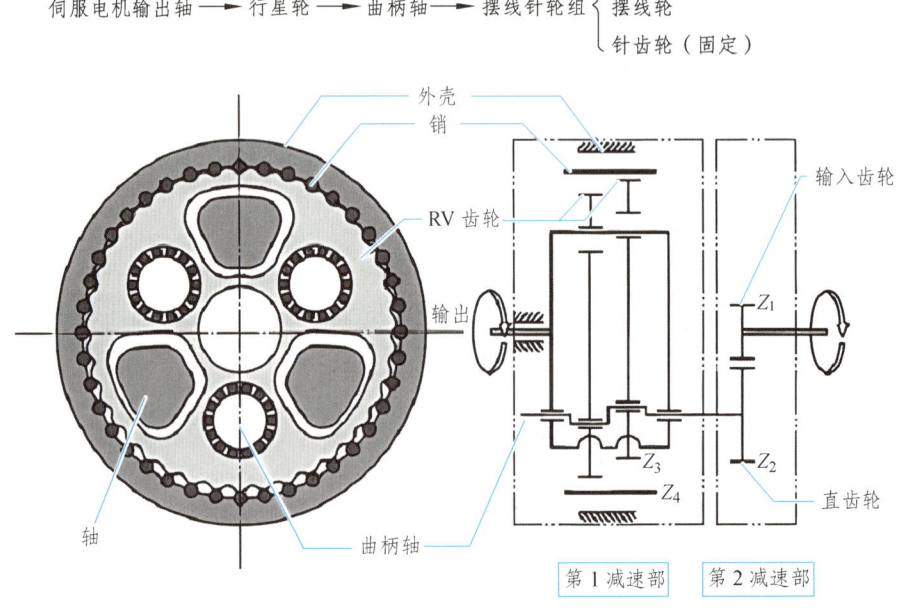

图 3-13　一轴 RV 减速器动力传动路线示意图

传动比为

$$i = 1 + \frac{Z_2}{Z_1} \times \frac{Z_4}{Z_4 - Z_3}$$

式中　i —— 传动比；

Z_1 —— 输入轮齿数；

Z_2 —— 行星轮齿数；

Z_3 —— 摆线轮齿数；

Z_4 —— 针齿齿数。

3.1.3.2　一轴的构造

1. 采用谐波减速器的构造

以汇川 IR-S4 系列为例，采用谐波减速器的一轴的构造如图 3-14 所示。

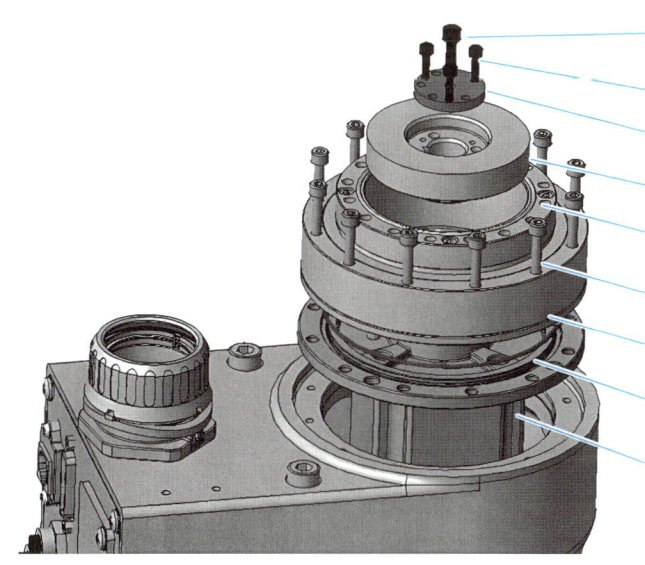

图 3-14　一轴构造示意图

一轴构造以机座为基础，通过安装在机座上的一个法兰，下部（在机座内部）连接伺服电机，上部连接谐波减速器的柔轮，大臂通过螺钉连接在谐波减速器的刚轮上。伺服电机的输出轴穿过法兰中心和中空的减速器，通过平键连接到谐波减速器的波发生器上，为了保证波发生器的定位和连接可靠性，波发生器上安装有一块垫片，中心用一颗螺钉和伺服电机输出轴的中心孔连接起来（见图 3-15）。减速器与外部的连接必须在有关部位上安装有密封用的 O 形圈，防止外部的灰尘和液体进入减速器内部，也防止减速器内部的油脂渗漏出来。

图 3-15　一轴伺服电机输出轴与波发生器的连接

2. 采用 RV 减速器的构造

以汇川 IR-S50 系列为例，采用 RV 减速器的一轴的构造如图 3-16 所示。

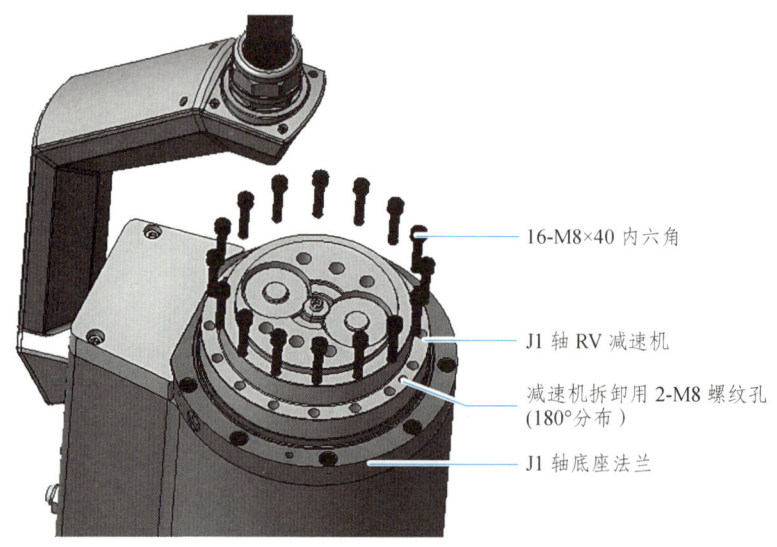

图 3-16　一轴 RV 减速器的连接

一轴构造以机座为基础，一个法兰通过螺钉固定在机座上方，法兰下部（在机座内部）连接伺服电机（见图 3-17），上部连接 RV 减速器的针齿壳，大臂通过螺钉连接在 RV 减速器的行星架上。伺服电机的输出轴通过中心螺钉连接减速器的驱动齿轮（太阳轮），驱动齿轮（太阳轮）穿过减速器中空部位与减速器上的两个行星轮啮合。减速器与外部的连接必须在有关部位上安装有密封用的 O 形圈，防止外部的灰尘和液体进入减速器内部，也防止减速器内部的油脂渗漏出来。RV 减速器上设计有注油口、排油口和透气阀（见图 3-18），以便维护时进行换油操作。

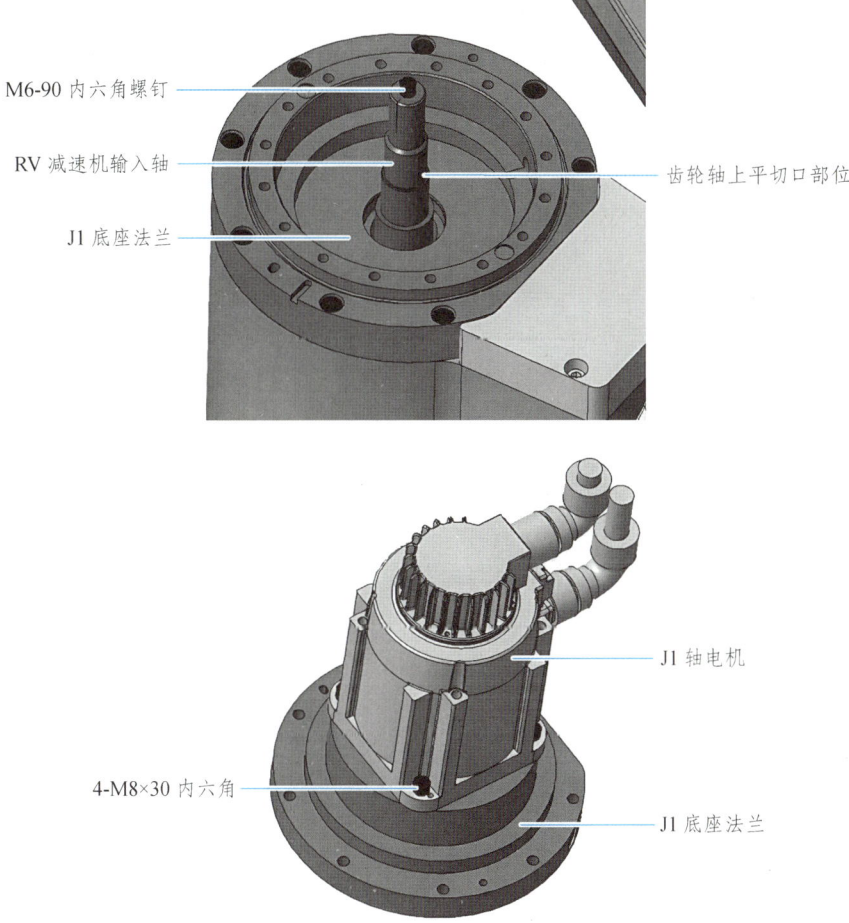

图 3-17 一轴伺服电机的连接

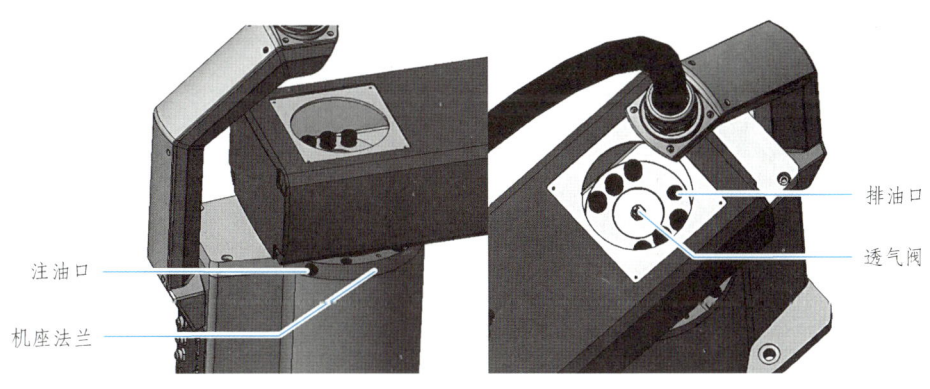

图 3-18 一轴 RV 减速器的注排油口

3. 大臂

大臂是连接一轴和二轴的一根连杆（见图 3-19），对其要求有：刚度要大，以免臂部在工作中出现大的变形；质量要轻，尽量减小臂部的转动惯量。大臂的制造材料常见是铝合金，在一些高动态性能需求场景也会选择碳纤维复合材料。大臂的几何形状通常为中空梁式结构，截面形状多为矩形或工字形，同时通过加强筋提升局部刚度。因为大臂制造成本低，当需要机器人有不同的臂展时，通常都会通过增、减大臂的长度来实现，所以大臂长度因型号不同会有所不同，例如汇川 IR-S7-50Z20S3 的大臂长为 225 mm，而 IR-S7-60Z20S3 的大臂长为 325 mm。

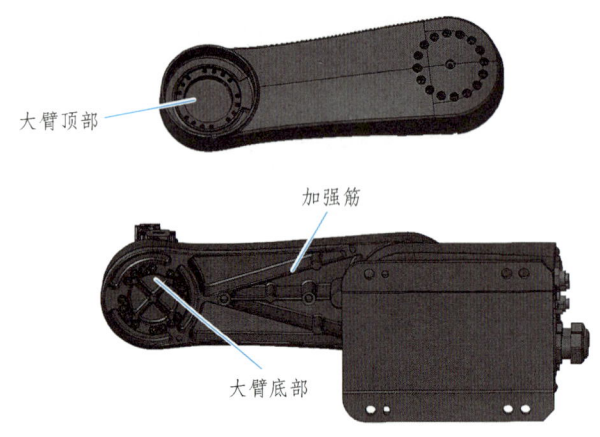

图 3-19　大臂示意图

大臂上设置有不可调节的机械挡块（见图 3-20），将大臂的运动范围限制在设定的动作区域内。

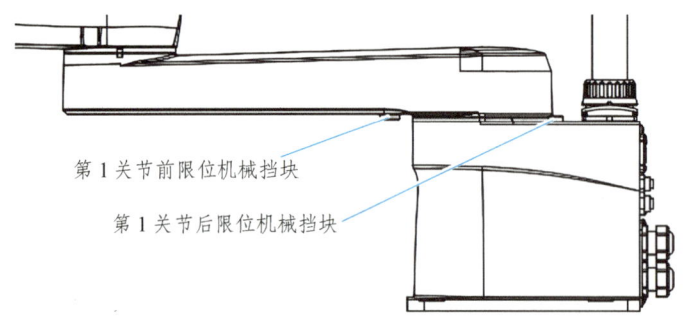

图 3-20　大臂机械挡块示意图

3.1.3.3　一轴的拆装

1. 采用谐波减速器的一轴拆装流程

下面以汇川 IR-S4 系列为例，介绍采用谐波减速器的一轴拆装流程。

1）大臂与小臂拆卸

松开大臂紧固内六角螺钉，将大臂及与之相连的整个小臂一并取下（见图 3-21）。

注意：拆下大臂螺钉时，请扶住小臂，防止重心不稳而倾倒。

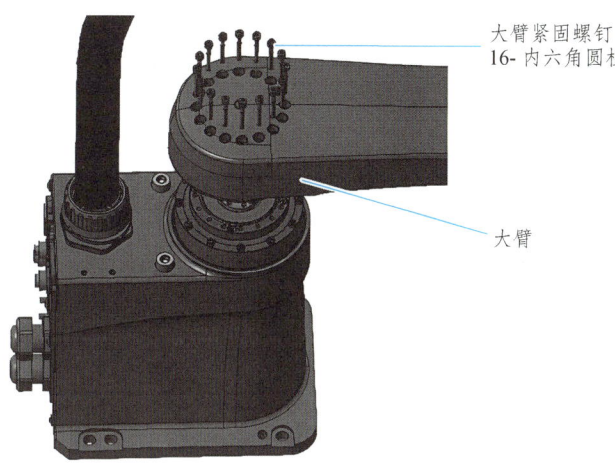

图 3-21 大臂拆装示意图

2）波发生器拆卸

松开波发生器的紧固螺钉，使用卡簧钳夹持垫片，将 M5 螺钉拧入波发生器垫片中间的 M5 孔，取下波发生器。同时，松开垫片的紧固螺钉。

3）减速机更换

松开减速机紧固螺钉，拆卸钢轮 O 形圈与减速机刚柔轮组，随后更换新的减速机。安装时，需严格按照与拆卸相反的顺序进行操作。

4）电机更换

拆卸减速机柔轮 O 形圈，松开机座面板固定螺钉以及 J1 电机的动力线和编码器线，将电机移除并更换。安装电机时，按拆卸的逆顺序进行。需特别注意，电机及减速机更换完成后，应重新更换润滑油脂。此外，M3 螺钉的拧紧力矩应控制为 2 N·m，M4 螺钉拧紧力矩为 5 N·m，且所有减速机螺钉均需涂抹 243 螺纹胶。

5）整体复原

按与拆卸相反的顺序进行整体复原。电机和减速机更换后，必须重新更换润滑油脂。同时，在波发生器键槽位置涂抹乐泰 638 胶，在减速机柔轮面涂抹油脂（见图 3-22）。M3 螺钉拧紧力矩为 2 N·m，M4 螺钉拧紧力矩为 5 N·m，所有减速机螺钉均需涂抹乐泰 243 螺纹胶。

图 3-22 波发生器装配注意事项

2. 采用 RV 减速器的一轴拆装流程

下面以汇川 IR-S50 系列为例,介绍采用 RV 减速器的一轴拆装流程。

1) 大小臂整体组件拆卸(见图 3-23)

(1)预先针对除底座之外的大小臂整体组件,采取支撑及搬运保护措施。借助适配工具,拆除一轴关节侧的大臂上盖板。

(2)使用相应规格的工具,松开大臂与 RV 减速器之间连接的内六角螺钉。

(3)取下除机座以外的大小臂整体组件。在此期间,需严格检查大小臂组件的搬运放置距离是否小于波纹管线缆长度。若搬运放置距离超出波纹管线缆长度,需先拆卸小臂端波纹管线缆,方可进行放置操作。

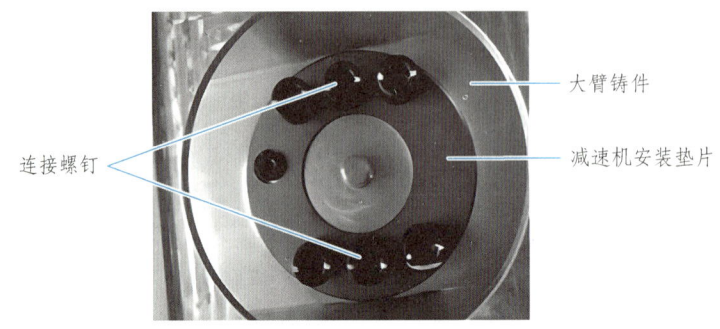

图 3-23 大小臂组件拆卸示意图

2) RV 减速机拆卸

(1)利用专业清洁工具,彻底清除减速机内侧以及对应大臂侧的残余油脂。

(2)拆卸 RV 减速机与机座法兰之间连接的内六角螺钉。

(3)选用两颗 M8×40 的内六角螺钉,旋入减速机上呈 180°对称分布的 2 个 M8 螺纹孔。操作时,应同步且缓慢地在两侧拧入螺钉,将 RV 减速机顶出(见图 3-24)。待减速机与机座法兰完全分离后,小心取出 RV 减速机。鉴于减速机内部存有大量残余油脂,整个操作过程需着重做好油脂清洁工作,防止油脂污染其他部件。

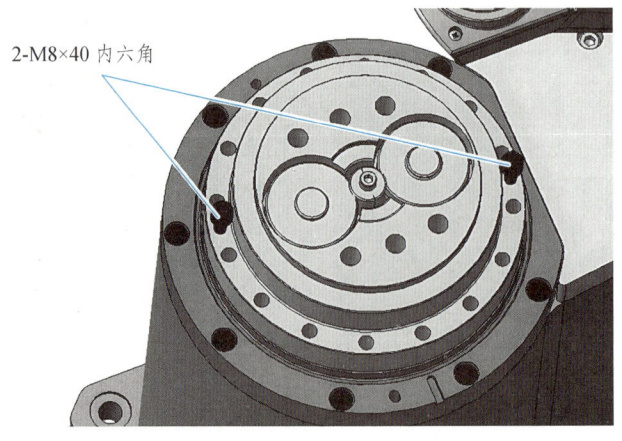

图 3-24 顶出 RV 减速器示意图

3）RV 减速器输入轴拆卸

使用大型活动扳手固定减速机输入轴上的平切口部位，同时运用适配工具松开并拆除输入轴与电机直接连接的内六角螺钉，进而卸下 RV 减速器的输入轴。操作过程中，需及时清理零件上的残余油脂。

4）伺服电机的拆卸

（1）使用适配的工具，依次旋松机座法兰与机座型材之间连接的内六角螺钉。待螺钉全部松开后，将伺服电机机座法兰组件从安装位置取出。取出组件后，采用小十字螺刀，对伺服电机与线缆连接的编码器线和动力线进行拆卸操作，将其与伺服电机分离。

（2）运用合适的工具，松开伺服电机与法兰之间连接的螺钉。在确保所有连接螺钉均已松开后，将伺服电机从法兰上平稳取出。

5）伺服电机的安装

进行伺服电机安装时，须严格依照与拆卸过程相反的顺序和步骤进行操作，确保各连接部位准确无误、紧固可靠。

6）RV 减速器的安装

安装一轴 RV 减速机时，需严格遵循与拆卸相反的步骤进行操作。注油时，减速机的注油量应控制在约 440 mL（382 g）。

安装注意事项：

（1）密封胶涂抹：在安装减速机时，需在减速机输出端面涂抹平面密封胶。具体而言，应在减速机与大臂的接触面均匀涂抹一层灰色平面密封胶。涂抹过程中，必须确保密封胶不会流入螺孔和齿轮腔内（见图 3-25）。

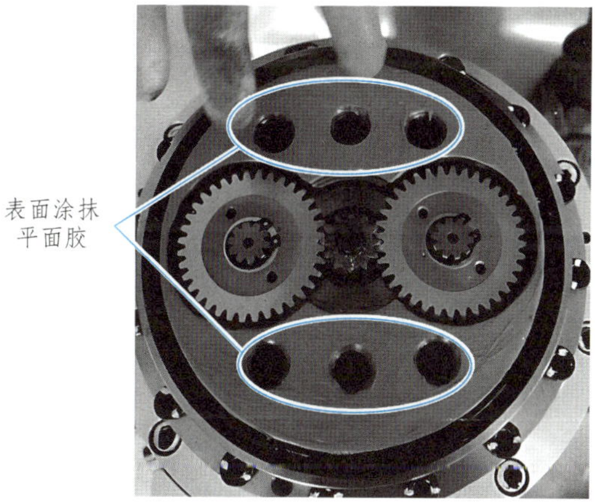

图 3-25　RV 减速机安装面涂抹密封胶示意图

（2）O 形圈安装：安装减速机时，需特别留意大臂侧 O 形圈的安装。选取规格为 131.5×2 的 O 形圈，准确安装至大臂槽穴内，并确保 O 形圈完全就位，不出现越槽现象（见图 3-26）。

7）大小臂组件的安装

安装大小臂组件时，请按照与拆卸相反的步骤进行安装。

图 3-26　大臂 O 形圈安装示意图

3.1.4　二轴

3.1.4.1　二轴动力传动方式

二轴基于大臂末端，驱动小臂做平面旋转，运动范围相对于大臂一般为 ±150° 左右，与一轴类似，其动力传动方式需要满足高精度、高刚性和高重复性的要求，通常采用伺服电机加减速器的典型组合，根据机器人额定工作负载的大小，减速器一般选用谐波减速器或 RV 减速器。谐波减速器一般使用在轻载的机器人上，如汇川 IR-S4/S10 系列；而 RV 减速器则使用在载荷较大的机器人上，如汇川 IR-S50 系列，以保证机器人在重载下的传动刚度。

1. 采用谐波减速器的动力传动路线

动力由伺服电机输出轴输入到波发生器，减速器的刚轮固定在大臂上，柔轮作为输出端输出动力，驱动小臂做旋转运动，具体路线如图 3-27 所示。

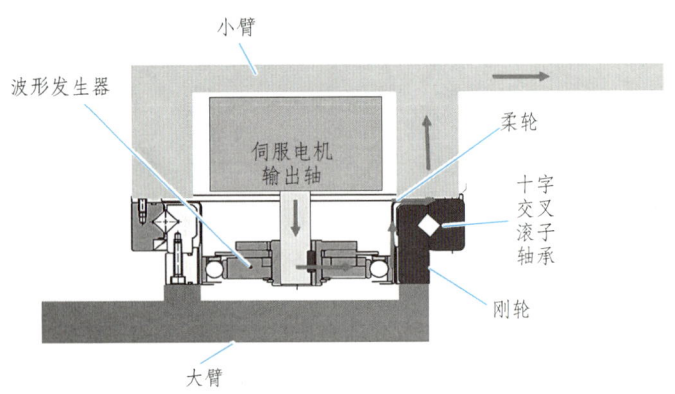

图 3-27　二轴谐波减速器动力传动路线示意图

传动比为

$$i = \frac{N_f}{N_g - N_f}$$

式中　i——传动比；
　　　N_f——柔轮齿数；
　　　N_g——刚轮齿数。

2. 采用RV减速器的动力传动路线

动力由伺服电机输出轴输入到减速器第2减速部的行星轮，行星轮带动曲柄轴旋转，第1减速部的摆线轮摆动，行星架固定在大臂上，动力由针齿壳输出，驱动小臂做旋转运动，具体路线如图3-28所示。

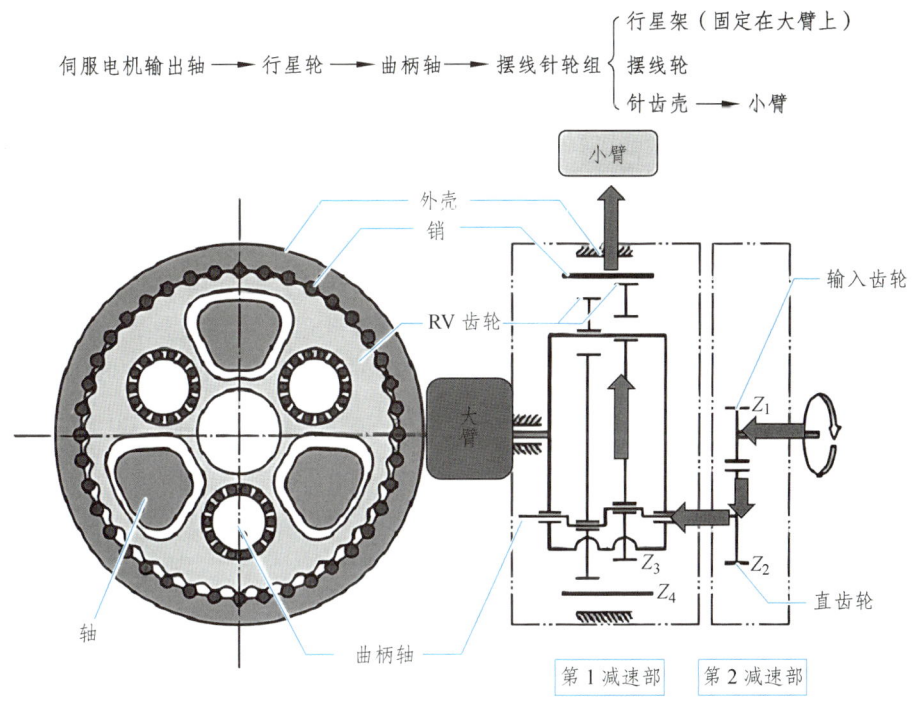

图3-28　二轴RV减速器动力传动路线示意图

传动比为

$$i = -\frac{Z_2}{Z_1} \times \frac{Z_4}{Z_4 - Z_3}$$

式中　i——传动比；
　　　Z_1——输入轮齿数；
　　　Z_2——行星轮齿数；
　　　Z_3——摆线轮齿数；
　　　Z_4——针齿齿数。

3.1.4.2 二轴的构造

1. 采用谐波减速器的构造

以汇川 IR-S4 系列为例,采用谐波减速器的二轴的构造如图 3-29 所示。

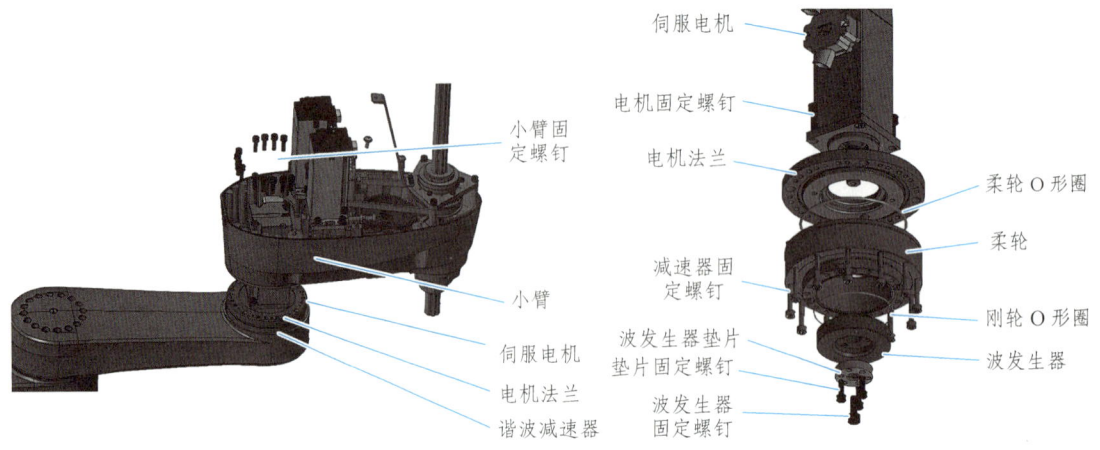

图 3-29 采用谐波减速器的二轴构造示意图

二轴连接机器人的大臂和小臂,大臂通过螺钉固定在谐波减速器的刚轮上,减速器的柔轮通过电机法兰固定在小臂上,电机法兰上部(在小臂内)连接伺服电机,伺服电机的输出轴穿过法兰中心和中空的减速器,通过平键连接到谐波减速器的波发生器上,为了保证波发生器的定位和连接可靠性,波发生器上安装有一块垫片,中心用一颗螺钉和伺服电机输出轴的中心孔连接起来,这个与一轴的连接相同(见图 3-15)。减速器与外部的连接必须在相关部位安装密封用的 O 形圈,防止外部的灰尘和液体进入减速器内部,也防止减速器内部的油脂渗漏出来。

2. 采用 RV 减速器的构造

以汇川 IR-S50 系列为例,二轴的构造如图 3-30 所示。

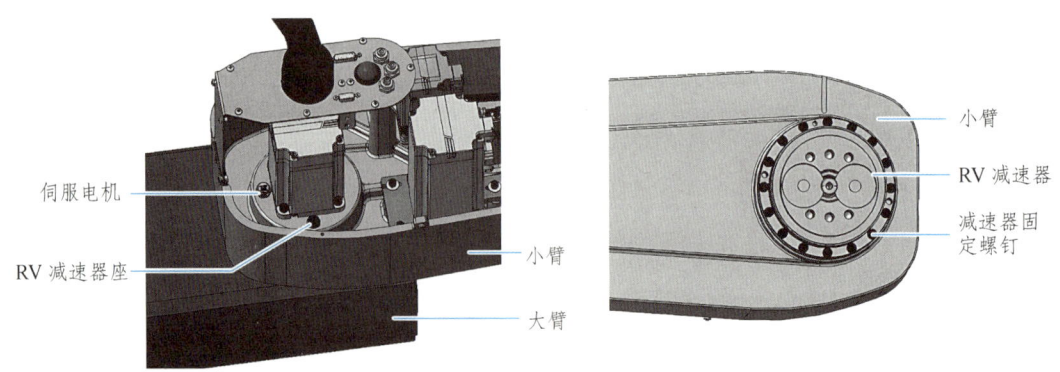

图 3-30 采用 RV 减速器的二轴构造示意图

二轴构造似是一轴的倒置形式,大臂通过螺钉连接 RV 减速器的行星架,减速器的针齿壳和伺服电机用螺钉固定在小臂上,伺服电机的输出轴通过中心螺钉连接减速器的驱动齿轮(太阳轮),驱动齿轮(太阳轮)穿过减速器中空部位与减速器上的两个行星轮啮合。减速器与外部的连接必须在相关部位安装密封用的 O 形圈,防止外部的灰尘和液体进入减速器内部,也防止减速器内部的油脂渗漏出来。RV 减速器上设计有注油口、排油口和透气阀(见图 3-31),以便维护时进行换油操作。

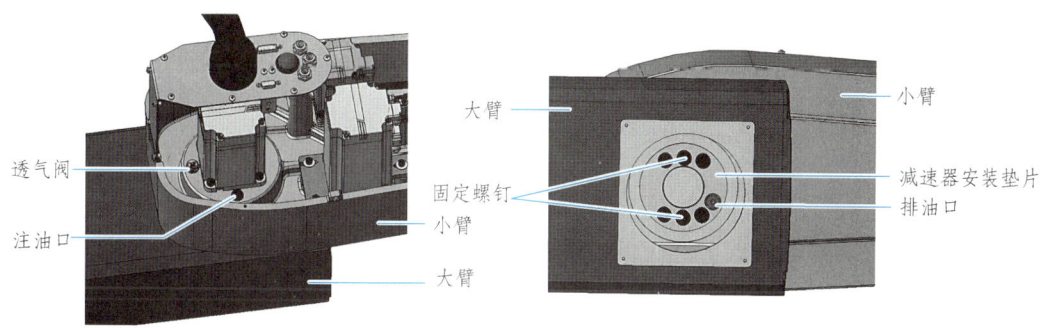

图 3-31　二轴 RV 减速器的注排油口

3. 小臂

小臂既是连接二轴和三轴的连杆,还安装有三轴和四轴的驱动伺服电机及传动机构,此外,陀螺仪模块、机器人线束、气管、网口等部件也都布置在小臂上,因此,小臂在考虑刚度要求之外,还要有足够大的空间来保证其他零部件的安装,为了尽量减小小臂的转动惯量,一些质量较大的零部件(如伺服电机)要尽可能地布置在二轴轴心附近(见图 3-32)。有些机器人的小臂底部预留有相机和气动阀的安装孔,可供用户根据需要进行安装(见图 3-33)。小臂相对于大臂结构更加复杂,制造成本更高,所以在同一型号系列中臂长都是一样的,例如汇川 IR-S7-50Z20S3 和 IR-S7-60Z20S3 的小臂长都为 375 mm。

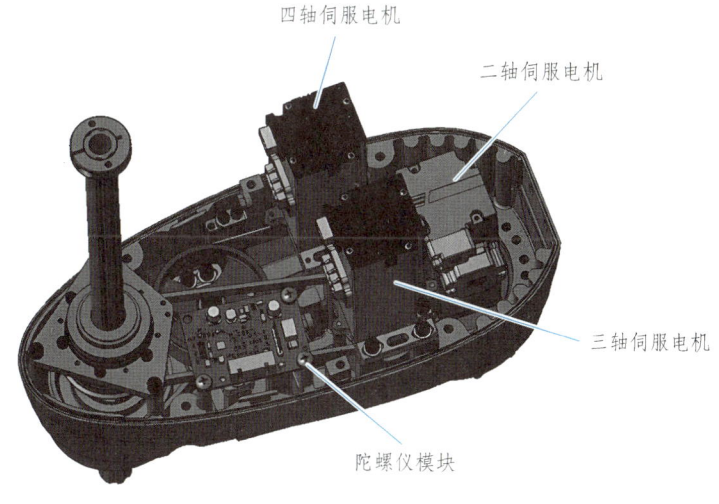

图 3-32　小臂内部示意图

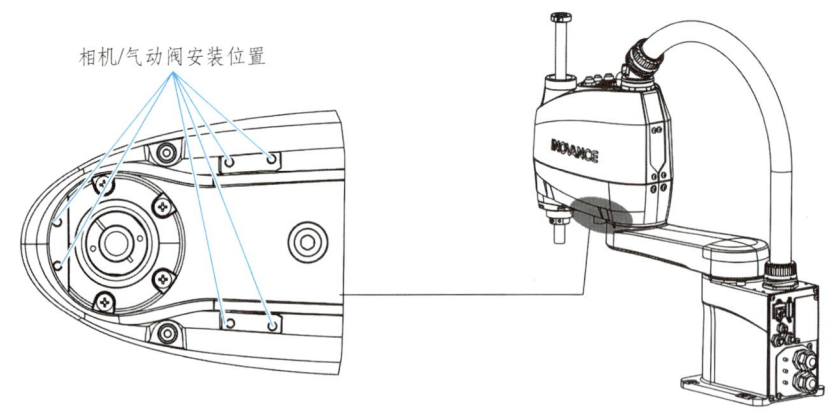

图 3-33　小臂预留安装位置示意图

小臂上同样设置有不可调节的机械挡块（见图 3-34），将小臂的运动范围限制在设定的动作区域内。

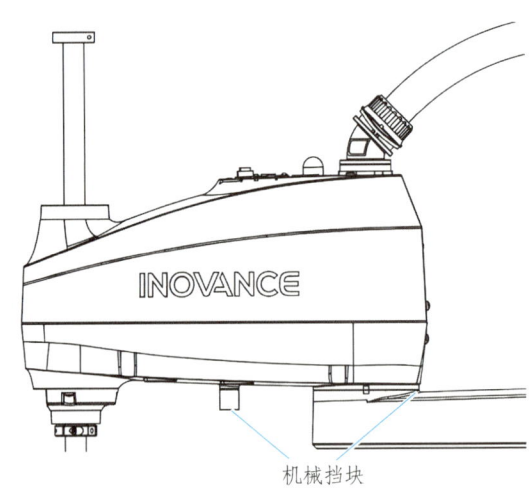

图 3-34　小臂机械挡块示意图

3.1.4.3　二轴的拆装

1. 采用谐波减速器的二轴拆装流程

下面以汇川 IR-S4 系列为例，介绍采用谐波减速器的二轴拆装流程。

1）小臂外壳拆卸

参照 3.1.2 覆盖件拆装的具体操作要求，对小臂外壳实施拆卸作业，将其从机器人小臂结构上完整拆除。

2）钣金件螺钉拆卸

使用适配工具，依次旋松小臂钣金件背部与顶部的十字平弹一体螺钉。之后，分离 J2、J3、J4 电机的动力线及编码器线，将线缆钣金组件从原安装位置移除（见图 3-35）。

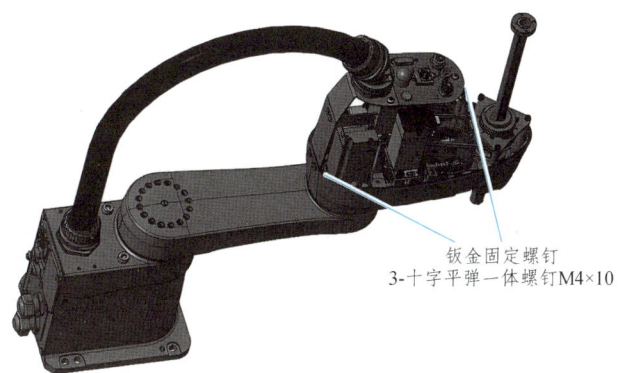

图 3-35 钣金件拆卸示意图

3）小臂组件移除

采用相应工具，松开小臂固定螺钉，待所有螺钉松开后，将小臂组件从机器人相应连接部位取下。

4）J2 轴组件拆卸

运用合适的工具，旋松大臂紧固螺钉，在确认螺钉全部松开后，将 J2 轴组件从安装位置卸下（见图 3-36）。

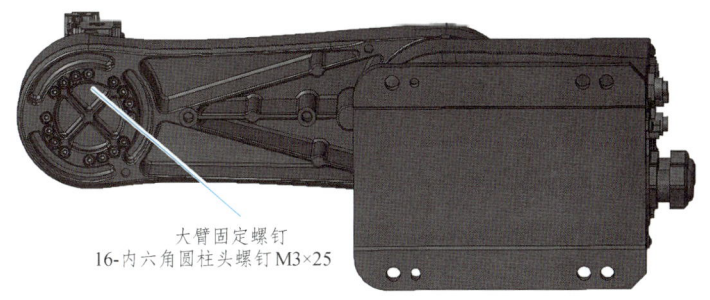

图 3-36 大臂固定螺钉示意图

5）波发生器取下

先松开波发生器的紧固螺钉，再使用卡簧钳精准夹持垫片。随后，将 M5 螺钉旋入波发生器垫片中间的 M5 螺孔，完成波发生器的拆卸。同时，松开垫片的紧固螺钉。

6）电机或减速机更换

松开减速机的固定螺钉，拆解减速机与 O 形圈的连接。接着，松开电机的固定螺钉，根据实际需求对电机或减速机进行更换操作。

7）重新安装

完成上述拆卸及部件更换工作后，需严格遵循与拆卸流程相反的顺序，进行机器人臂部组件的重新装配。在装配过程中，需确保 O 形圈准确复位至初始安装位置，保证其密封功能正常实现。完成减速机和电机的更换后，应对相关部位的润滑油脂进行全面更换，以维持设备良好的润滑状态和运行性能。安装减速机螺钉时，需在每个螺钉上均匀涂抹乐泰 243 螺纹胶，以增强连接的紧固性和可靠性。

2. 采用 RV 减速器的二轴拆装流程

下面以汇川 IR-S50 系列为例，介绍采用 RV 减速器的二轴拆装流程。

1）RV 减速器的拆装

（1）小臂整体组件拆卸。预先对小臂整体组件采取支撑及搬运保护措施。使用合适工具拆除 J2 关节侧的大臂下盖板，拆掉大臂与减速器之间的连接螺钉，随后将小臂整体组件从设备上取下。

（2）减速器拆卸。采用专业清洁工具，对减速机内侧以及对应大臂侧的残余油脂进行清理。拆除 RV 减速机与小臂之间连接的螺钉。选取两颗 M6×35 的内六角螺钉，旋入减速机上呈 180°对称分布的 2 个 M6 螺纹孔（见图 3-37）。操作过程中，需同步且缓慢地在两侧拧入螺钉，以顶出 J2 轴 RV 减速机。待减速机与小臂完全分离后，平稳取出 J2 轴 RV 减速机。由于减速机内部存有大量残余油脂，此操作过程中需着重做好油脂清洁工作，防止油脂污染其他部件。

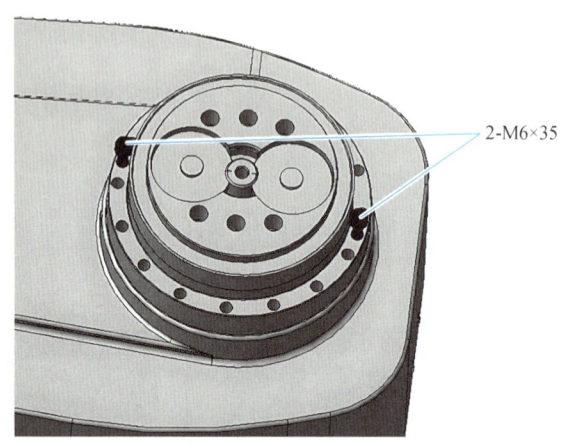

图 3-37　顶出减速器示意图

（3）重新安装减速器。安装 J2 轴 RV 减速机时，需严格按照与拆卸步骤相反的顺序进行操作。注油时，减速机的注油量应控制在约 160 mL。在安装减速机时，需在减速机输出端面涂抹平面密封胶。具体操作是在减速机与大臂的接触面均匀涂抹一层乐泰 5699 平面密封胶。涂抹过程中，必须确保密封胶不会流入其他部位（见图 3-38）。在 J1 大臂与小臂 J2 减速机的密封圈安装槽内涂抹少量油脂，然后将规格为 99.5×2 的密封圈安装到位。安装时需确保 O 形圈完全就位，不出现越槽现象。

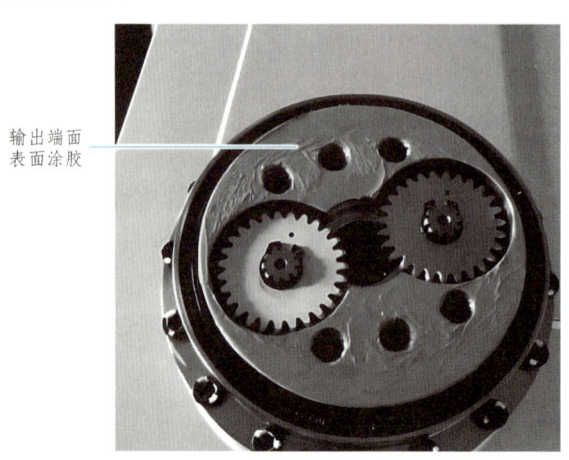

图 3-38　减速器输出端面涂胶示意图

2)伺服电机拆装

(1)小臂外壳及线缆连接拆卸。使用合适工具拆卸小臂后端的钣金外壳,旋松连接小臂的线缆钣金件螺钉。之后,拆除与小臂线缆连接的电机编码器线和动力线接头,使线缆与相关部件分离(见图3-39)。

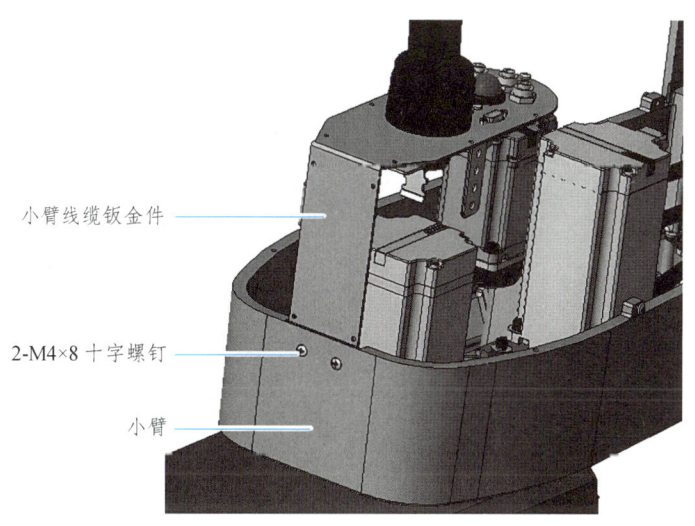

图3-39　小臂线缆钣金件拆卸示意图

(2)二轴伺服电机与齿轮轴组件取出。运用相应工具松开二轴伺服电机与小臂连接的螺钉。在取出所有连接螺钉后,平稳且缓慢地将电机与齿轮轴组件从安装位置取出(见图3-40)。

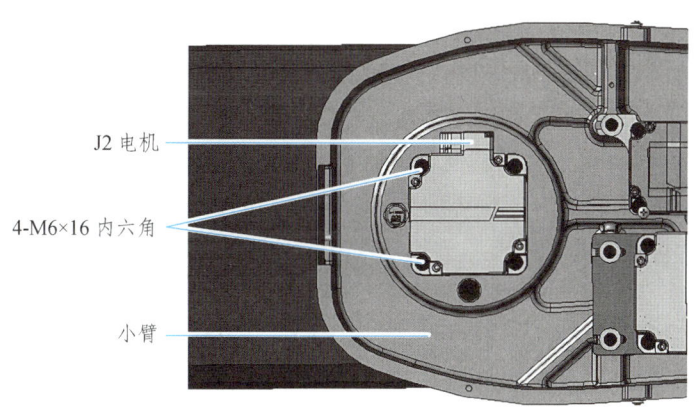

图3-40　电机与小臂连接示意图

(3)RV减速机输入轴拆卸。使用大型活动扳手固定RV减速机输入轴上的平切口部位,同时使用适配工具松开并取出输入轴与电机直接连接的M6×90内六角螺钉。在完成螺钉拆卸后,将RV减速机的输入轴从J2轴电机上拆卸下来(见图3-41)。在整个操作过程中,需对零件上的残存油脂进行及时清洁,避免油脂污染其他部件。

(4)重新安装电机。在进行J2电机安装作业时,需严格按照与上述拆卸流程相反的顺序和步骤进行操作,确保各部件安装位置准确、连接紧固。

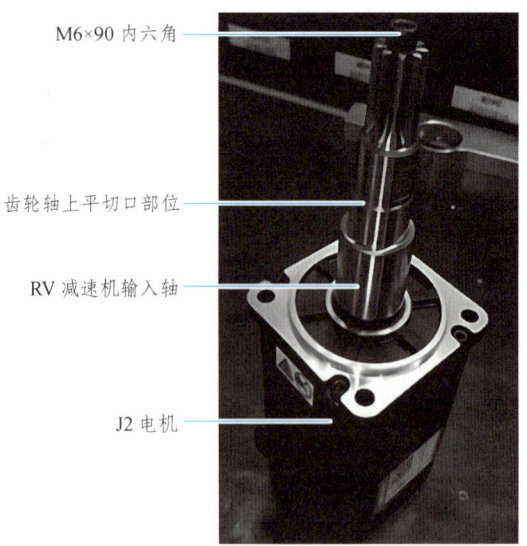

图 3-41　电机与输入齿轮轴组件

3.1.5　三轴

3.1.5.1　三轴动力传动方式

三轴可实现机器人末端在垂直于平面的 Z 轴上做直线往复运动，鉴于运动精度、传动效率及成本的要求，通常采用滚珠丝杆机构，重复定位精度可达 0.01 mm，由于机器人末端同时也要做旋转运动，因此有两个方案常被运用于实际的设计中。

1. 两轴方案（J3 和 J4 分开）

两轴方案通过一个花键轴（J4）用来实现旋转，另一个丝杆轴（J3）用来实现升降，如图 3-42 所示。该形式的优点在于末端刚度大，能承载较大负荷，而且零部件的适配厂家多，制造成本低；其缺点是在装配上会有比较大的难度，要保证丝杆轴与花键轴有很高的平行度才能保证精度，并且结构比较臃肿、质量大，影响到了机器人的运动性能。

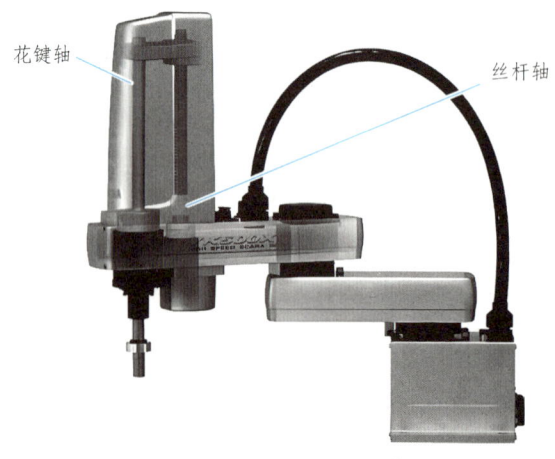

图 3-42　J3 和 J4 分开式

2. 单轴方案（J3 和 J4 耦合）

单轴方案是把滚珠丝杆和滚珠花键集成到一起，变成一个滚珠丝杆花键轴，简称丝杆花键（图 3-43），是当前应用最广泛的一种方案。原理是将一根丝杆轴，沿圆轴方向开若干个花键槽，在一个轴上，同时安装滚珠丝杆螺母和滚珠花键螺母，丝杆螺母可以让轴上下运动，花键螺母可以传递扭矩，同时不影响轴的上下运动。这种形式的优点是结构紧凑、惯量小，缺点是工艺复杂，成本较高。

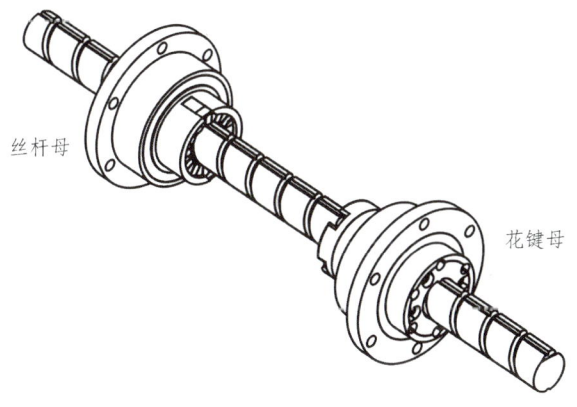

图 3-43　J3 和 J4 耦合式

为了尽量减小机器人的转动惯量，三轴的驱动电机一般布置在二轴附近，和三轴丝杆之间有较大的距离，通常是通过同步带的方式将电机输出轴的动力传送到丝杆或丝杆螺母上，改变同步带轮的半径大小即可得到不同的传动比，由于丝杆本身也有传动比，因此三轴总的传动比是同步带传动比和丝杆传动比的乘积。对于采用丝杆花键的机器人，三轴的运动形式受到四轴的影响，需要三轴和四轴的电机共同配合来完成，如图 3-44 所示。

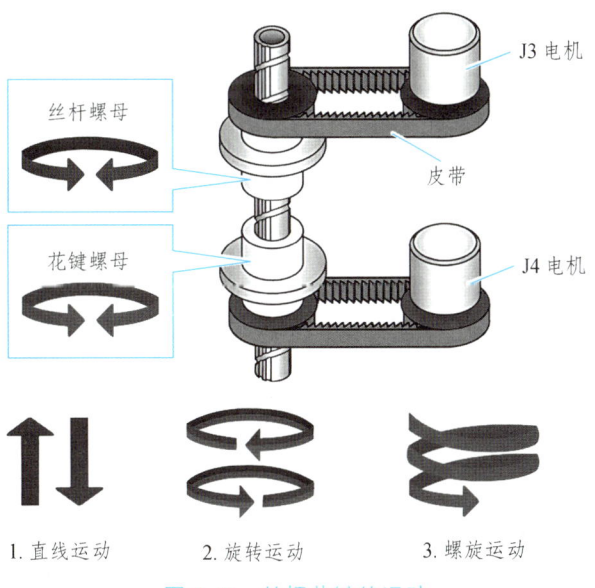

图 3-44　丝杆花键的运动

图 3-44 中丝杆花键的运动分以下几种情况：

（1）末端不旋转，只做 Z 轴上下运动：此时只需 J3 电机驱动丝杆螺母。

（2）末端不做 Z 轴上下运动，只做旋转：此时需要 J3 和 J4 电机以相同的转动方式（同向同速）同时驱动丝杆螺母和花键螺母。

（3）末端做螺旋运动（复合运动）：此时只需 J4 电机驱动花键螺母，或 J3 和 J4 电机以不同的转动方式同时驱动丝杆螺母和花键螺母。

3.1.5.2 三轴的构造

无论是"单轴方案"还是"双轴方案"，三轴基本由丝杆和花键组件、电机组件、一级同步皮带及张紧装置等部分组成，为了防止电机在断电的情况下，三轴在末端负载重力的作用下发生可能导致危险的运动，三轴通常还设置有抱闸装置。

1. 丝杆和花键组件

前文提到，丝杆和花键组件存在两种形式：一种是丝杆与花键耦合的滚珠丝杆花键轴；另一种是丝杆和花键彼此分开、相互独立。接下来，将分别以汇川 IR-S4 系列与汇川 IR-S50 系列为例，针对这两种形式的构造展开详细说明。

1）汇川 IR-S4 系列丝杆和花键组件

如图 3-45 所示，丝杆花键轴上同时套有丝杆螺母（上方）和花键螺母（下方），并从小臂末端贯穿而过，丝杆螺母和花键螺母通过轴承和安装板固定在小臂上，为了减少丝杆花键轴与螺母之间的摩擦力，它们之间放置有可循环滚动的钢珠，如图 3-46 所示，有些在螺母上设置有注油孔，以便后期进行油脂维护。同步皮带轮安装在螺母上，可通过同步皮带驱动螺母进行旋转，同步皮带轮与螺母的安装有两种形式，一种是过盈配合连接，另一种是用螺钉将皮带轮与螺母的安装法兰连接（见图 3-47）。丝杆花键轴的上下两端通过螺钉安装了两个限位环，将丝杆花键轴的运动范围限制在设定的动作区域内。针对不同的防护等级要求，有些丝杆花键轴不能暴露在外部环境中，需要设置有相应的伸缩罩（见图 3-48）。

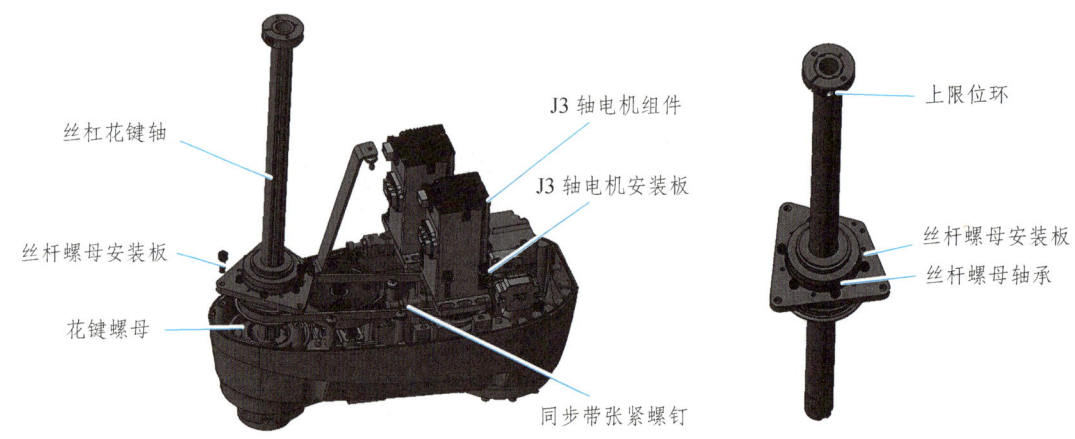

图 3-45 丝杆花键组件

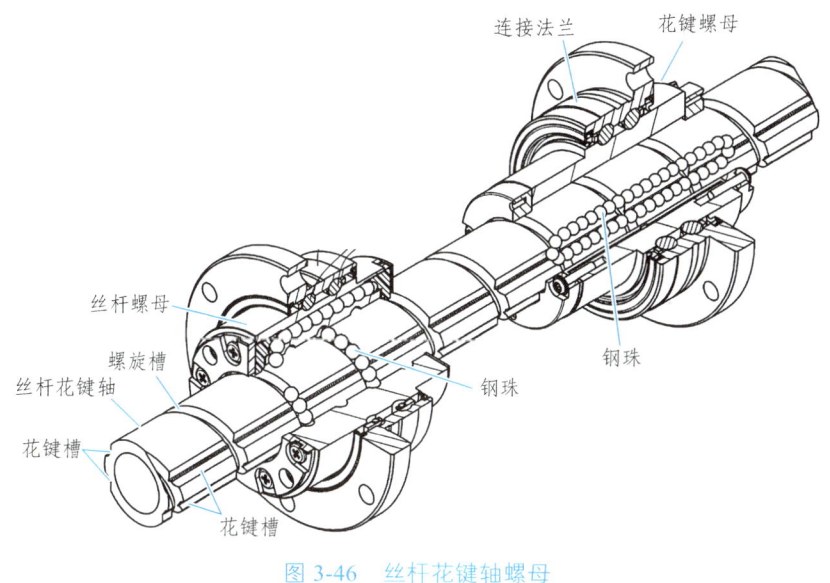

图 3-46 丝杆花键轴螺母

图 3-47 丝杆螺母皮带轮

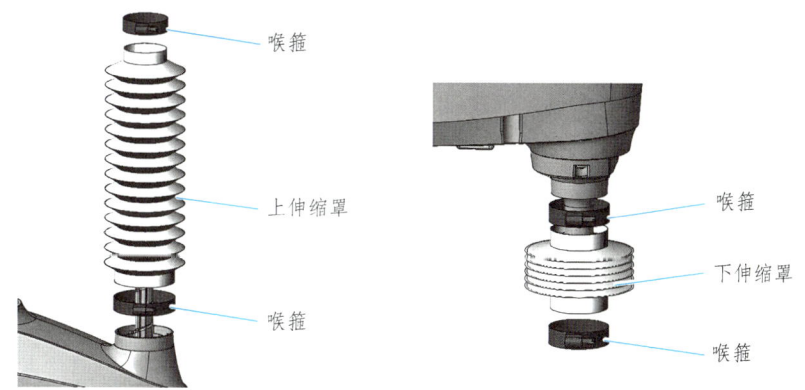

图 3-48 丝杆花键轴伸缩罩

2）汇川 IR-S50 系列丝杆和花键组件

如图 3-49 所示，丝杆和花键组件由 4 根轴组成，分别是丝杆轴、花键轴及两根光轴，两根光轴的作用是提高组件的刚度，从而使机器人末端能承受更大的负载，光轴的两端分别连接在花键轴的上轴承座和下轴承座上,和花键轴一起上下运动,并形成一个稳固的框架。丝杆通过上下轴承和连接板分别固定在支撑型材和小臂上,丝杆下端安装同步皮带轮,通过同步皮带驱动丝杆轴旋转,从而带动丝杆螺母上下运动,而丝杆螺母法兰与花键上轴承座连接,于是花键轴跟随上下移动(见图3-50)。丝杆螺母上设置有注油孔,便于进行油脂维护操作。

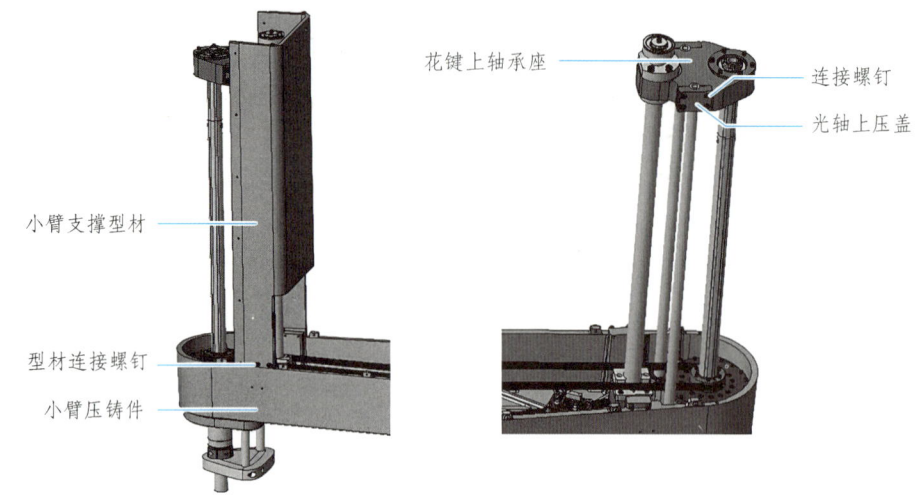

图 3-49 丝杆和花键组件

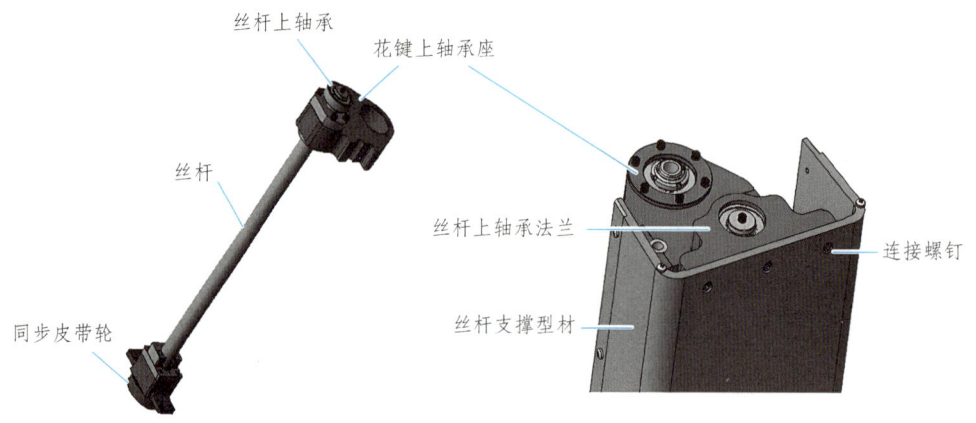

图 3-50 丝杆的构造

2. 电机组件

下面以汇川 IR-S4 系列为例介绍电机组件。如图 3-51 所示,J3 电机固定在电机安装板上,电机安装板通过腰形孔用螺钉与小臂连接,腰形孔的作用是可以改变电机组件的安装位置,从而能调节同步皮带张紧力的大小。主动同步皮带轮以精确的位置安装在电机输出轴上,保证主、从带轮处于同一传动平面上,避免同步皮带在工作过程中出现扭曲的情况。抱闸机构安装在主动同步皮带轮的另一侧,通过方轮和电机输出轴连接,当机器人断电或急停状态下,抱闸机构可以将 J3 电机输出轴锁定,防止机器人末端在重力的作用下出现意外的动作。

\ 项目三　典型串联四轴机器人构造与检修 \

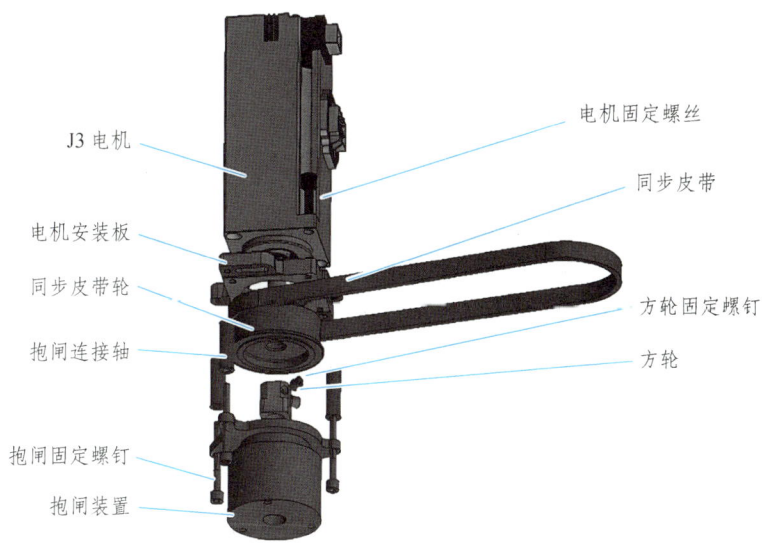

图 3-51　J3 电机组件的构造

抱闸分内部抱闸和外部抱闸两种形式，内部抱闸是将抱闸装置安装在电机内部，和电机做成一体；外部抱闸是将抱闸装置作为独立部件，安装在电机的外部。抱闸装置通常选用的是电磁摩擦片式，主要由电磁部分、摩擦部分和弹簧组件三部分组成，如图 3-52 所示。其工作原理是：当电机通电运行时，电磁线圈也得电，产生电磁力，吸引衔铁克服弹簧的弹力运动，使摩擦片与制动盘分离，第三轴可以自由转动，机器人正常工作；当电机断电时，电磁线圈失电，电磁力消失，弹簧恢复原状，推动摩擦片紧紧压在制动盘上，通过摩擦力阻止第三轴的转动，从而实现制动，使机器人第三轴保持在固定位置。一般在小臂上设置有相应的开关，可以通过按压开关对三轴的抱闸进行人工解除。

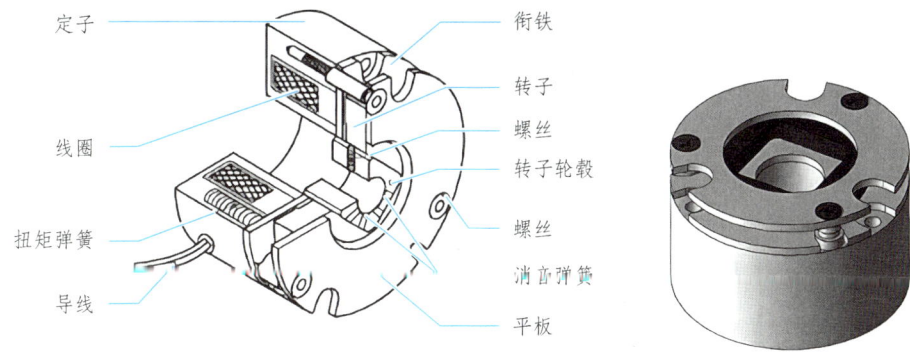

图 3-52　抱闸装置的构造

3. 同步皮带张紧装置

在 J3 电机安装板的前端顶着一颗调整螺钉，如图 3-53 所示，旋进或旋出调整螺钉即可让电机安装板在腰形孔内进行移动，从而拉紧或放松同步皮带，达到调整同步皮带张紧力的作用。当同步皮带张紧力调整好后，用调整螺钉上的锁紧螺母将螺钉锁紧。

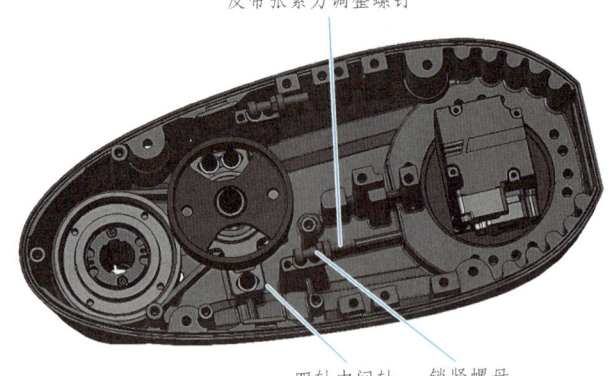

图 3-53 同步皮带张紧装置

3.1.5.3 三轴的拆装

1. 采用丝杆花键结构形式的拆装

下面以汇川 IR-S4 系列为例介绍采用丝杆花键结构形式的拆装。

（1）依次拆卸小臂外壳、小臂线缆钣金。

（2）松掉陀螺仪板固定螺钉后拆开该板（见图 3-54）。

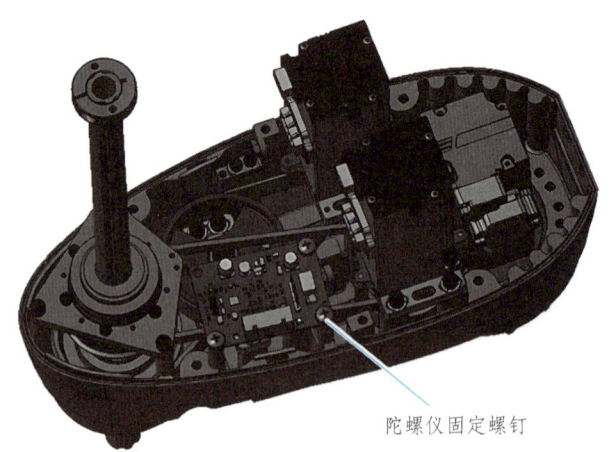

图 3-54 陀螺仪的拆卸

（3）先后松开 J3 轴组件皮带张紧螺钉、J3 轴电机安装板固定螺钉、丝杆螺母安装板紧固螺钉，拿出螺旋螺母组件（注意丝杆螺母不能脱离丝杆），再取出 J3 轴电机组件。

（4）取出 J3 轴电机组件，拆开抱闸装置固定螺钉拿出抱闸，随后更换 J3 轴同步带。之后按之前拆卸步骤反向安装 J3 轴（M4 螺钉力矩为 3.5 N·m，M3 螺钉力矩为 1 N·m），用张紧螺钉张紧皮带，并用张力仪检测，使同步带检测频率保持在 90~100 Hz。

（5）松开方轮固定螺钉拿出方轮，更换方轮及抱闸（注意抱闸急停使用次数为 2000 次，超 2000 次需更换）。接着松开带轮固定螺钉和电机固定螺钉，更换电机。

（6）更换电机和抱闸后，安装带轮及方轮（使两个顶丝孔与电机扁位对齐），用高度尺保证方轮顶部距离安装板高度为（21.7±0.08）mm，如图 3-55 所示；再用 M4×5 顶丝锁紧方轮，将带轮贴合方轮之后，锁紧带轮内顶丝；最后按最初拆卸步骤反向重新安装 J3 轴（M4×5 顶丝力矩为 1.8 N·m，M4 螺钉力矩为 3.5 N·m，M3 螺钉力矩为 1 N·m），再次用张紧螺钉张紧皮带，确保同步带检测频率为 90～100 Hz。

图 3-55　带轮及方轮的安装

2. 采用丝杆和花键独立结构形式的拆装

1）外壳拆卸

使用合适工具，拆卸小臂后端及前端的钣金外壳。

2）陀螺仪板拆卸

（1）松开 J3 电机组件、J4 电机组件与小臂直接相连的螺钉。

（2）同时松开对应的同步带张紧力调整螺钉，使 J3 和 J4 同步带处于松弛状态。取下陀螺仪板（见图 3-56）。

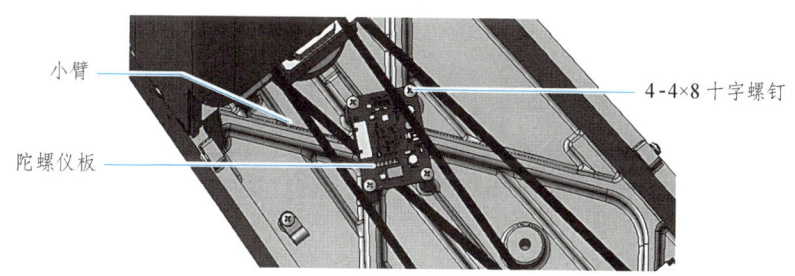

图 3-56　陀螺仪板的拆卸

3）丝杆支撑部件拆卸

（1）松掉丝杆支撑型材与丝杆上轴承法兰之间的连接螺钉，随后取下丝杆上轴承法兰。

（2）松掉丝杆支撑型材与小臂之间的螺钉，取下丝杆支撑型材。

4）光轴拆卸

（1）松开左右两侧连接花键上轴承座与光轴上压盖的 8 颗 M5×20 规格螺钉，同时松开花键下轴承座与光轴下压盖的 4 颗 M5×20 规格螺钉（见图 3-57）。

（2）取下 2 根光轴。在松开螺钉过程中，务必用手握住光轴，防止拆卸时光轴掉落损坏。

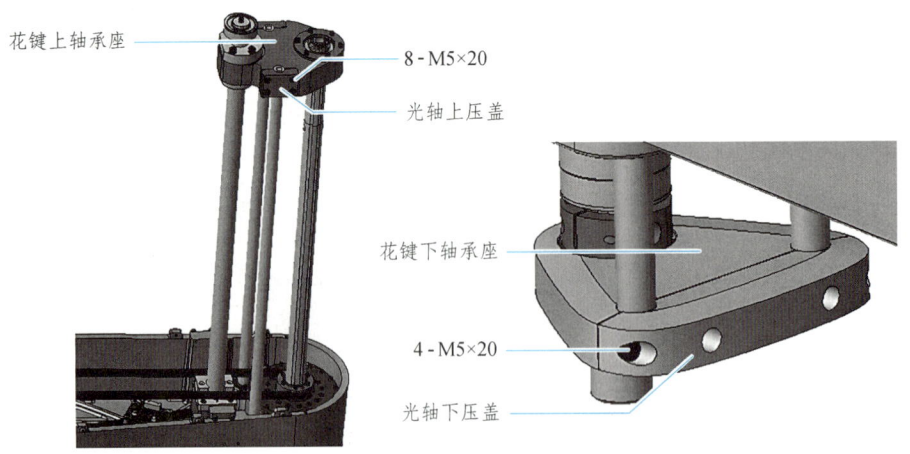

图 3-57 光轴的拆卸

5）花键下轴承座等部件拆卸

（1）利用二爪拉马拆卸花键下轴承座。

（2）松掉限位环与丝杆连接的 M4×12 螺钉，依次取下花键下轴承座、限位环、花键下轴承挡圈（见图 3-58）。

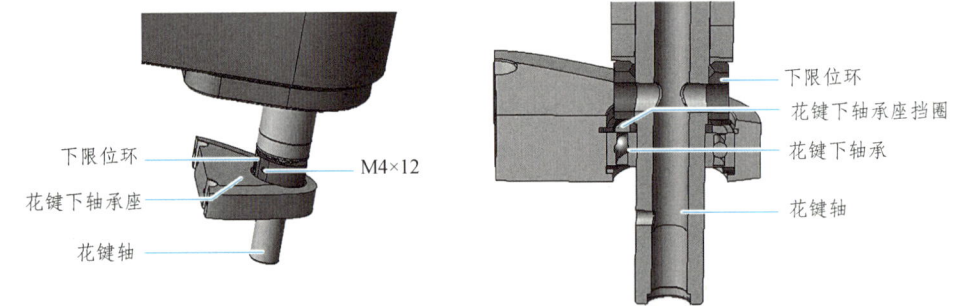

图 3-58 花键下轴承座的拆卸

6）丝杆及花键组件拆卸

（1）松掉 J3 丝杆组件与小臂直接连接的 M5×20 螺钉（见图 3-59），取下 J3 丝杆组件与 J4 花键组件。向上抽取 J4 轴花键时，动作要缓慢，避免花键螺母内滚珠掉落。

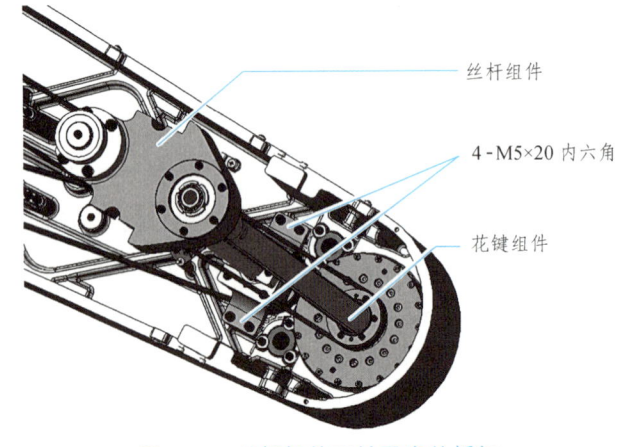

图 3-59 丝杆组件下轴承座的拆卸

（2）松掉 J3 花键轴上轴承挡板与花键轴上轴承座的 6-M4×12 螺钉，拆卸完花键轴上轴承挡板后，取下 J4 花键轴与 J3 丝杆的组件。

7）电机组件拆卸

（1）使用合适工具，松开 3 颗规格为 M5×20 并带有弹垫圈的螺钉，将 J3 电机组件拆卸下来（见图 3-60）。

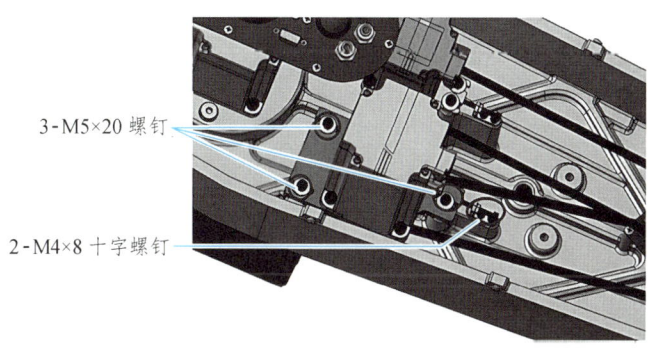

图 3-60　J3 电机组件的拆卸

（2）松开 2 颗规格为 M4×8 的内六角紧定螺钉，进而拆卸 J3 同步带轮（见图 3-60）。

（3）拆下 4 颗规格为 M6×16 的内六角螺钉，先取下 J3 轴电机安装板，随后取下 J3 轴电机（见图 3-61）。

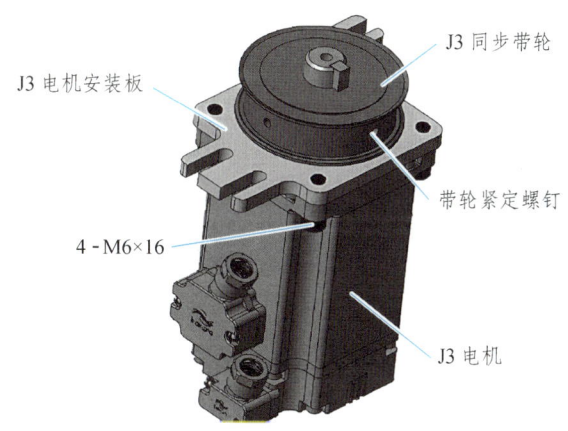

图 3-61　J3 电机组件的分解

8）复原安装

复原安装遵循与拆卸步骤相反的顺序操作。螺钉安装扭力需参照维修手册备注中的"螺钉紧固力矩和拧紧方法"。此外，需留意 J3 轴带轮的安装高度标准，即带轮上边缘与安装板上边缘的距离应为（25±0.15）mm，如图 3-62 所示；同时，J3 轴同步带的张紧力应保持在 60～70 Hz 的频率范围内。

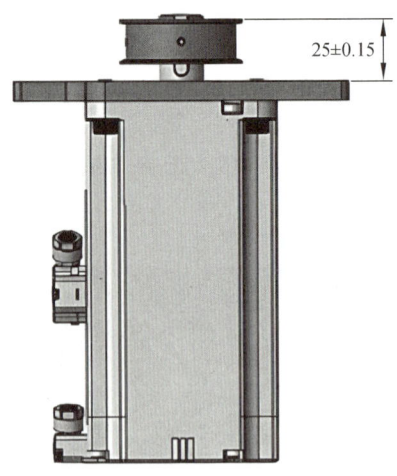

图 3-62　J3 轴带轮安装高度标准

3.1.6　四轴

3.1.6.1　四轴动力传动方式

四轴负责机器人末端的旋转运动，它与三轴有着紧密的关系，在"3.1.5 三轴"的内容中已包含了部分四轴的讲述。但四轴在传动方式上和三轴还是有一定的区别，主要是三轴的丝杆本身就有一定的传动比，所以三轴只需一级同步皮带即可满足动力传动的要求，而四轴花键需要较大的传动比，如果光靠改变单个皮带轮的直径势必会增大小臂的体积，影响小臂的转动惯量，因此在四轴的动力传动方式上，通常采用两级同步皮带或附加减速器的方式，如图 3-63 和图 3-64 所示。附加减速器一般为谐波减速器，动力由同步带输入到波发生器，刚轮固定，柔轮输出到花键螺母。

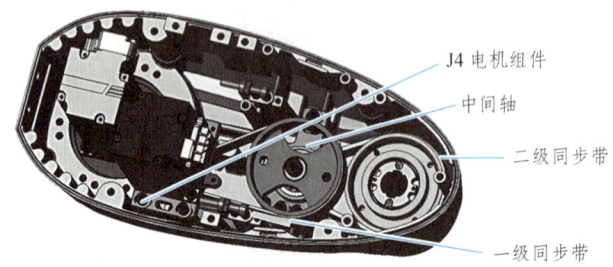

图 3-63　两级同步带传动方式

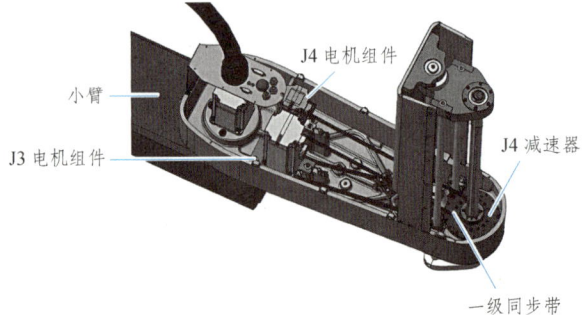

图 3-64　同步带加减速器传动方式

3.1.6.2 四轴的构造

四轴通常由驱动电机组件、动力传动机构（两级同步皮带或一级同步带+减速器）、丝杆和花键组件、同步带张紧力调节装置等部分组成。一般对于小负载的 SCARA 机器人四轴不设置抱闸装置，但相对于大负载的（10 kg 及以上），由于四轴的转动惯量较大，为了可靠地制动停止，需要设置抱闸装置。

1. 电机组件

以带抱闸装置的汇川 IR-S10 系列为例（见图 3-65），J4 电机固定在电机安装板上，电机安装板通过腰形孔用螺钉与小臂连接，腰形孔的作用是可以改变电机组件的安装位置，从而能调节同步皮带张紧力的大小。主动同步皮带轮以精确的位置安装在电机输出轴上，保证主、从带轮处于同一传动平面上，避免同步皮带在工作过程中出现扭曲的情况。抱闸机构安装在主动同步皮带轮的另一侧，通过方轮和电机输出轴连接，抱闸机构可以将 J4 电机输出轴锁定，保证 J4 轴的可靠停止。抱闸装置与 J3 轴所采用的相同。

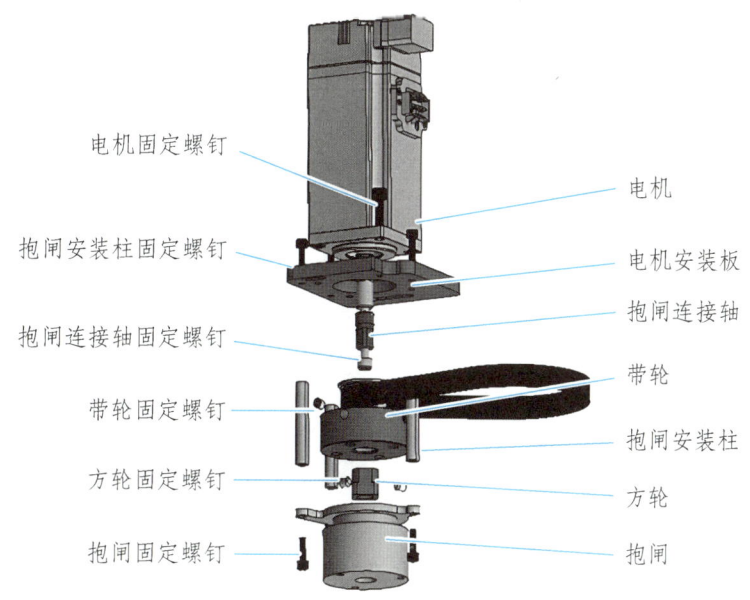

图 3-65　J4 电机组件构造

2. 动力传动机构

1）两级同步带方式

以汇川 IR-S10 系列为例，两级同步带的构成如图 3-66 所示。中间轴上安装有大小两个皮带轮，大轮是一级同步带的从动轮，小轮是二级同步带的主动轮。中间轴两端分别由一个轴承支撑，可分为上轴承和下轴承，上下轴承各安装在一个轴承座上，上下轴承座用螺钉连成一体，上轴承座同时也作为安装板，通过螺钉和腰孔将整个中间轴固定在小臂上。安装板上腰形孔的作用是可以改变中间轴的安装位置，从而能调节二级同步皮带张紧力的大小。

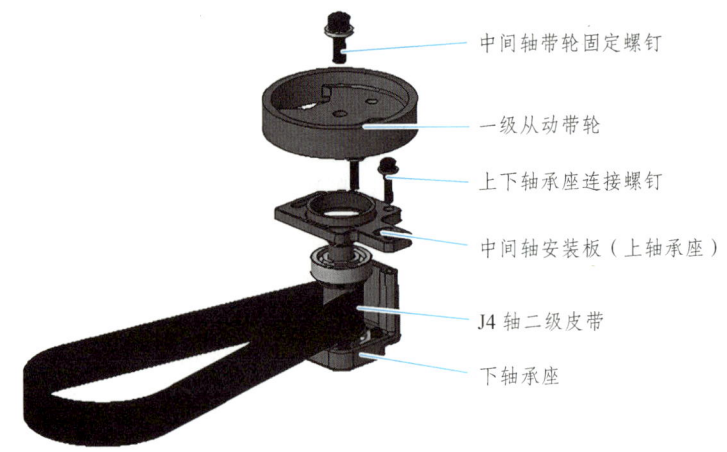

图 3-66 J4 中间轴构造

2) 一级同步带+减速器方式

以汇川 IR-S50 系列为例，一级同步带+减速器的构成如图 3-67 所示。中空谐波减速器套在花键轴上，谐波减速器的柔轮连接花键螺母，刚轮首先用螺钉连接在一块安装板上，然后将安装板和小臂固定，同步皮带轮通过螺钉和波发生器连接。

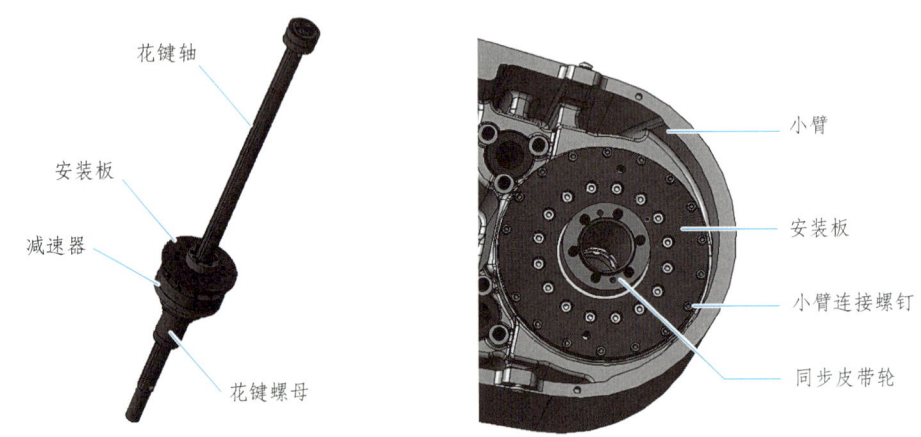

图 3-67 J4 减速器的连接

3. 丝杆和花键组件

丝杆和花键组件的构成见"3.1.5 三轴"的相关内容。

4. 同步带张紧力调节装置

两级同步皮带传动需要两个张紧力调整装置，一颗调整螺钉顶在 J4 电机安装板的前端，负责一级同步皮带张紧力的调节，另一颗同样的调整螺钉顶在中间轴的安装板上，负责二级同步皮带张紧力的调节，如图 3-68 所示，旋进或旋出调整螺钉即可让电机安装板或中间轴在腰形孔内进行移动，从而拉紧或放松同步皮带，达到调整同步皮带张紧力的作用。按先二级再一级的顺序进行皮带张紧力的调节，当同步皮带张紧力调整好后，用调整螺钉上的锁紧螺母将螺钉锁紧。

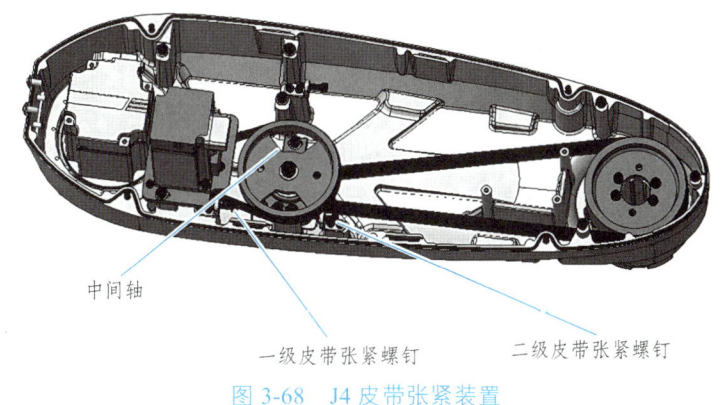

图 3-68　J4 皮带张紧装置

3.1.6.3　四轴的拆装

由于四轴与三轴结构关系密切，它们的拆装步骤基本重合，因此可参照三轴的拆装步骤进行四轴的拆装，这里不再赘述。

3.2　垂直多关节四轴机器人构造与检修

3.2.1　概述

垂直多关节四轴工业机器人俗称"码垛机"，它的结构与通用六轴工业机器人类似，但相比通用六轴工业机器人少了两个轴的自由度，分别是手腕的偏转和俯仰运动，对应六轴工业机器人的四轴（J4）和五轴（J5），手腕关节无动力驱动，是通过平面四杆机构将手腕末端旋转中心轴始终保持与机器人安装面垂直，如图 3-69 所示。

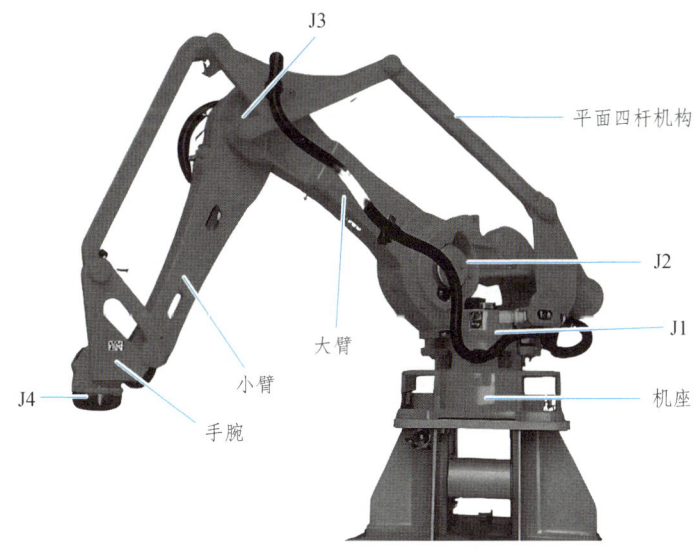

图 3-69　码垛机的整体构造

垂直串联四轴机器人（码垛机）是一种专为工业码垛场景设计的高效自动化设备。该类设备通过 4 个旋转轴依次垂直串联，形成以垂直平面为主的运动轨迹，末端执行器（如夹爪、吸盘)可完成升降、平移及小幅旋转动作,适用于规则箱体、袋装或块状物料的堆叠与拆垛任务。其设计目标聚焦于高负载、高节拍和低维护需求,在物流、食品饮料、化工等领域应用广泛。

垂直串联四轴机器人(码垛机)具备结构紧凑、关节刚性高的特点,可支持较大的负载能力。其重复定位精度为±(1~5)mm,虽较高精度六轴机器人略低,但通过直线运动优化,显著提升了流水线效率。此外,该机器人控制简单、调试周期短,能够在标准化场景中实现快速部署。而且,四轴结构具有电机数量少、传动链短的优势,可有效降低运行成本。

该机型专为规则物料设计,在物流仓储中实现托盘堆叠,食品行业处理箱装饮料,化工领域搬运袋装原料等场景表现突出。其优势在于高性价比,但其灵活性受限,难以适应复杂路径或非结构化环境,需依赖固定工位与规则物料。

尽管六轴机器人占据复杂工艺市场,四轴码垛机凭借效率与成本优势,仍是工业4.0时代大宗物料自动化搬运的核心解决方案。

3.2.2 平面四杆机构原理

四轴码垛机的平面四杆机构是由两个平行四边形连杆机构组成,其主要作用是使机器人运动时保持腕部安装座始终水平,即运动时机器人末端执行器的工作位姿保持不变,工作原理如图3-70所示。

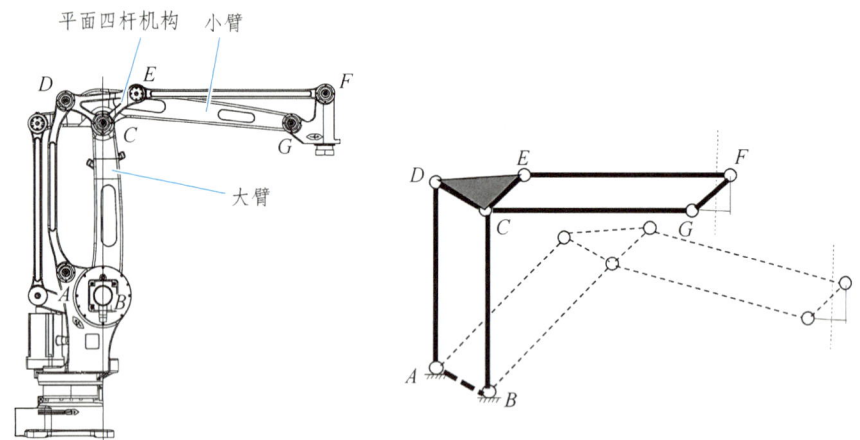

图3-70 平面四杆机构原理

第一个平行四边形连杆机构由 AD、DC、CB 和 AB 构成,其中 A、B 两点固定在机座上,A、B 之间的连线和地面的夹角固定不变;第二个平行四边形连杆机构由 CE、EF、FG 和 GC 构成,其中 F、G 两点固定在手腕上,F、G 之间的连线和腕部安装座平面的夹角固定不变;DEC 是一个三角形框架,DC 边和 EC 边的夹角也是固定的。当机器人工作时,无论大臂和小臂处于何种位置,根据平行四边形连杆机构原理,DC 边始终平行于 AB 边、FG 边始终平行于 EC 边,由于 DC 边和 EC 边的夹角不变,所以 FG 边和地面的夹角始终也不变,如图3-70虚线部分所示。

3.2.3 垂直串联四轴机器人的检修

四轴机器人与六轴机器人的结构基本类似,可参照本书"项目四"的相关内容进行检修。

项目四　典型串联六轴机器人构造与检修

串联六轴机器人本体包含 6 个旋转轴（J1～J6），分别控制机座旋转、大臂摆动、小臂俯仰、腕部旋转和摆动、末端法兰旋转等动作，实现三维空间内的全向运动，如图 4-1 所示，负载能力从几千克到几百千克不等。它凭借其高精度、灵活性和自动化能力广泛应用于焊接、装配、喷涂等工业场景，涉及汽车制造、电子装配、食品加工等众多领域，但价格相对昂贵、编程相对复杂、负载能力相对有限。

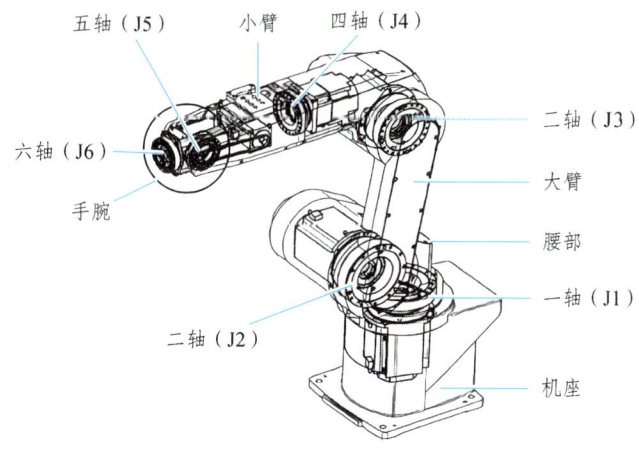

图 4-1　六轴机器人本体基本构成

机器人的负载大小对其所采用的动力传动方式和机械构造有很大的影响。对于额定载荷不大的轻型机器人，通常选用伺服电动机直接驱动谐波减速器的传动方案，在前面 SCARA 机器人中已做介绍，下面主要以重型机器人，如发那科（FANUC）R-2000iB 系列，介绍串联六轴机器人的构造与检修。

4.1　机座

4.1.1　机座的功能及构造特点

和其他类型的机器人一样，六轴机器人的机座也用来固定机器人并承载全部机械结构，一般为重型铸件，采用铸铁或铸铝材料制造，确保稳定性和抗振能力。机座通常内部集成动力线缆和气管通道，对于一些轻载的小型六轴机器人，因为其 J1 电机和减速器体积小、质量轻及散热要求不高，也可内置于机座内。机座上一般安装有可拆卸的面板，面板上设置有本体电池仓，以及与外部连接的线缆插头、通信接口、气路接头等，如图 4-2 所示。

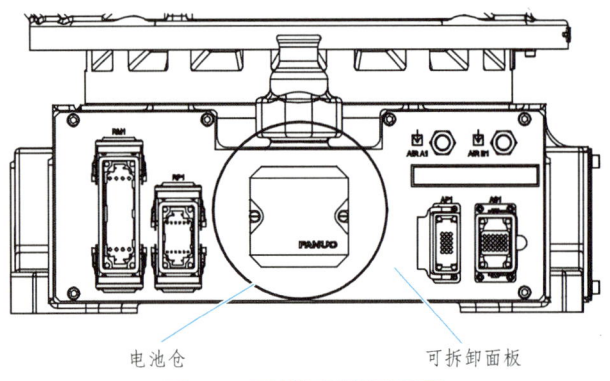

图 4-2 可拆卸面板示意图

为了方便吊装和搬运机器人,机座上预留有相应的螺钉孔,可以用来安装吊耳或供叉车使用的叉装工具,如图 4-3 所示。

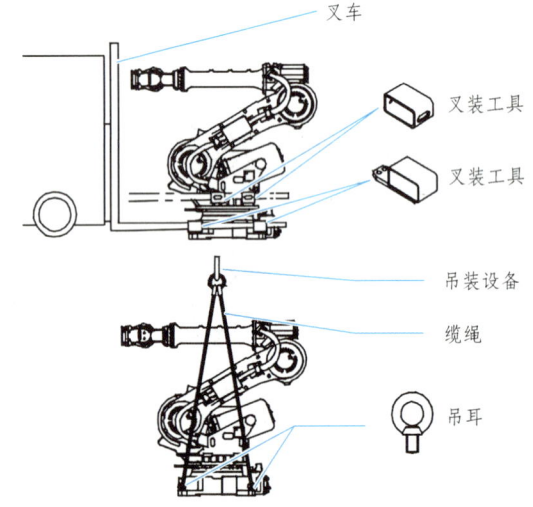

图 4-3 吊耳与叉装工具示意图

机座上还装有机械限位器和线管。机械限位器的作用是将一轴(J1)的运动控制在一定范围之内;线管可以让本体线束从中穿过,起到规整和保护线路的作用,为了防止一轴润滑油脂的泄漏,线管与机座之间用一个 O 形圈来密封,如图 4-4 所示。

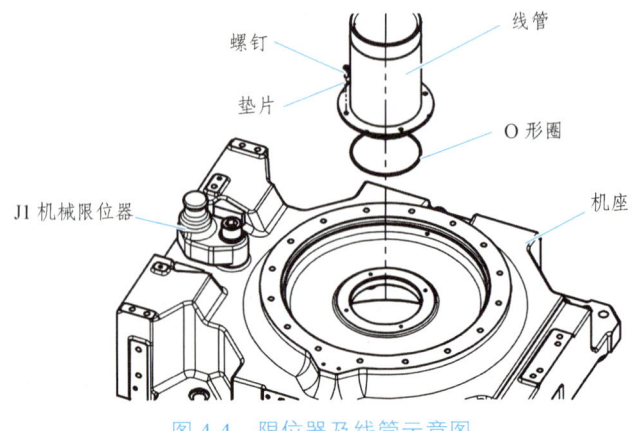

图 4-4 限位器及线管示意图

4.1.2 机座与地面的安装

下面以发那科(FANUC) R-2000iB/165F 为例,介绍机座与地面的安装,可分为三种安装方法。

1. 安装方法一

将垫板埋入混凝土内,用 12 个 M20 化学壁虎(强度分类为 4.8)将其固定起来。此外,用 8 个 M20×65 螺钉(强度分类为 12.9)将底座安装到机器人机座上,定位机器人后将底座焊接到垫板(脚长 10~15 mm)上(见图 4-5)。

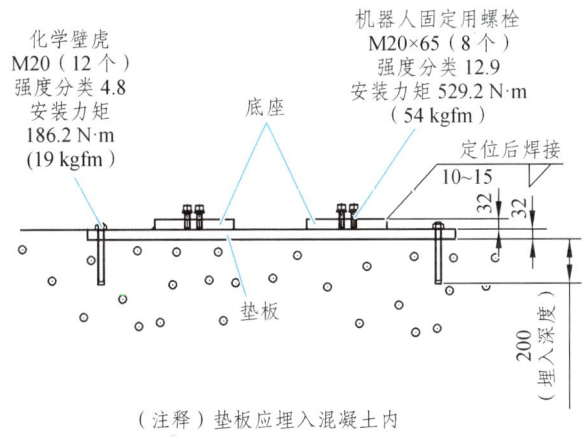

图 4-5 机器人安装方法(一)

2. 安装方法二

不将垫板埋入混凝土内。用 M20 化学壁虎(强度分类 4.8)固定 12 处,用 4 个固定螺丝调整垫板的倾斜度。将机器人机座抵碰并定位于插入机座的 3 个 $\phi 20$ 平行插销,用 8 个 M20×65 螺钉(强度分类 12.9)将机器人机座固定在垫板上(见图 4-6)。

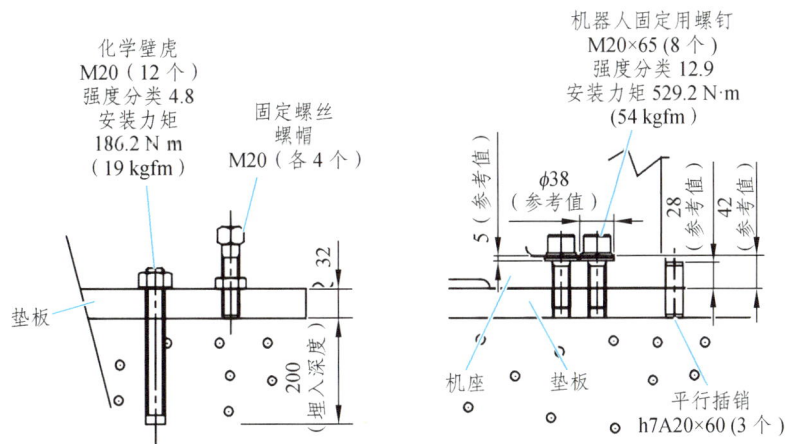

图 4-6 机器人安装方法(二)

3. 安装方法三

第三种安装方法与第二种大致相同，但是不使用用于抵碰机器人基座的平行插销（见图 4-7）。

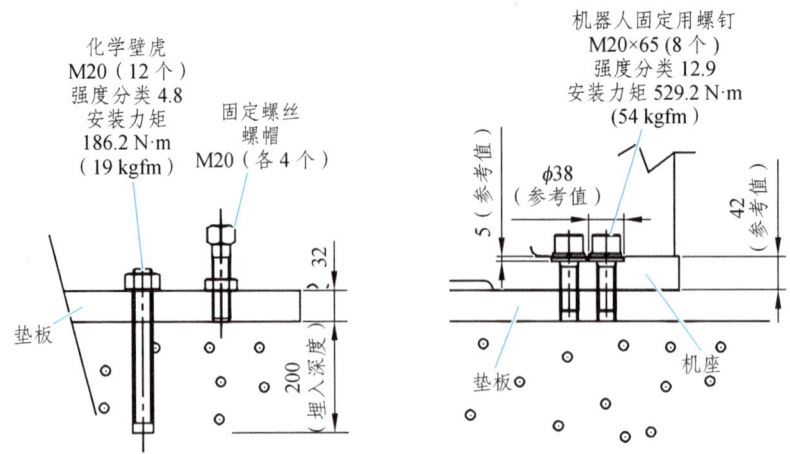

图 4-7　机器人安装方法（三）

4.2 一轴

第一轴（J1）是机器人最底部的旋转关节，负责驱动整个机械臂在水平面内左右旋转，决定了机器人的水平覆盖半径，后续轴的运动均在其旋转范围内叠加。由于承载整机重量，其结构强度和动态性能直接影响机器人的寿命和精度。

4.2.1 一轴动力传动方式

在所有轴当中，一轴的驱动转矩最大，且要满足一定的速度要求。发那科（FANUC）R-2000iB 系列一轴有两种动力传动方式：

（1）两级传动（电机+RV 减速器），如图 4-8 所示，动力由 J1 电机输出轴输入到 RV 减速器第 2 减速部其中的一个行星轮，然后通过中间的惰轮将动力传输到其他所有的行星轮，行星轮带动曲柄轴旋转，第 1 减速部的摆线轮摆动，针齿壳固定在机座上，动力由行星架输出，驱动腰部做旋转运动。使用中间惰轮可以令电机偏置，避开中间的线管。传动比为

$$i = 1 + \frac{Z_2}{Z_1} \times \frac{Z_4}{Z_4 - Z_3}$$

式中　i —— 传动比；

　　　Z_1 —— 输入轮齿数；

　　　Z_2 —— 行星轮齿数；

　　　Z_3 —— 摆线轮齿数；

　　　Z_4 —— 针齿齿数。

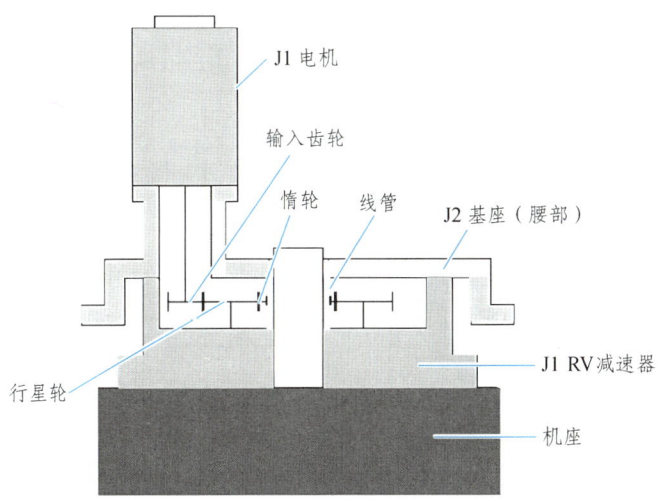

图 4-8　一轴两级传动示意图

（2）三级传动（电机+直齿轮减速+RV 减速器），如图 4-9 所示，动力由 J1 电机输出轴输出，先通过一对精密直齿轮啮合减速将动力传送到 RV 减速器的太阳轮，再由太阳轮驱动 RV 减速器第 2 减速部的行星轮，行星轮带动曲柄轴旋转，第 1 减速部的摆线轮摆动，针齿壳固定在机座上，动力由行星架输出，驱动腰部做旋转运动。传动比为

$$i = \left(1 + \frac{Z_2}{Z_1} \times \frac{Z_4}{Z_4 - Z_3}\right) \times \frac{Z_6}{Z_5}$$

式中　i——传动比；
　　　Z_1——太阳轮齿数；
　　　Z_2——行星轮齿数；
　　　Z_3——摆线轮齿数；
　　　Z_4——针齿齿数；
　　　Z_5——输入轮齿数；
　　　Z_6——中心轮齿数。

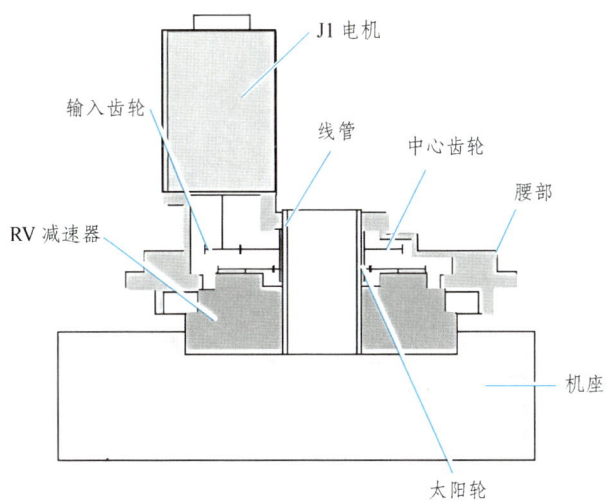

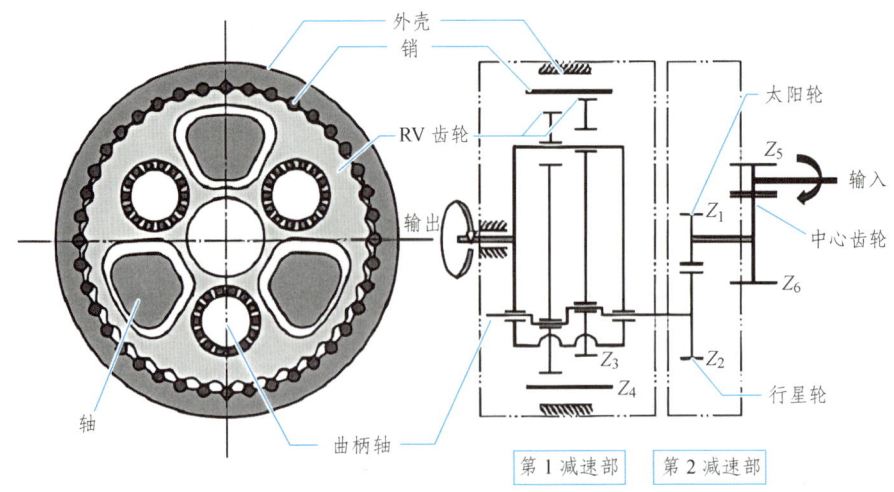

图 4-9 一轴三级传动示意图

4.2.2 一轴的构造

下面以发那科（FANUC）R-2000iB/165F 为例，介绍一轴的构造。

通常 J1 的驱动电机被安装在二轴的基座（腰部）上，工作时随着腰部一起旋转。驱动齿轮套在电机的输出轴上，用键连接，并从齿轮的顶端用一根螺钉将其与电机输出轴紧固。如果整根驱动轴较长，为了提高刚度，往往在驱动轴的中下部用一个滚动轴承进行支撑。驱动电机与其安装座平面之间用一个 O 形圈进行密封，防止一轴的润滑油脂从此处泄漏，如图 4-10 所示。

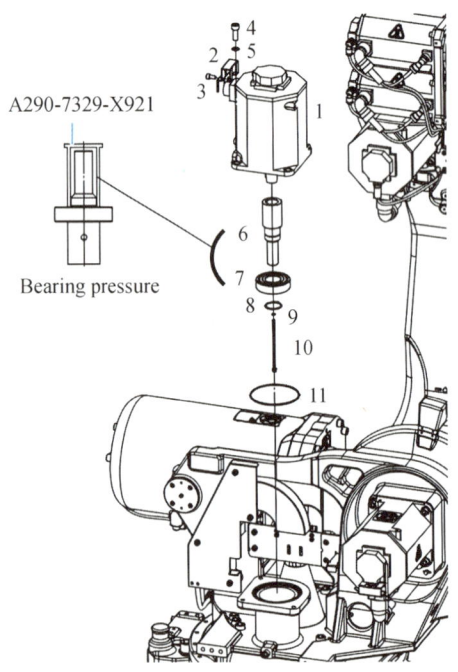

1—J1 电机；2—盖子；3—盖子螺钉；4—电机螺钉；5—垫圈；6—主动齿轮；7—轴承；8—卡簧；9—垫圈；10—齿轮连接螺钉；11—O 形圈。

图 4-10 一轴电机安装示意图

中空型 RV 减速器的针齿壳用螺钉固定在机座上,线管从减速器的中间穿过,减速器的行星架法兰面通过一根弹簧销与腰部的安装座进行定位,并用螺钉将行星架和腰部连接,从而使动力能传送到腰部上。为了密封,一个 O 形圈被放置于减速器与机座之间,一个油封镶嵌在腰部中央的孔内,减速器与腰部的安装面涂抹了密封胶,如图 4-11 所示。

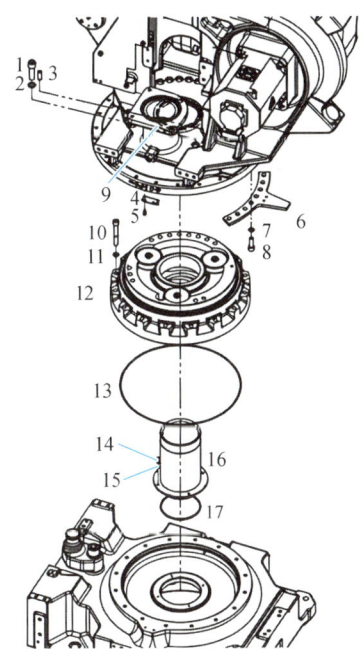

1—腰部连接螺钉;2—垫圈;3—弹簧销;4—板(附件);5—螺钉;6—限位挡块;7—垫圈;
8—螺钉;9—油封;10—减速器固定螺钉;11—垫圈;12—减速器;13—O 形圈;
14—线管螺钉;15—垫圈;16—线管;17—O 形圈。

图 4-11 一轴构造示意图

机器人的腰部上通常预留有一些螺钉孔位,方便安装其他附件,如叉装工具、吊装夹具、限位挡块、设备支架等。

为了方便一轴的维护,设置有润滑油脂的注油口和排出口,平时用螺钉封堵,如图 4-12 所示。

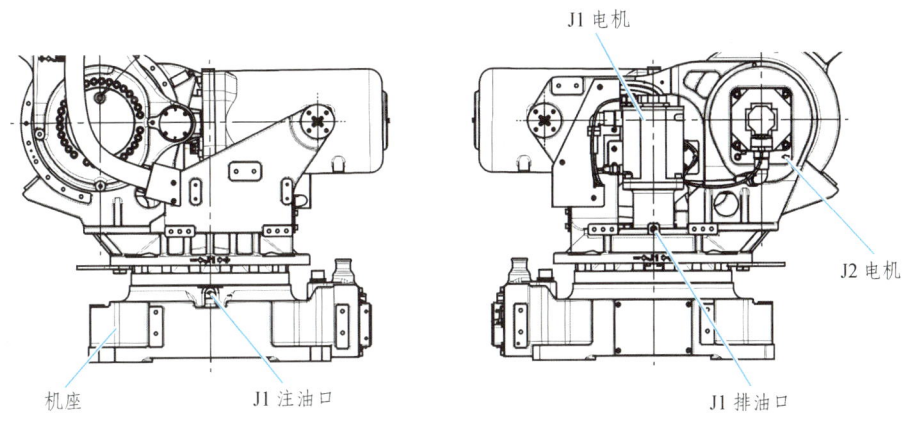

图 4-12 一轴注排油口示意图

4.2.3 一轴齿隙的检测

齿隙会对工业机器人的性能、精度和可靠性产生多方面的影响,齿隙过大会导致反向间隙误差,绝对精度和重复定位精度下降,也会导致工作中产生冲击、振动及运动不平稳,并加速传动部件的磨损。因此,机器人每个轴的齿隙应被控制在一定的范围内。

下面以发那科(FANUC)R-2000iB/165F 为例,介绍一轴齿隙的测量方法:

(1)将机器人保持在指定的姿势,如图 4-13 所示,在执行末端安装测量用的百分表,百分表的按压方向与末端执行器的中心轴呈直角。

(2)按照图 4-14 所示步骤,对一轴施加正向和负向负载。

(3)去除负载并测量位移量。共测量两次(图 4-14 中 B_2 和 B_3),取两次测量所得的值的平均值,并将这些平均值用作各个轴的齿隙(背隙)测量值,本机型中该值标准值为不大于 2.25 mm 或 2.46 角分。

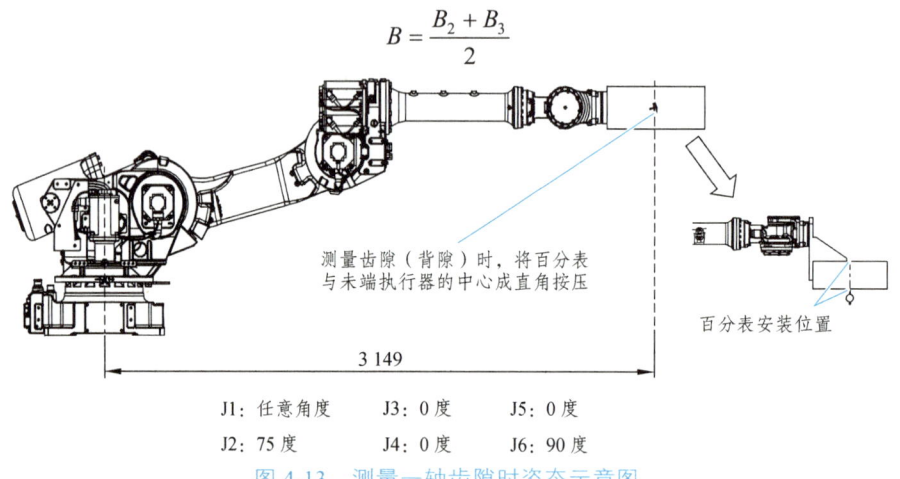

图 4-13 测量一轴齿隙时姿态示意图

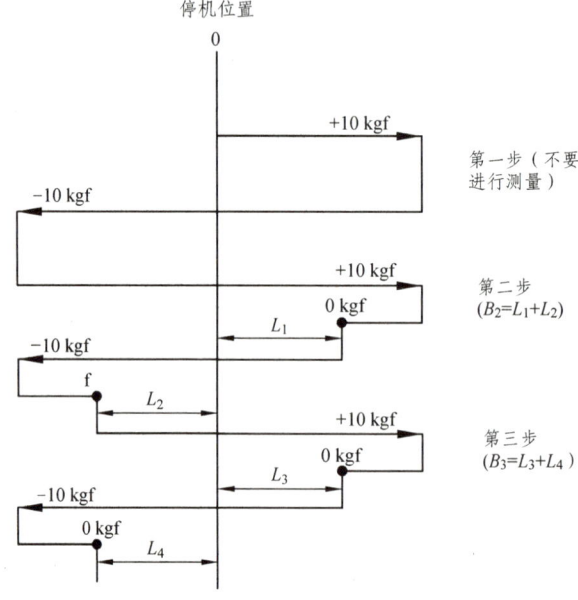

图 4-14 测量齿隙施压步骤示意图

4.2.4 一轴的拆装

下面以发那科（FANUC）R-2000iB/165F 为例，介绍一轴的拆装。

4.2.4.1 J1 电机的拆装（参照图 4-10）

1. 拆卸步骤

（1）关闭控制器电源。

（2）对照图 4-10，如果安装了电机盖，拆卸脉冲编码器电路接插器盖（2）。

注：该盖子会随着螺钉一起转动，可能会损坏连接器。需按住盖子以防止其转动。

（3）拆卸电机（1）的三个电路接插器。

（4）拆卸三个电机安装螺钉（4），然后取下垫圈（5）。

（5）小心地将电机（1）从 J2 基座垂直拔出，注意不要剐伤输入齿轮（6）的齿面。

（6）从电机（1）的轴上拆卸螺钉（10）、垫圈（9）和 O 形圈（11）。

（7）从电机（1）的轴上取下带有轴承（7）和卡簧（8）的输入齿轮（6）。

2. 安装步骤

（1）对照图 4-10，用油石打磨电机（1）的法兰表面。

（2）将输入齿轮（6）[连同轴承（7）和卡簧（8）] 安装到电机（1）的轴上。

注：如果轴承（7）和卡簧（8）已损坏，请进行更换。

（3）将螺钉（10）和垫圈（9）安装到电机（1）上。

（4）将新的 O 形圈（11）放置在指定位置，然后小心地将电机（1）垂直安装到 J2 基座上，注意不要损坏输入齿轮（6）的齿面。

（5）安装三个电机的安装螺钉（4）和垫圈（5）。

（6）将三个电路接插器连接到电机（1）上。

（7）安装脉冲编码器电路接插器盖（2）。

4.2.4.2 J1 减速器的拆装（参照图 4-11）

1. 拆卸步骤

（1）从手腕上卸下机械手和工件等负载。

（2）按照本项目"4.8 平衡器"的相关内容，卸下平衡器。

（3）为了确保机器人二轴以上的重心位于腰部的中心线上，将机器人各轴的姿势调整至特定位置，如图 4-15 所示，机型不同，位置数据也不尽相同。

（4）关闭控制器电源。拔下机器人控制器的连接电缆。

（5）按照上一项步骤卸下 J1 轴电机。

（6）从 J1 基座背面卸下连接器面板，然后断开连接器。

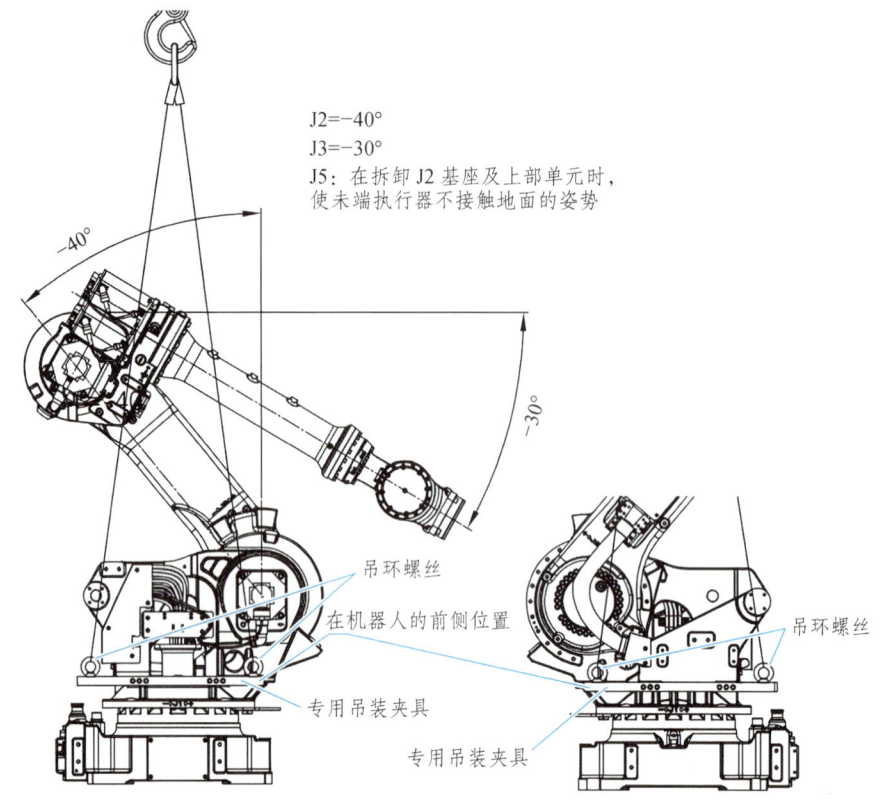

图 4-15 一轴吊装姿态及夹具安装示意图

（7）卸下 J1 基座电缆夹和 J2 基座电缆夹，然后将电缆从中心管向 J2 基座方向拉出。

（8）对照图 4-11，卸下螺钉（5），然后卸下板（4）。

（9）卸下螺钉（8）和垫圈（7），然后卸下限位挡块（6）。

（10）将专用吊装夹具安装到机器人上（机型不同，夹具不尽相同），以便能够吊起机器人，如图 4-15 所示。左侧的吊装夹具和右侧的吊装夹具不一样。相反，吊装夹具的安装方向是预先确定的。安装吊装夹具时，要使每个吊装夹具的孔位于机器人的前侧。

（11）对照图 4-11，卸下 J2 基座安装螺钉（1）和垫圈（2），吊起机器人主体单元，使其与 J1 单元分离。此时，注意不要损坏油封（9）。J2 基座和 J1 轴减速器通过弹簧销（3）定位。搬运机器人时要小心。

（12）卸下减速器安装螺钉（10）、垫圈（11）和减速器（12），然后从减速器上卸下 O 形圈（13）。

2. 安装步骤

（1）用油石打磨 J1 基座减速器的安装面。

（2）将新的 O 形圈（13）安装到减速器（12）上后，使用导向销将减速器安装到 J1 基座上，如图 4-16 所示，然后用减速器安装螺钉（10）和垫圈（11）紧固减速器。此时，要确保 O 形圈不会脱落。

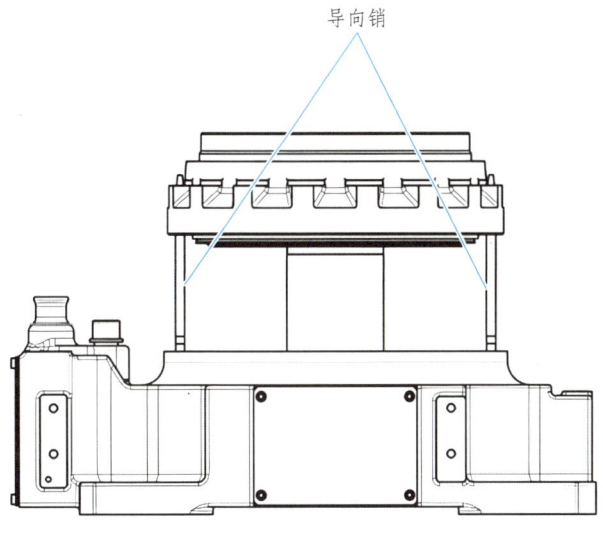

图 4-16　一轴减速器导向销安装示意图

（3）在减速器的轴表面以珠状形式涂抹密封胶，如图 4-17 所示。

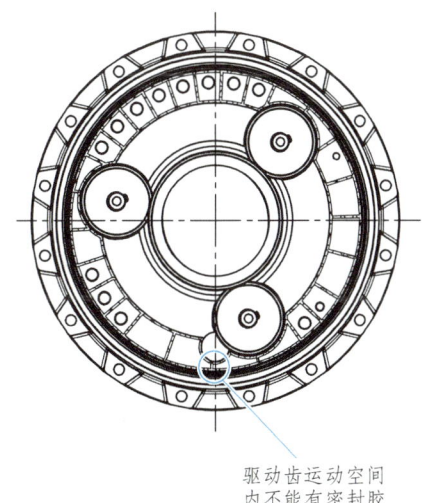

图 4-17　减速器涂胶示意图

（4）使用导向销将机器人主体单元放置在 J1 单元上，如图 4-18 所示。然后对照图 4-11，使用弹簧销敲击工具敲击弹簧销（3）进行定位，再用 J2 基座安装螺钉（1）和垫圈（2）进行紧固。此时，检查油封（9）是否安装到位，并确保在安装机器人时油封唇口不会翻起。

（5）将板（4）和限位挡块（6）安装到合适的位置。

（6）整齐地铺设电缆，并紧固 J1 基座电缆夹和 J2 基座电缆夹。

（7）按照之前的步骤紧固 J1 轴电机。

（8）将连接器安装到 J1 基座背面的连接器面板上，然后连接控制器与机器人之间的电缆。

（9）将平衡器安装到机器人上。

（10）加注润滑脂。

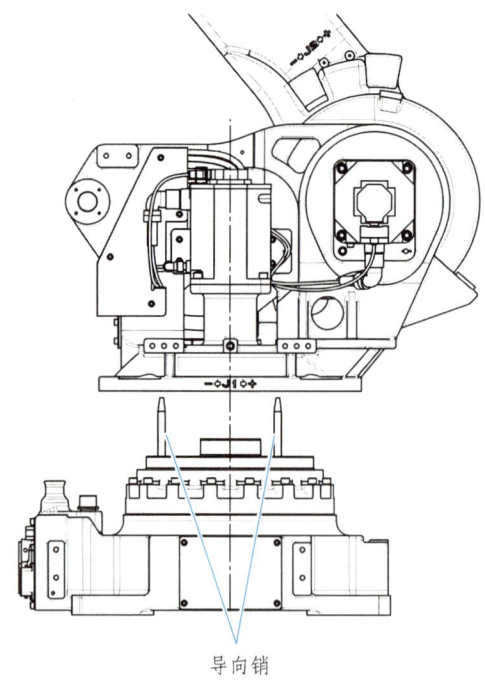

图 4-18 腰部导向销安装示意图

4.3 二轴

第二轴（J2）驱动机器人大臂进行旋转，负责机器人的俯仰。二轴之后所有轴及末端执行器的重量，会对二轴施加一个旋转力矩，该力矩会增大 J2 电机的负荷，影响关节的动态响应性及在断电时造成大臂下坠。因此，二轴必须设置有抱闸装置，对于重型机器人，还要设计专门的平衡装置来消除重力带来的影响。二轴的运动要限制在一定的范围内，避免与机器人腰部发生运动干涉，产生碰撞。二轴的重心尽量靠近一轴的旋转中心，这样可以减小一轴的转动惯量。

4.3.1 二轴动力传动方式

二轴的布置通常比较接近一轴的旋转中心，而且在工作中位置固定，因此，J2 电机的安装位置不会对一轴的转动惯量产生太大的影响，一般就采用电机直接驱动减速器的方式进行动力传动。以发那科（FANUC）R-2000iB/165F 为例，如图 4-19 所示，动力由 J2 电机输出轴输入到 RV 减速器的太阳轮，太阳轮驱动所有的行星轮，行星轮带动曲柄轴旋转，第 1 减速部的摆线轮摆动，针齿壳固定在机器人腰部上，动力由行星架输出，驱动大臂做摆动。传动比为

$$i = 1 + \frac{Z_2}{Z_1} \times \frac{Z_4}{Z_4 - Z_3}$$

式中　i——传动比；
　　　Z_1——太阳轮齿数；

Z_2——行星轮齿数；
Z_3——摆线轮齿数；
Z_4——针齿齿数。

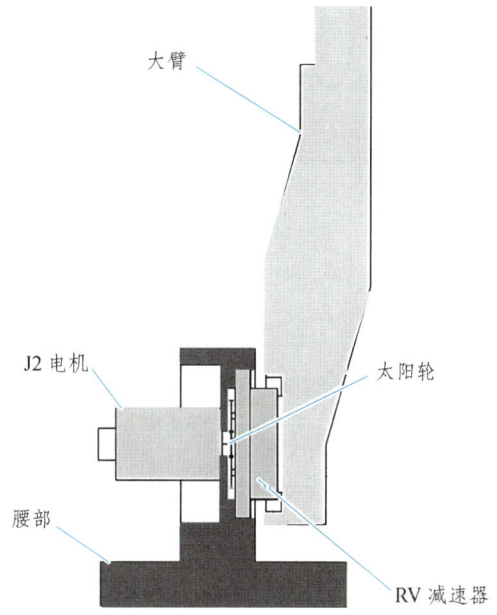

图 4-19 二轴传动示意图

4.3.2 二轴的构造

下面以发那科（FANUC）R-2000iB/165F 为例，介绍二轴的构造（见图 4-20、图 4-21）。

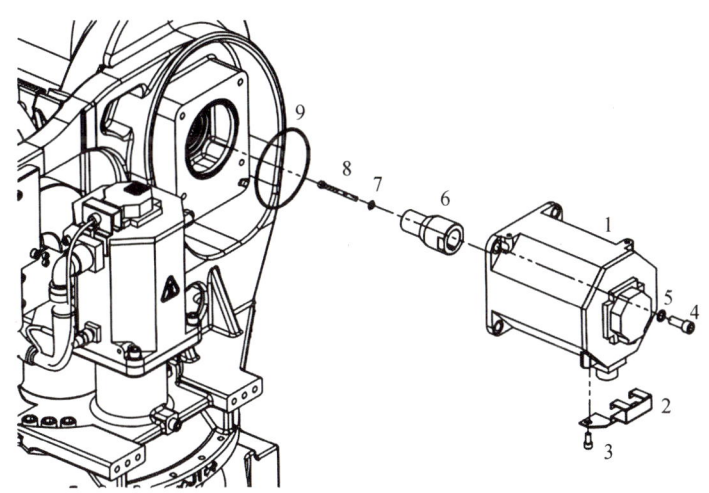

1—J2 电机；2—插头盖子；3—盖子螺钉；4—电机螺钉；5—垫圈；6—输入齿轮；
7—密封垫圈；8—螺钉；9—O 形圈。

图 4-20 二轴电机安装示意图

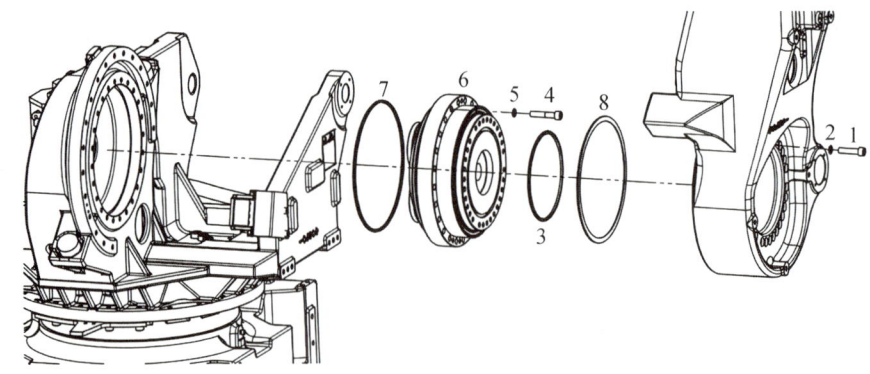

1—大臂连接螺钉；2—垫圈；3—O 形圈；4—减速器连接螺钉；5—垫圈；6—RV 减速器；
7—O 形圈；8—环（个别型号配备）。

图 4-21　二轴减速器安装示意图

J2 的驱动电机通过螺钉安装在二轴的基座（腰部）上，驱动齿轮套在电机的输出轴上，用键连接，并从齿轮的顶端用一根螺钉将其与电机输出轴紧固。驱动电机与其安装座平面之间用一个 O 形圈进行密封，防止二轴的润滑油脂从此处泄漏。二轴的抱闸装置安装在 J2 电机内部，和电机做成一体。

二轴 RV 减速器的针齿壳用螺钉固定在腰部上，减速器的行星架和大臂连接。为了密封，一个 O 形圈被放置于减速器与腰部之间，另一个 O 形圈放置于减速器和大臂之间。

二轴设置有机械限位器，将大臂的运动限制在规定的范围之内，如图 4-22 所示。

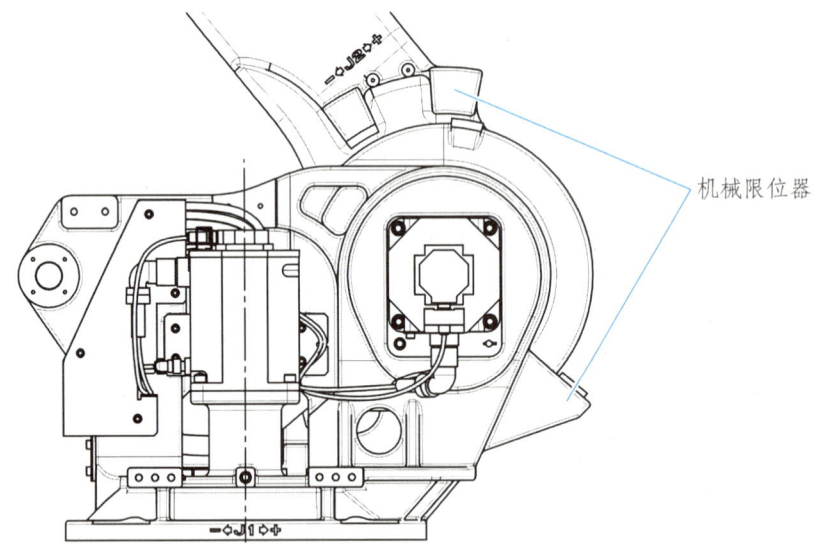

图 4-22　二轴机械限位器示意图

为了方便二轴的维护，设置有润滑油脂的注油口和排出口，平时用螺钉封堵，如图 4-23 所示。

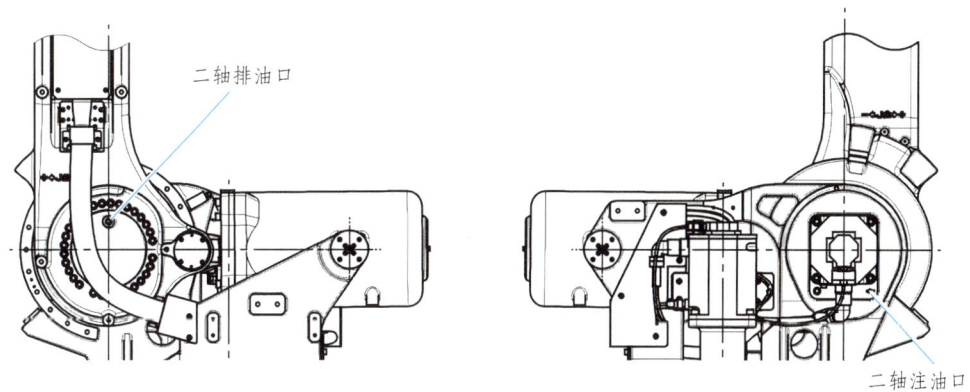

图 4-23　二轴注排油口示意图

4.3.3　二轴齿隙的检测

下面以发那科（FANUC）R-2000iB/165F 为例，介绍二轴齿隙的测量方法：

（1）将机器人保持在指定的姿势，如图 4-24 所示，在大臂三轴中心侧面安装测量用的百分表，并使百分表的按压方向与大臂的摆动切线方向相同。

（2）按照图 4-14 所示，对二轴施加正向和负向负载。

（3）去除负载并测量位移量。共测量两次（图 4-14 中 B_2 和 B_3），取两次测量所得的值的平均值，并将这些平均值用作各个轴的齿隙（背隙）测量值，本机型中该值标准值为不大于 0.63 mm 或 2.00 角分。

$$B = \frac{B_2 + B_3}{2}$$

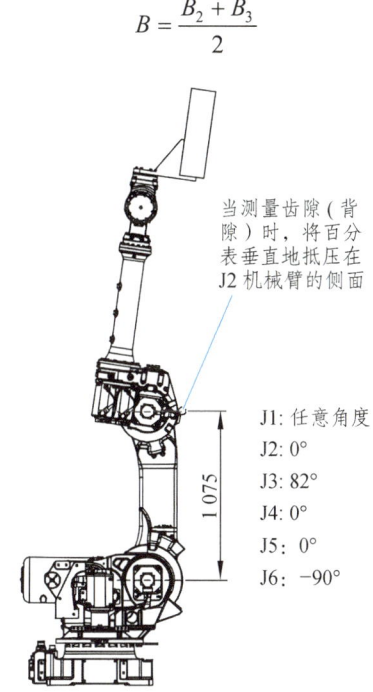

图 4-24　测量二轴齿隙时姿态示意图

4.3.4 二轴的拆装

下面以发那科（FANUC）R-2000iB/165F 为例，介绍二轴的拆装。

4.3.4.1 J2 电机的拆装

J2 电机的拆装可参照图 4-20 进行。应注意的是，因为二轴的抱闸装置在 J2 电机内部，当拆下电机后会导致二轴失去制动发生大臂坠落的问题，这会带来严重的危险，所以在拆卸 J2 电机之前，务必固定好机械臂，使其不会移动。

1. 拆卸步骤

（1）将机器人摆成如图 4-25 所示的姿势，然后用吊索将其吊起。当 J2 轴处于其他锁定姿势时，使用如图 4-26 所示的夹具固定 J2 机械臂。

（2）关闭控制器电源。

（3）如果装有电机盖，则将其卸下。

（4）对照图 4-20，卸下脉冲编码器连接器盖（2）。

注：盖子会随着螺钉一起转动，可能会损坏连接器。需握住盖子以防止其转动。

（5）从 J2 轴电机（1）上拔下 3 个连接器。

（6）卸下 4 个电机安装螺钉（4）和垫圈（5）。

（7）水平拉出 J2 轴电机（1），同时注意不要损坏齿轮齿面。

（8）卸下螺钉（8）、密封垫圈（7）和 O 形圈（9），然后卸下输入齿轮（6）。

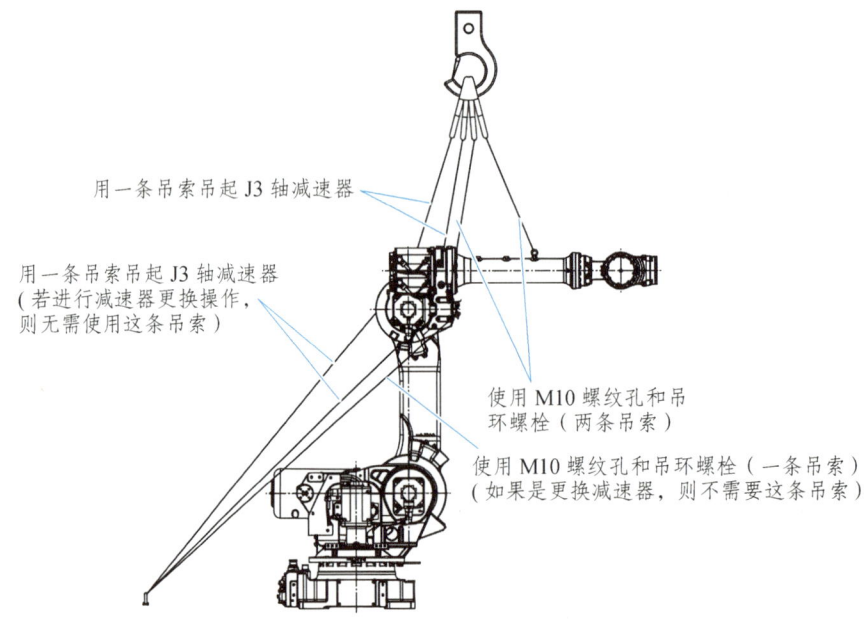

图 4-25 二轴维修姿态示意图

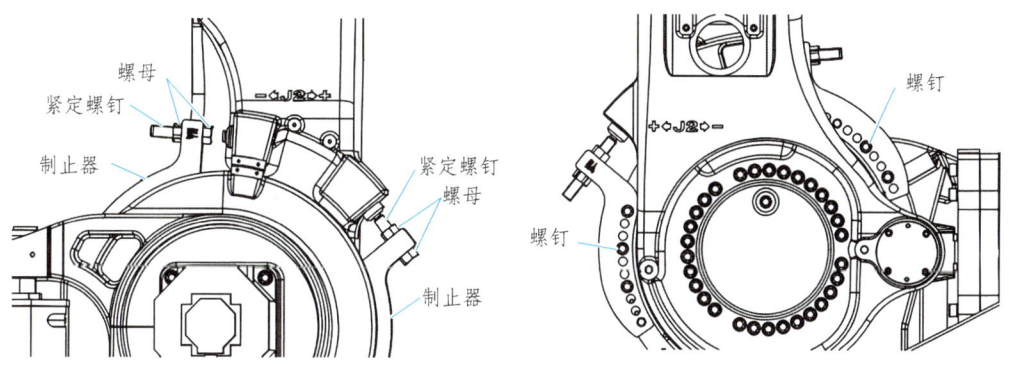

图 4-26 二轴固定夹具安装示意图

2. 安装步骤

（1）对照图 4-20，用油石打磨 J2 轴电机（1）的法兰表面。

（2）用螺钉（8）和密封垫圈（7）安装并紧固输入齿轮（6）。

（3）将新的 O 形圈（9）放置在指定位置，然后水平安装 J2 轴电机（1），同时注意不要损坏两个齿轮的齿面。

（4）安装 4 个电机安装螺钉（4）和垫圈（5）。

（5）将 3 个连接器连接到 J2 轴电机（1）上。

（6）安装脉冲编码器连接器盖（2）。

（7）如果之前装有电机盖，则安装电机盖。

（8）给 J2 轴减速器涂抹润滑脂。

4.3.4.2　J2 减速器的拆装（参照图 4-21）

1. 拆卸步骤

（1）将机械臂摆成图 4-25 所示的姿势。

（2）关闭控制器电源。

（3）断开所有连接到 J3～J6 轴电机的电缆以及选配电缆，并将这些电缆拉到 J2 基座外部。

（4）按照本项目"4.8 平衡器"的相关内容，卸下平衡器。

（5）按照本项目 4.3.4.1 中所述的步骤卸下 J2 轴电机。

（6）对照图 4-21，卸下 J2 机械臂安装螺钉（1）和垫圈（2），然后如图 4-27 所示，使用导向销卸下 J2 机械臂。此时，要给吊索施加足够的拉力。然后，卸下图 4-21 中的 O 形圈（3）。

（7）对照图 4-21，卸下减速器安装螺钉（4）和垫圈（5），使用导向销卸下减速器（6），并卸下 O 形圈（7）。

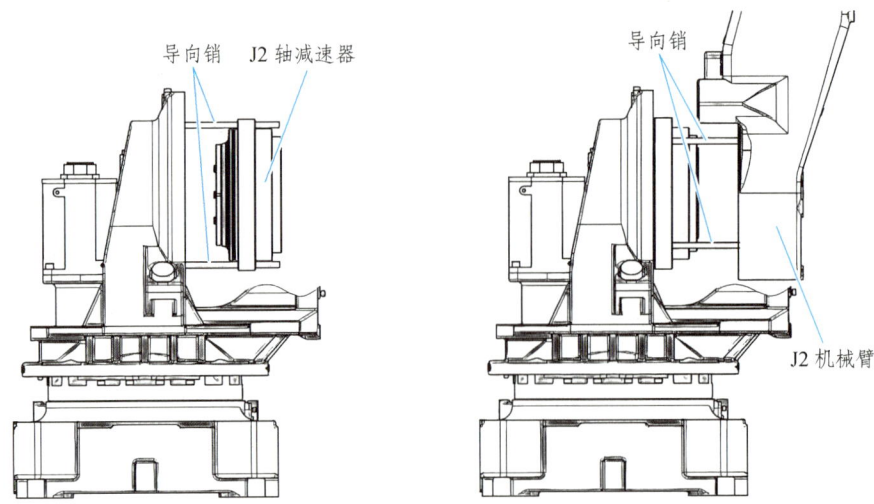

图 4-27　二轴导向销安装示意图

2. 安装步骤

（1）用油石打磨 J2 基座的减速器安装面。

（2）对照图 4-21，将新的 O 形圈（7）放置在指定位置，然后通过导向销，用螺钉（4）和垫圈（5）安装新的减速器（6）。

（3）将新的 O 形圈（3）放入减速器的凹槽中。如果难以固定 O 形圈，可涂抹少量润滑脂，然后将 O 形圈安装到凹槽中。

（4）使用导向销，用螺钉（1）和垫圈（2）将 J2 机械臂固定到减速器（6）上。此时，务必确保 O 形圈（3）没有移位。

（5）按照本项目 4.3.4.1 中所述的步骤安装 J2 轴电机。

（6）按照本项目 "4.8 平衡器" 的相关内容，安装平衡器。

（7）连接通往 J3～J6 轴电机的电缆以及选配电缆。

（8）给 J2 轴减速器涂抹润滑脂。

4.4　三轴

三轴（J3）是机器人的大臂与小臂连接之处，主要功能是控制小臂相对于大臂做前后摆动动作，实现机器人在垂直平面内的升降运动。三轴需要支撑机器人前端的重量以及末端工具的负载，要求有较高的结构刚性和驱动能力。三轴在材料选择和结构设计上，要兼顾高强度和轻量化，保证机器人的运动速度和响应性能。

4.4.1　三轴动力传动方式

三轴的关节重量对机器人的转动惯量和二轴的关节负载有较大的影响，需要平衡定位精度、传动刚度及转动惯量的关系，通常有以下三种动力传动方式。

1. 减速器+电机直连驱动方式

减速器+电机直连驱动方式如图 4-28 所示，动力由 J3 电机输出轴输入到 RV 减速器的太阳轮，太阳轮驱动所有的行星轮，行星轮带动曲柄轴旋转，第 1 减速部的摆线轮摆动，行星架固定在机器人腰部上，动力由针齿壳输出，驱动小臂做摆动。发那科（FANUC）R-2000iB/165F 采用了该种传动方式。该传动方式的传动链短，传动刚度大，定位精度高，但关节质量大，不适用于超大负载场景。

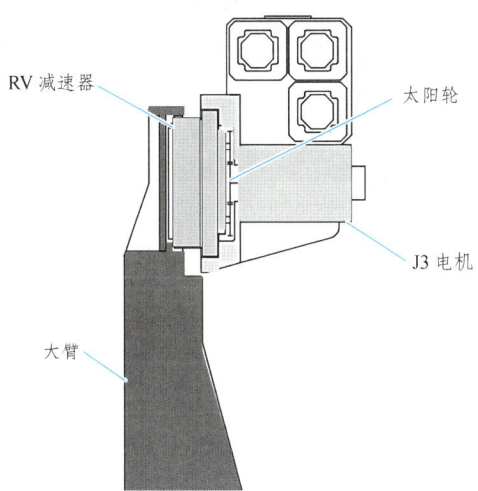

图 4-28　减速器+电机直连示意图

2. 减速器+传动齿轮+电机的驱动方式

减速器+传动齿轮+电机的驱动方式如图 4-29 所示。和第一种传动方式不同的是该方式在电机和减速器之间多出了一对传动锥齿轮，这样可以将电机尽量地布置在大臂的中部，减少三轴的关节质量，但这样会使传动链变长，传动刚度减小，定位精度也会受到影响。发那科（FANUC）R-2000iB/170CF 采用了该种传动方式。传动锥齿轮的啮合间隙通常用若干铜垫圈进行调整，如图 4-30 所示。

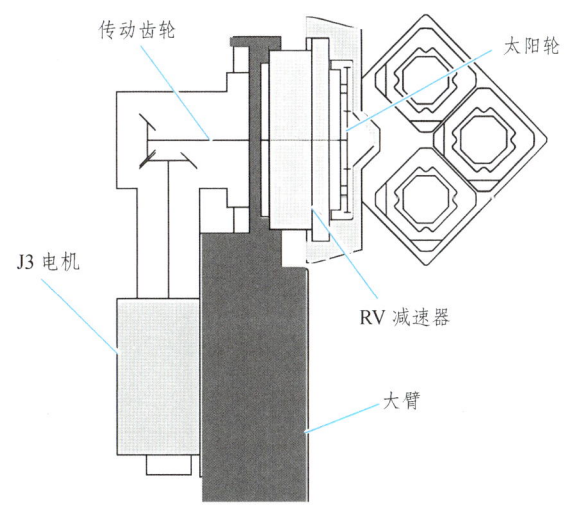

图 4-29　减速器+传动齿轮+电机的驱动方式

图 4-30 调整垫圈

3. 四杆机构+齿轮箱+电机的驱动方式

四杆机构+齿轮箱+电机的驱动方式如图 4-31 所示。电机输出轴动力经齿轮箱减速后驱动平行臂摆动，平行臂和大臂、小臂及连杆组成一个平行四边形四杆机构，带动小臂和平行臂同样的角度进行摆动。该传动方式的优势是可以将电机、齿轮箱等较大体积和质量的部件布置在机器人的腰部上，从而使三轴的关节质量做到最轻，提高机器人的响应速度，并降低对关节的强度要求，但也因为传动链长，导致存在传动惯性大、传动刚度小、定位精度较差、运动速度不宜过高等问题。ABB 的 IRB-2400 系列采用了该种传动方式。

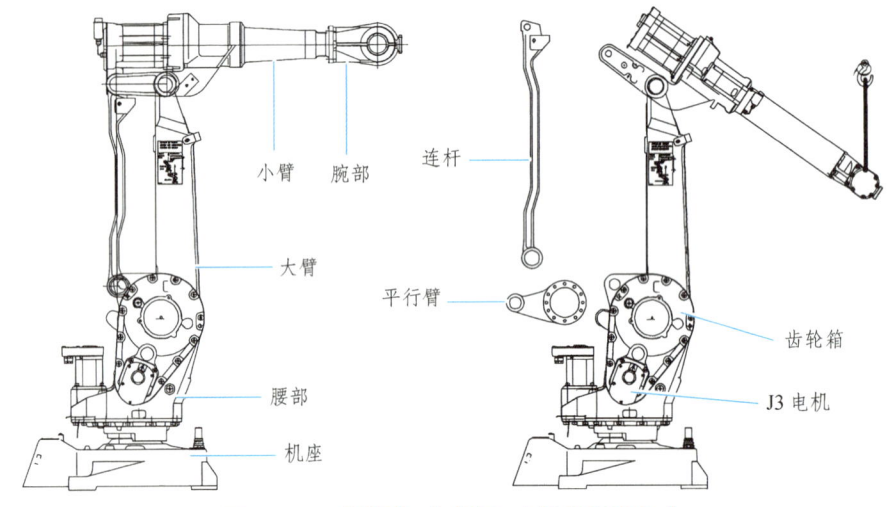

图 4-31 四杆机构+齿轮箱+电机的驱动方式

4.4.2 三轴的构造

三轴对应不同的动力传动方式有不同的构造。

1. "减速器+电机直连驱动方式"的构造

"减速器+电机直连驱动方式"的构造如图 4-32、图 4-33 所示。J3 的驱动电机通过螺钉安装在小臂上，驱动齿轮套在电机的输出轴上，用键连接，并从齿轮的顶端用一根螺钉将其与电机输出轴紧固。驱动电机与其安装座平面之间用一个 O 形圈进行密封，防止二轴的润滑油脂从此处泄漏。三轴的抱闸装置安装在 J3 电机内部，和电机做成一体。

三轴 RV 减速器的针齿壳用螺钉固定在小臂上，减速器的行星架和大臂连接。为了密封，一个 O 形圈被放置于减速器与小臂之间，另一个 O 形圈放置于减速器和大臂之间。

与二轴类似，三轴也设置有机械限位器，将小臂的运动限制在规定的范围之内。

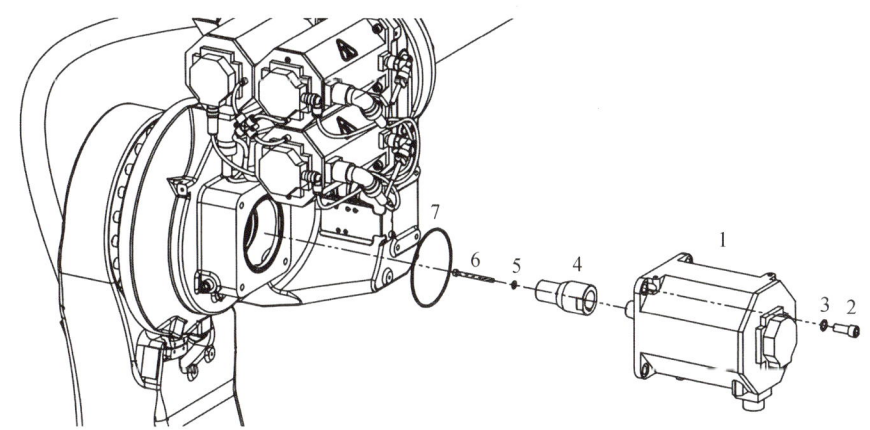

1—J3 电机；2—螺钉；3—垫圈；4—输入齿轮；5—垫圈；6—螺钉；7—O 形圈。

图 4-32　三轴电机安装示意图

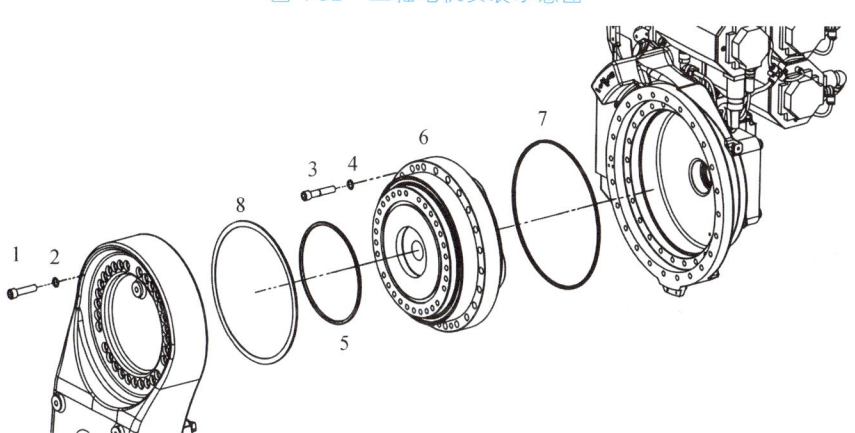

1—螺钉；2—垫圈；3—螺钉；4—垫圈；5—O 形圈；6—减速器；7—O 形圈；
8—环（个别型号配备）。

图 4-33　三轴减速器安装示意

2. "减速器+传动齿轮+电机的驱动方式"的构造

"减速器+传动齿轮+电机的驱动方式"的构造如图 4-34 所示，减速器的安装与前一种的类似，而传动锥齿轮以齿轮箱总成的方式与减速器连接，齿轮箱总成用螺钉固定在大臂上，并且用 O 形圈进行密封。J3 电机则安装在齿轮箱上，电机的输出轴通过花键的方式与齿轮箱的输入轴连接，齿轮箱内置润滑油，需要用 O 形圈在电机的安装面进行密封。

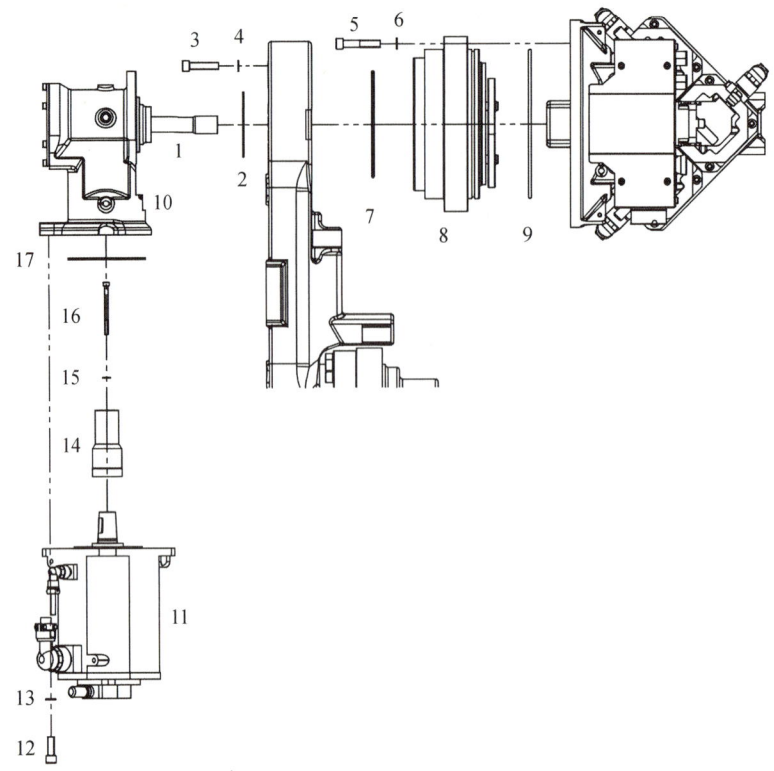

1—齿轮箱输出轴；2—O形圈；3—螺钉；4—垫圈；5—螺钉；6—垫圈；7—O形圈；8—减速器；9—O形圈；10—齿轮箱总成；11—J3电机；12—螺钉；13—垫圈；14—输入花键；15—垫圈；16—螺钉；17—O形圈。

图 4-34 三轴构造示意图（减速器+传动齿轮+电机的驱动方式）

3. "四杆机构+齿轮箱+电机的驱动方式"的构造

"四杆机构+齿轮箱+电机的驱动方式"的构造如图 4-31 所示，齿轮箱与机器人腰部做成一个总体，四杆机构各处铰链均用轴承进行连接。

为了方便三轴的维护，设置有润滑油脂的注油口和排出口，平时用螺钉封堵，如图 4-35、图 4-36 所示。

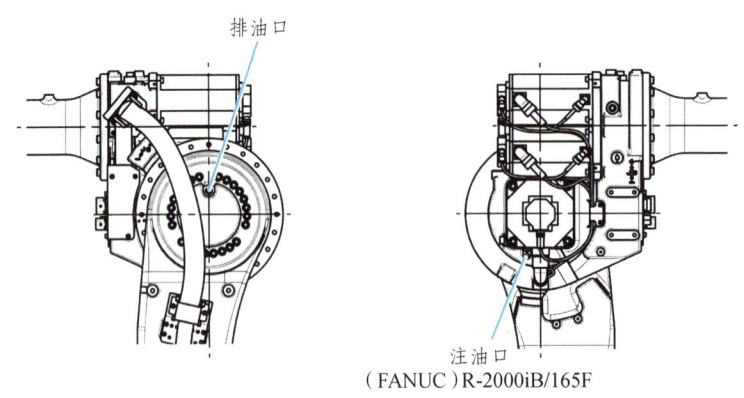

（FANUC）R-2000iB/165F

图 4-35 三轴注排油口示意图（一）

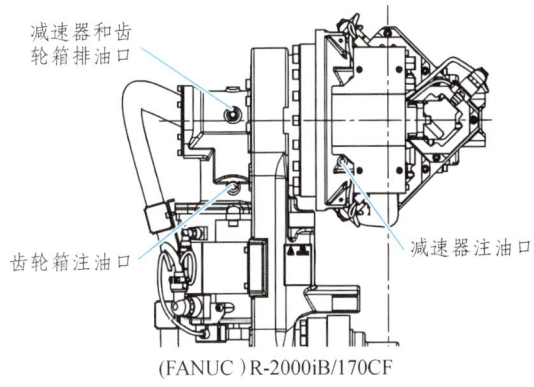

(FANUC) R-2000iB/170CF

图 4-36 三轴注排油口示意图（二）

4.4.3 三轴齿隙的检测

下面以发那科（FANUC）R-2000iB/165F 为例，介绍三轴齿隙的测量方法：

（1）将机器人保持在指定的姿势，如图 4-37 所示，在执行器末端中心安装测量用的百分表，并使百分表的按压方向与小臂的摆动切线方向相同。

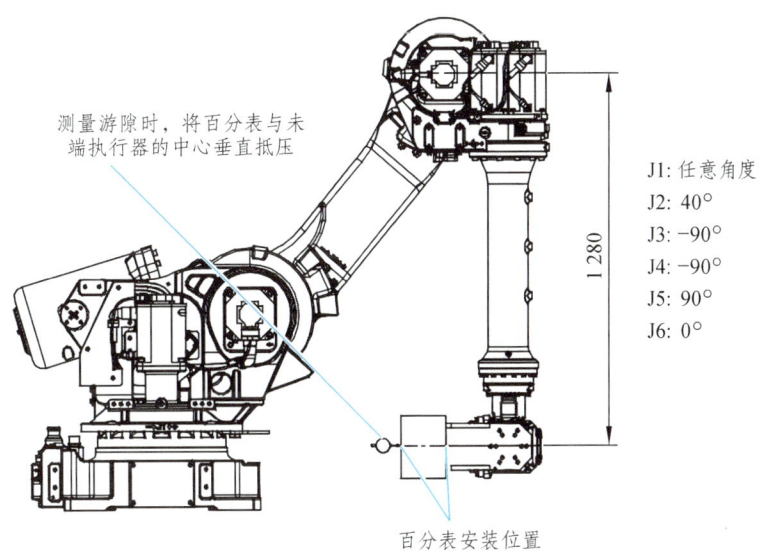

图 4-37 测量三轴齿隙时姿态示意图

（2）按照图 4-14 所示，对三轴施加正向和负向负载。

（3）去除负载并测量位移量。共测量两次（图 4-14 中 B_2 和 B_3），取两次测量所得的值的平均值，并将这些平均值用作各个轴的齿隙（背隙）测量值，本机型中该值标准值为不大于 0.74 mm 或 2.00 角分。

$$B = \frac{B_2 + B_3}{2}$$

4.4.4 三轴的拆装

下面以发那科（FANUC）R-2000iB/165F 为例，介绍三轴的拆装。

4.4.4.1 J3 电机的拆装

J3 电机的拆装可参照图 4-32 所示进行。应注意的是，因为三轴的抱闸装置在 J3 电机内部，当拆下电机后会导致三轴失去制动发生小臂坠落的问题，这会带来严重的危险，所以在拆卸 J3 电机之前，务必固定好机械臂，使其不会移动。

1. 拆卸步骤

（1）确保机器人处于图 4-38 所示的姿态，并用吊索吊起机器人。当 J3 轴处于其他姿态被锁定时，使用如图 4-39 所示的夹具固定小臂。

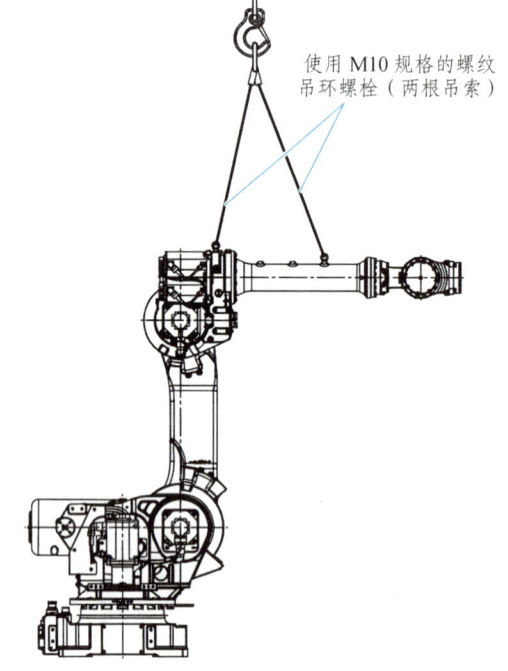

图 4-38 三轴维修姿态示意图

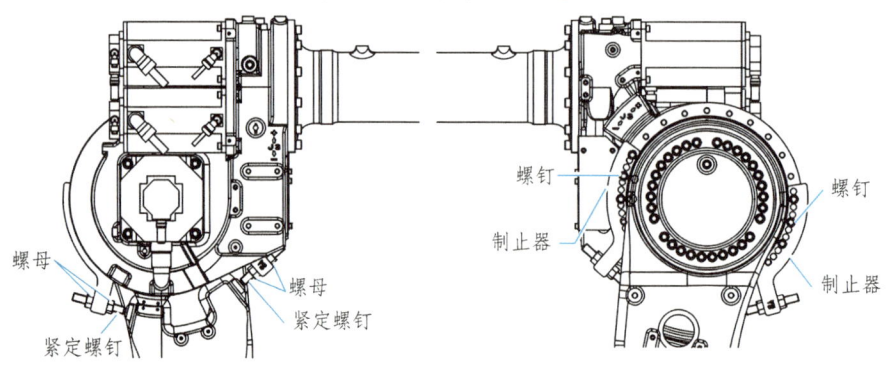

图 4-39 三轴固定夹具安装示意图

（2）关闭控制器电源。

（3）对照图 4-32，从 J3 轴电机（1）上拔下 3 个连接器。

（4）拆下 4 个电机安装螺钉（2）和垫圈（3）。

（5）水平拉出 J3 轴电机（1），同时小心不要损坏齿轮齿面。

（6）拆下螺钉（6）和垫圈（5），然后卸下输入齿轮（4）。

2. 安装步骤

（1）对照图 4-32，用油石打磨 J3 轴电机（1）的法兰表面。

（2）用螺钉（6）和垫圈（5）安装并紧固输入齿轮（4）。

（3）将新的 O 形圈（7）放置在指定位置，然后水平安装 J3 轴电机（1），同时小心不要损坏两个齿轮的齿面。

（4）安装 4 个电机安装螺钉（2）和垫圈（3）。

（5）将三根电缆连接器连接到 J3 轴电机（1）上。

（6）给 J3 轴减速器涂抹润滑脂。

4.4.4.2　J3 减速器的拆装（参照图 4-33）

1. 拆卸步骤

（1）将机器人放置在图 4-38 所示的位置，并用吊索将其吊起。

（2）关闭控制器电源。

（3）拆下连接到 J3～J6 轴电机的电缆以及所有选件电缆，然后将它们从大臂中拉出。

（4）按照本项目 4.4.4.1 所述方法拆下 J3 轴电机和 O 形圈。

（5）对照图 4-33 拆下小臂安装螺钉（1）和垫圈（2），然后如图 4-40 所示，使用导向销拆下 J3 单元。此时，要给吊索施加足够的拉力。

（6）对照图 4-33 拆下减速器安装螺钉（3）和垫圈（4），然后使用导向销卸下减速器（6）。

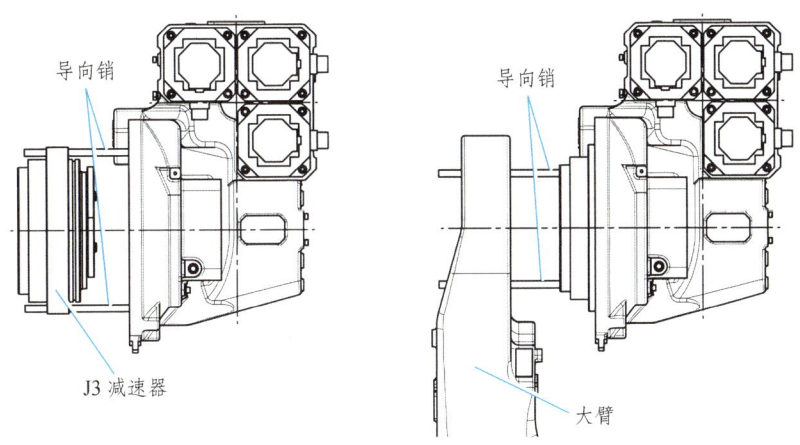

图 4-40　三轴导向销安装示意图

2. 安装步骤

（1）对照图 4-33 将新的 O 形圈（7）放置在指定位置，然后通过导向销用螺钉（3）和垫圈（4）安装新的减速器（6）。

（2）将新的 O 形圈（5）放置在减速器的凹槽中。当难以固定 O 形圈时，涂抹少量润滑脂，然后将 O 形圈安装到凹槽中。

（3）通过导向销用螺钉（1）和垫圈（2）将 J3 单元固定到大臂上。

（4）按照本项目 4.4.4.1 所述方法安装 J3 轴电机和新的 O 形圈。

（5）连接要连接到 J3～J6 轴电机的电缆和选件电缆。

（6）涂抹润滑脂。

4.5 四轴

第四轴负责机器人小臂绕自身轴心的转动，四轴关节被安装在小臂上，因小臂在工作中同时受到弯矩和扭矩的作用，所以四轴关节在小臂上的安装位置会影响到关节的负载及小臂的扭转刚度，同时，四轴关节的质量会增大机器人的运动惯量，因此四轴关节的布置尤其关键。

4.5.1 四轴动力传动方式

为了减少关节质量，J4 电机通常被安装在三轴附近，而 J4 关节则有两种布置形式：

（1）J4 关节处于小臂近端（靠近 J3 轴），以发那科（FANUC）M-10iA 为例，动力传动方式如图 4-41 所示。动力由 J4 电机输出轴输出，经一对直齿轮和一对锥齿轮两级减速后传送到小臂，驱动小臂绕轴心旋转。该方案动力传动路线短，传动刚度大，但 J4 关节负载大，小臂扭转刚度小，只适用于轻负载或臂长较短的工业机器人。

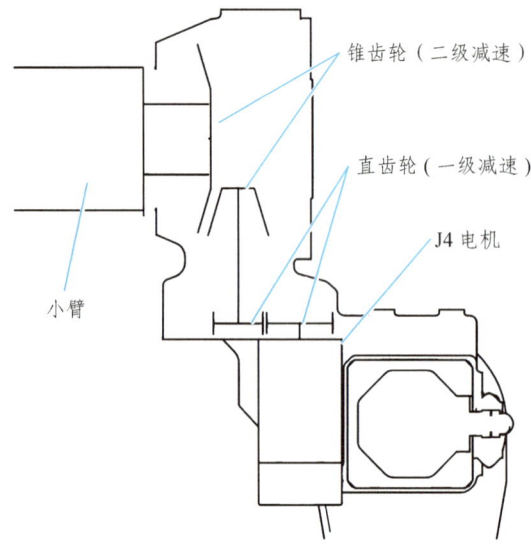

图 4-41　M-10iA 四轴传动示意图

（2）J4 关节处于小臂远端（靠近腕部），以发那科（FANUC）R-2000iB/165F 为例，动力传动方式如图 4-42 所示。动力由 J4 电机输出轴输出，经一对直齿轮后由一根较长的传动轴传送到 RV 减速器的太阳轮，减速器的针齿壳固定，行星架输出，驱动小臂后端绕轴心旋转。该方案动力传动路线长，传动刚度小，但 J4 关节负载小，小臂旋转部分扭转刚度大，适用于重负载或臂长较长的工业机器人。

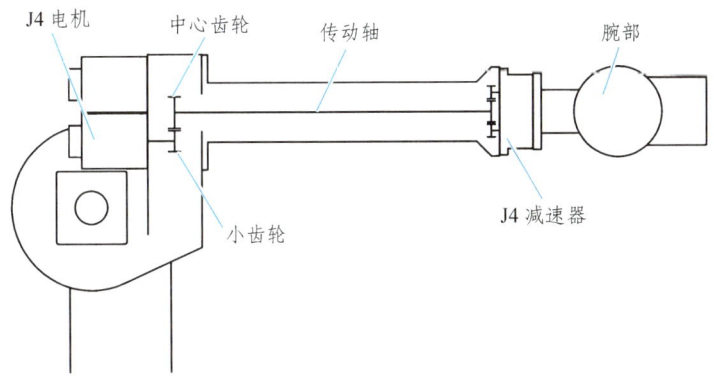

图 4-42　R-2000iB/165F 四轴传动示意图

4.5.2　四轴的构造

对应上述两种关节的布置方案，四轴的构造分别如图 4-43、图 4-44 所示。

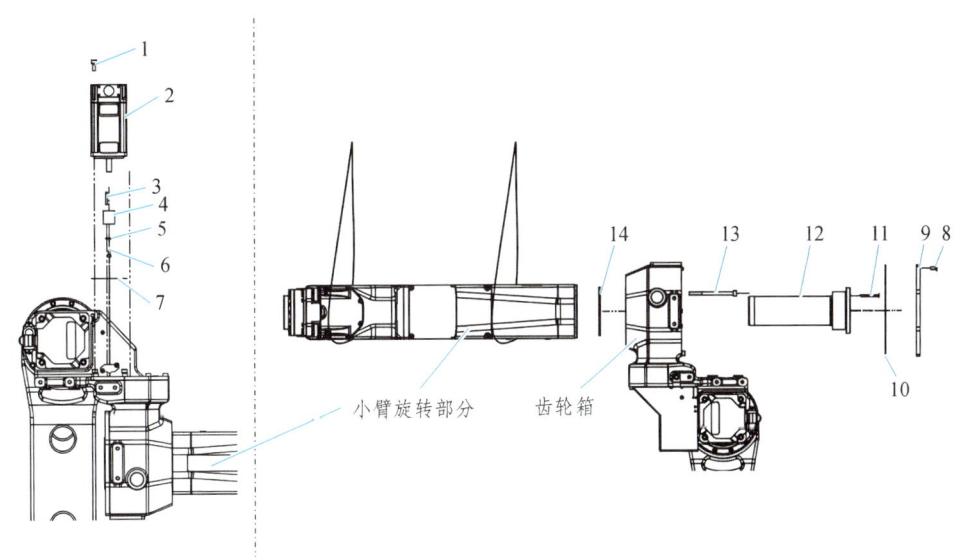

1—螺钉；2—J4 电机；3—键；4—齿轮；5—垫圈；6—螺钉；7—密封垫；8—螺钉；9—盖板；
10—密封垫；11—螺钉；12—套管；13—螺钉；14—O 形圈。

图 4-43　M-10iA 四轴构造示意图

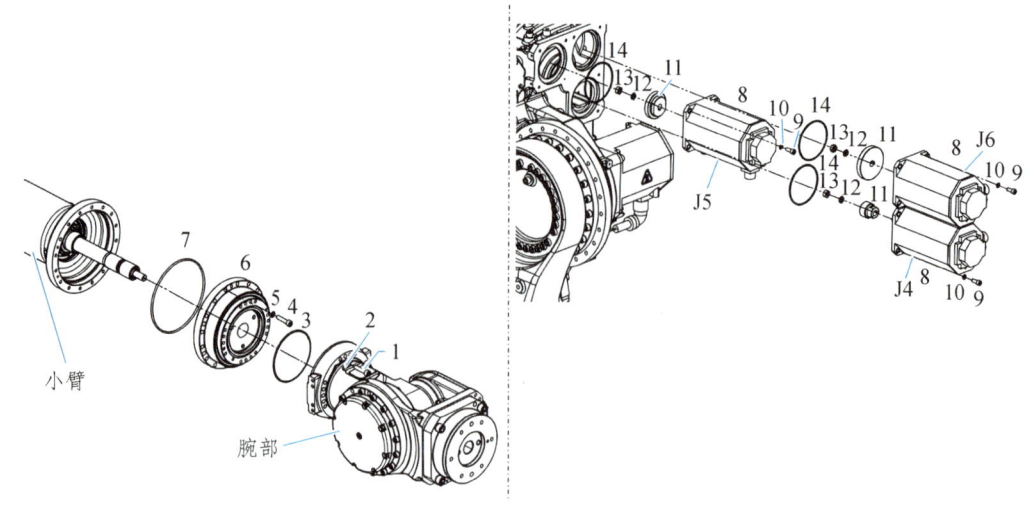

1—螺钉；2—垫圈；3—O形圈；4—螺钉；5—垫圈；6—减速器；7—O形圈；8—电机；
9—螺钉；10—垫圈；11—输入齿轮；12—垫圈；13—螺母；14—O形圈。

图 4-44　R-2000iB/165F 四轴构造示意图

对于发那科（FANUC）M-10iA，齿轮箱为精密部件，不建议拆解维修，因为在一般条件下重新装配之后很难达到原有的精度，如有损坏，通常更换齿轮箱总成。

对于发那科（FANUC）R-2000iB/165F，采用了一种紧凑的 J4、J5、J6 轴三轴同心传动结构，如图 4-45 所示。机器人的小臂（100）为筒状，小臂的后端固接齿轮箱（200），齿轮箱（200）的后壁兼做电机安装座（300）。传动轴包括三根：输入四轴（402）、输入五轴（502）和输入六轴（602），输入四轴（402）转设在小臂（100）内，输入五轴（502）同轴转设在输入四轴（402）内，输入六轴（602）同轴转设在输入五轴（502）内。在齿轮箱（200）内，输入四轴（402）、输入五轴（502）和输入六轴（602）的后端分别固接四轴大齿轮（403）、五轴大齿轮（503）和六轴大齿轮（603），输入四轴与小臂两端、输入五轴与输入四轴两端及输入六轴与输入五轴两端分别通过滚珠轴承旋转支撑，输入四轴与小臂之间、输入五轴与输入四轴之间及输入六轴与输入五轴之间间隙配合，间隙内填充润滑剂。此类结构体积小，也能将 J4、J5 和 J6 轴的重心集中布置在 J3 轴附近，大大减小小臂及手腕的惯量，但运动控制复杂，需要四、五、六轴之间相互配合才能实现单轴的独立运动。例如：要求四轴独立旋转时，同时需要五轴和六轴也要输入一定的转速；要求五轴独立转动时，也需要六轴进行配合。

为了方便四轴的维护，设置有润滑油脂的注油口和排出口，平时用螺钉封堵，如图 4-46 所示。

相当部分机器人的电缆穿过四轴，布置在小臂的内部，为了保证四轴在转动过程中不会因绞动电缆而造成线路被拉断的情况，通常将电缆在该部位设计成螺旋导线的形式，如图 4-47 所示。

项目四 典型串联六轴机器人构造与检修

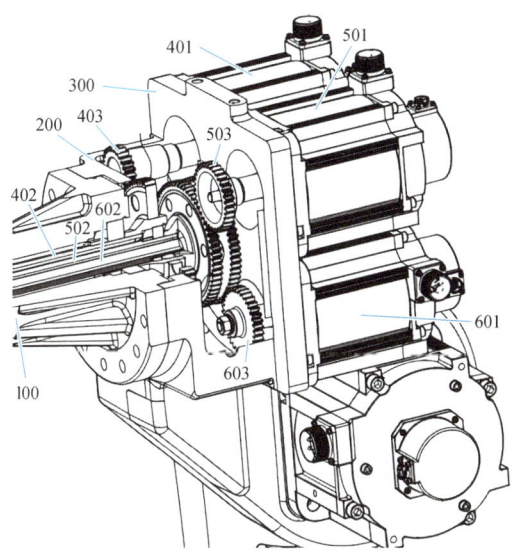

100—小臂；200—齿轮箱；300—齿轮箱后壁兼做电机安装座；401—四轴伺服电动机；402—输入四轴；
403—四轴大齿轮；501—五轴伺服电动机；502—输入五轴；503—五轴大齿轮；
601—六轴伺服电动机；602—输入六轴；603—六轴大齿轮。

图 4-45　三轴同心传动结构示意图

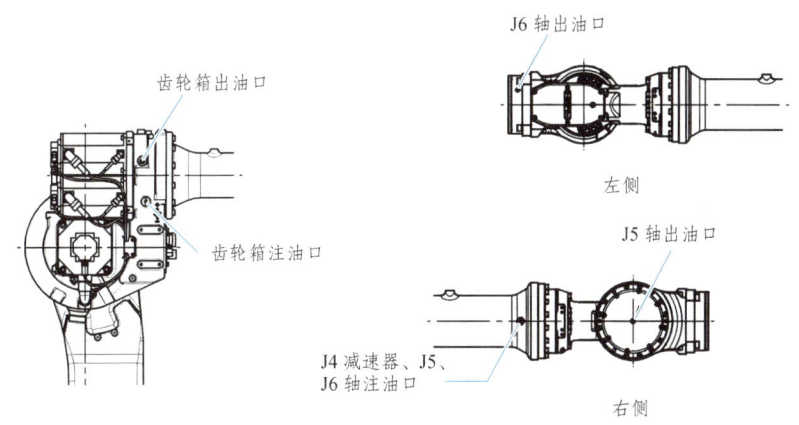

图 4-46　四轴注排油口示意图

装配中做成螺旋导线的方式

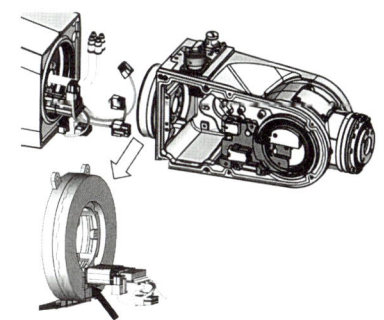

将螺旋导线做成
一个模块的方式

图 4-47　螺旋导线示意图

105

4.5.3 四轴齿隙的检测

下面以发那科（FANUC）R-2000iB/165F 为例，介绍四轴齿隙的测量方法：

（1）将机器人保持在指定的姿势，如图 4-48 所示，在执行器末端中心安装测量用的百分表，并使百分表的按压方向与小臂的转动切线方向相同。

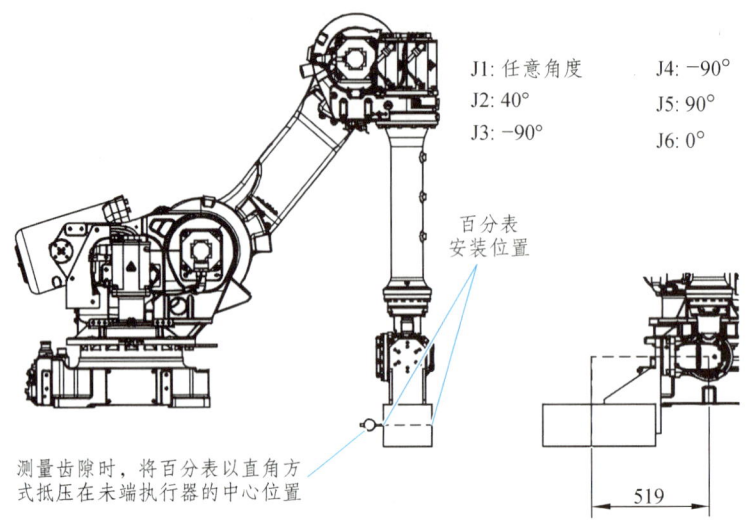

图 4-48 测量四轴齿隙时姿态示意图

（2）按照图 4-20 所示，对四轴施加正向和负向负载。

（3）去除负载并测量位移量。共测量两次（图 4-20 中 B_2 和 B_3），取两次测量所得的值的平均值，并将这些平均值用作各个轴的齿隙（背隙）测量值，本机型中该值标准值为不大于 0.36 mm 或 2.38 角分。

$$B = \frac{B_2 + B_3}{2}$$

4.5.4 四轴的拆装

下面以发那科（FANUC）R-2000iB/165F 为例，介绍四轴的拆装。

4.5.4.1 J4 电机的拆装（参照图 4-44）

1. 拆卸步骤

（1）将手腕调整到不会对手腕轴施加负载的姿势。
（2）关闭控制器电源。
（3）对照图 4-44，从电机（8）上拔下三个电缆连接器。
（4）拆除三个电机安装螺钉（9）和垫圈（10）。
（5）小心地拔出电机（8），注意不要损坏齿轮齿面。
（6）拧下螺母（13），取下垫圈（12），然后拆卸齿轮（11）和 O 形圈（14）。

2. 安装步骤

（1）对照图 4-44，用油石打磨电机（8）的法兰表面。
（2）使用垫圈（12）和螺母（13）将齿轮（11）安装到电机轴上。
（3）将新的 O 形圈（14）放置在指定位置，安装电机（8）时要小心，不要损坏齿轮齿面。此时，要确保 O 形圈（14）安装在指定位置。同时，注意电机（8）的安装方向（连接器相位）。
（4）安装三个电机安装螺钉（9）和垫圈（10）。
（5）将三个电缆连接器连接到电机（8）上。
（6）给 J4 轴齿轮箱涂抹润滑脂（见本项目 2.4 节）。

4.5.4.2　J4 减速器的拆装（参照图 4-44）

1. 拆卸步骤

（1）关闭控制器电源。
（2）从手腕部位移除负载，例如手部装置和工件。
（3）对照图 4-44，拧下手腕单元安装螺钉（1）、垫圈（2）和 O 形圈（3），然后取下手腕单元。
（4）拧下减速器安装螺钉（4）、垫圈（5）和 O 形圈（7），然后从小臂上取下减速器（6）。

2. 安装步骤

（1）对照图 4-44，将 O 形圈（7）安装到减速器（6）上。
（2）将减速器（6）安装在小臂上，并用减速器安装螺钉（4）和垫圈（5）将它们紧固。
（3）将 O 形圈（3）安装到减速器一侧的凹槽中。
（4）用手腕单元安装螺钉（1）和垫圈（2）紧固手腕单元。
（5）给手腕部位涂抹润滑脂。

4.6　五轴

五轴位于机器人的手腕部分，连接第四轴和第六轴，通常用于实现机器人手腕的俯仰运动，使得机器人末端执行器能够在垂直平面内进行角度调整。五轴要尽可能减小体积和质量，以提高机器人的运动灵活性，同时还要保证能承受相应的负载能力、有相应的运动精度。

4.6.1　五轴动力传动方式

为了减少关节质量，J5 电机一般远离五轴关节中心，通常被安装在小臂位于三轴附近，一般通过同步皮带或传动轴的传动方式解决长距离动力传动的问题。

1. 同步皮带传动方式

同步皮带传动方式如图 4-49 所示，ABB IRB-1200 系列就采用该种方式。同步皮带传动方式成本较低,运行噪声小,但承载能力有限,适用于负载较小的轻型机器人。

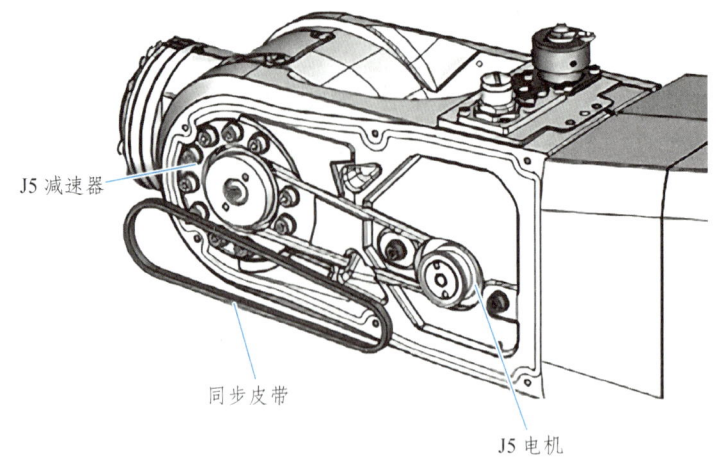

图 4-49　同步皮带传动示意图

2. 传动轴传动方式

传动轴传动方式如图 4-50、图 4-51 所示,发那科（FANUC）R-2000iB/165F、R-M10iA 就采用该种方式。

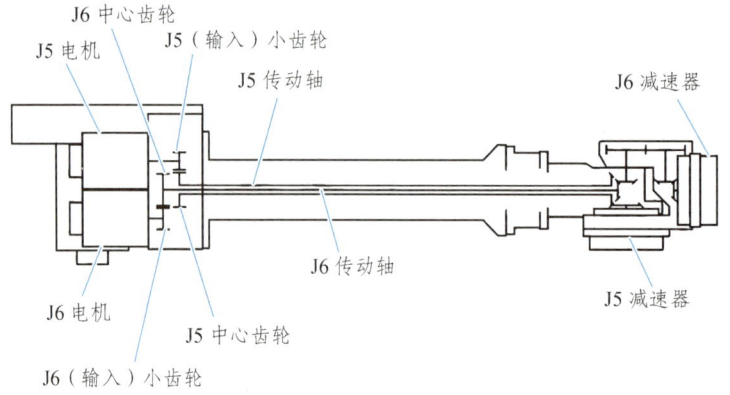

图 4-50　R-2000iB/165F 同心传动示意图

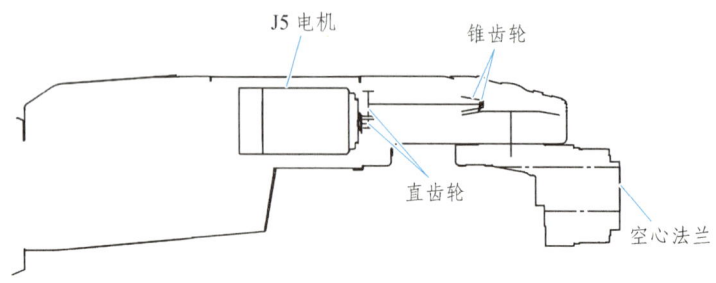

图 4-51　R-M10iA 五轴传动示意图

4.6.2 五轴的构造

小型机器人的五轴具有以下特点:

(1)电机体积较小、散热要求不高,一般隐藏在小臂内部安装,既显得紧凑,又可对电机起到防护的作用(见图4-52)。

(2)采用同步皮带传动方式的,必须设置有皮带张紧力调节装置,通常是通过调节电机的位置来实现(见图4-53)。

(3)动力传动可能需要用到多组齿轮机构,每个齿轮(特别是锥齿轮)的安装位置精度都会影响到齿轮副的啮合间隙,从而影响到机器人的定位精度,因此在结构中通常将齿轮组模块化设计,将五轴、六轴和传动齿轮做成一个手腕单元,避免在机器人的维修、维护中涉及齿轮机构的拆卸和安装,因为在一般条件下很难保证齿轮机构安装的精度,如果齿轮机构出现损坏,通常建议更换整个手腕总成。

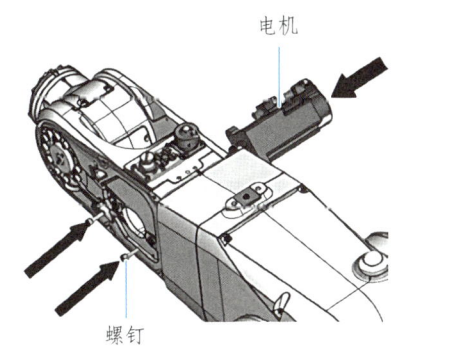

图4-52 内藏式电机布置示意

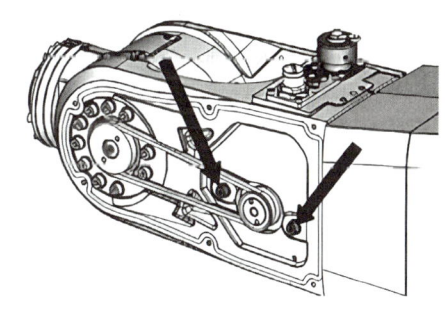

图4-53 同步皮带张紧调节示意图

(4)手腕内部五轴和六轴的齿轮组也有做成同心传动方式的,如图4-54所示,但此种结构在要求五轴独立转动时,需要六轴同时输入一个转速进行配合才能实现。

图4-54 同心传动手腕示意图

4.6.3 五轴齿隙的检测

下面以发那科（FANUC）R-2000iB/165F 为例，介绍五轴齿隙的测量方法：

（1）将机器人保持在指定的姿势，如图 4-55 所示，在执行器末端中心安装测量用的百分表，并使百分表的按压方向与五轴的转动切线方向相同。

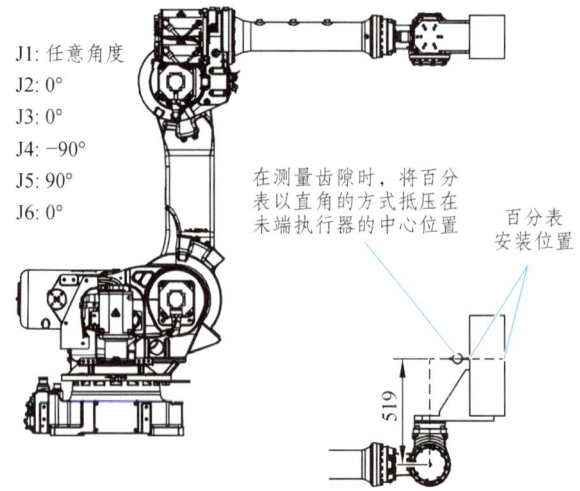

图 4-55 测量五轴齿隙时姿态示意图

（2）按照图 4-20 所示，对五轴施加正向和负向负载。

（3）去除负载并测量位移量。共测量两次（图 4-20 中 B_2 和 B_3），取两次测量所得的值的平均值，并将这些平均值用作各个轴的齿隙（背隙）测量值，本机型中该值标准值为不大于 0.50 mm 或 3.30 角分。

$$B = \frac{B_2 + B_3}{2}$$

4.6.4 五轴的拆装

下面以发那科（FANUC）R-2000iB/165F 为例，介绍五轴的拆装。

五轴电机的拆装与四轴的类似。从结构上得知，五轴关节与手腕做成一个整体，通常不建议分解维修（见图 4-44）。

4.7 六轴

第六轴位于机器人机械臂的末端，连接第五轴和末端执行器，可实现 360°的水平旋转，类似于一个可以无限旋转的转盘，能让末端执行器在水平平面内灵活调整角度。

4.7.1 六轴动力传动方式

相对于机器人的其他轴，J6 轴悬臂最短，因此它所承受的载荷也是最小，关节刚度要求降低，电机的体积和质量也较小，这有利于驱动电机的灵活布置，传动方式可以是传动轴式（见图4-50、图4-51）、同步皮带式（见图4-56）及直连式（见图4-57）。

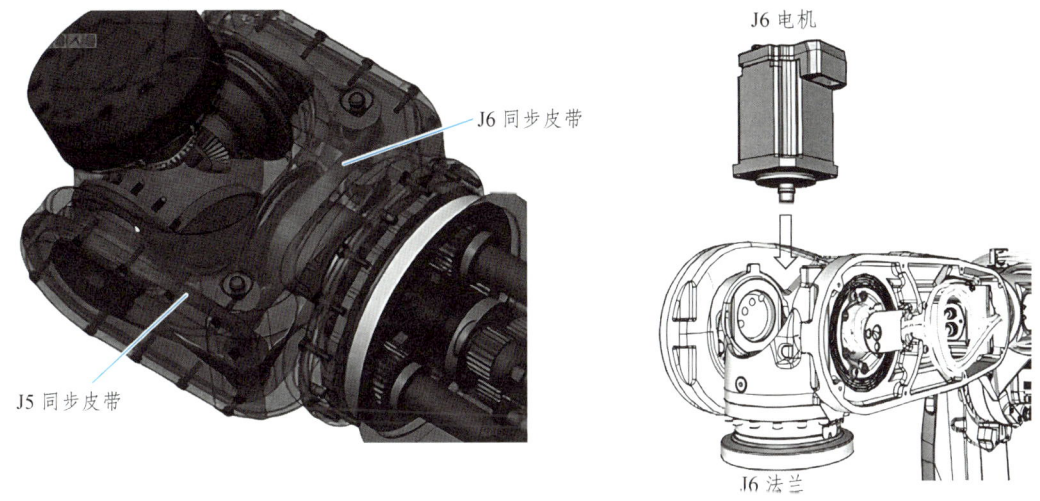

图4-56 六轴同步皮带传动示意图　　　图4-57 六轴直连式传动示意图

4.7.2 六轴的构造

六轴通常和五轴设计成一个整体，相关构造同本项目"4.6 五轴"的内容。

4.7.3 六轴齿隙的检测

下面以发那科（FANUC）R-2000iB/165F为例，介绍六轴齿隙的测量方法：

（1）将机器人保持在指定的姿势，如图4-58所示，在执行器末端中心安装测量用的百分表，并使百分表的按压方向与六轴的转动切线方向相同。

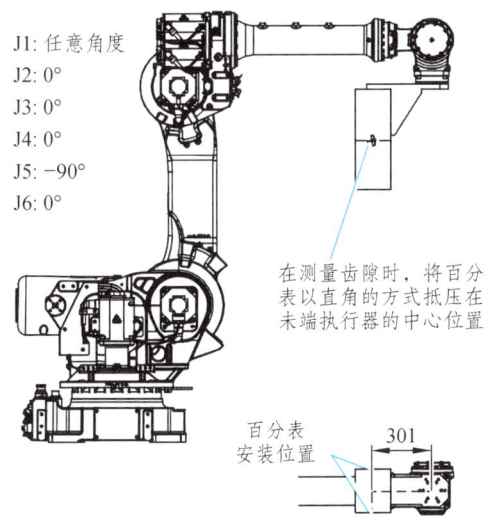

图4-58 测量六轴齿隙时姿态示意图

（2）按照图 4-20 所示，对六轴施加正向和负向负载。

（3）去除负载并测量位移量。共测量两次（图 4-20 中 B_2 和 B_3），取两次测量所得的值的平均值，并将这些平均值用作各个轴的齿隙（背隙）测量值，本机型中该值标准值为不大于 0.56 mm 或 6.43 角分。

$$B = \frac{B_2 + B_3}{2}$$

4.7.4 六轴的拆装

下面以发那科（FANUC）R-2000iB/165F 为例，介绍六轴的拆装。

六轴电机的拆装与四轴的类似。从结构上得知，六轴关节与手腕做成一个整体，通常不建议分解维修（见图 4-44）。

4.8 平衡器

4.8.1 平衡器的作用

（1）减轻电机负荷。通过平衡机器人手臂的重量，减少了机器人关节驱动电机在运动过程中需要承受的重力负载，从而降低电机的能耗和磨损，延长电机和传动部件的使用寿命。

（2）提高运动精度。平衡器能够有效减少重力对机器人手臂运动的影响，使机器人在运动过程中更加平稳，减少振动和晃动，进而提高机器人的运动精度和重复定位精度，有利于提高生产质量和效率。

（3）降低能源消耗。由于减轻了电机的负荷，在完成相同工作任务的情况下，机器人所消耗的电能也会相应减少，实现了一定程度的节能效果，有助于降低企业的生产成本。

（4）改善操作性能。平衡器使机器人手臂的运动更加轻便灵活，降低了操作人员控制机器人的难度，提高了人机交互的友好性，方便操作人员进行编程和调试等工作。

4.8.2 平衡器的工作原理

工业机器人平衡器主要有弹簧平衡器、气压平衡器和液压平衡器等类型，如图 4-59 所示，以下是它们的工作原理。

（1）弹簧平衡器：利用弹簧的弹性力来平衡机器人手臂的重力。弹簧一端固定在机器人的机架或手臂结构上，另一端连接到需要平衡的部件。当手臂运动时，弹簧会根据手臂的位置和姿态发生相应的拉伸或压缩，产生与手臂重力相反的弹力，从而实现平衡。弹簧的刚度和预紧力需要根据手臂的质量和运动范围进行合理调整，以确保在不同位置都能提供合适的平衡力。

（2）气压平衡器：基于气压原理工作，通常由气缸、活塞、气路系统和控制系统等组成。气缸内充有一定压力的气体，活塞与机器人手臂相连。当手臂运动时，活塞在气缸内移动，通过气路系统调节气缸内的气压，使气压产生的力与手臂重力相平衡。气压平衡器具有响应速度快、平衡力调节范围大等优点,并且可以通过控制系统精确地调节气压,以适应不同的工作条件和手臂运动状态。

(3)液压平衡器:工作原理与气压平衡器类似,不过是利用液压油来传递压力和产生平衡力。液压系统由液压泵、液压缸、液压阀和油箱等组成。液压泵将液压油加压后输送到液压缸中,通过液压缸内活塞的运动产生与机器人手臂重力相抗衡的力。液压平衡器能够提供较大的平衡力,适用于负载较重的机器人手臂。同时,液压系统的阻尼特性可以有效地吸收手臂运动过程中的冲击和振动,进一步提高机器人的稳定性。

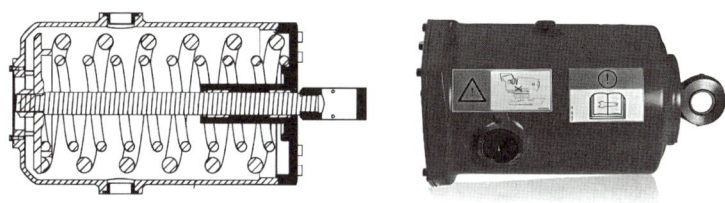

弹簧平衡器

液压平衡器

图 4-59　平衡器图示

4.8.3　平衡器的拆装

下面以发那科(FANUC)R-2000iB/165F 为例,介绍平衡器的拆装。

1. 拆卸步骤(见图 4-60)

(1)将机器人摆至 J2 = 0°的姿态。

(2)关闭控制器电源。

(3)对照图 4-60,拆下螺钉(2)和盖板(3),在平衡器上安装两个 M12 吊环螺钉,然后用起重机吊起平衡器。

(4)松开 U 形螺母(4),使平衡器不受拉力。

(5)拆下螺钉(5)。

(6)拆下螺钉(6)和垫圈(7),然后拔出轴组件(8)。

(7)拆下螺钉(9),然后拆下轴(10)(共 2 处)。

(8)吊起平衡器组件(1)。

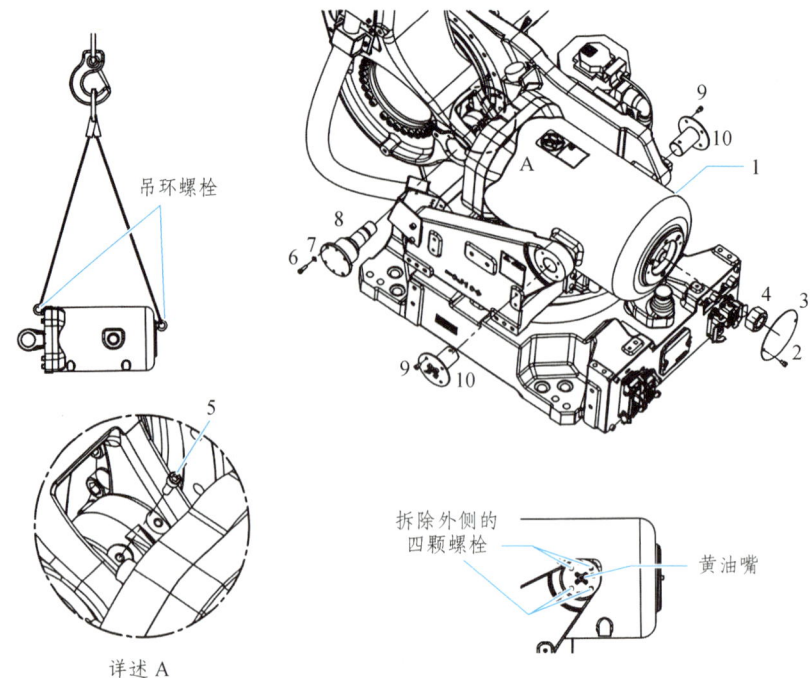

1—平衡器；2—螺钉；3—盖板；4—U形螺母；5—螺钉；6—螺钉；7—垫圈；
8—轴组件；9—螺钉；10—轴。

图 4-60　平衡器拆装示意图

2. 安装步骤

（1）吊起平衡器后确定轴的位置。接着，对照图 4-60，插入轴（10），然后安装螺钉（9）。安装轴时，使润滑脂通道处于垂直方向，如图 4-61 所示。

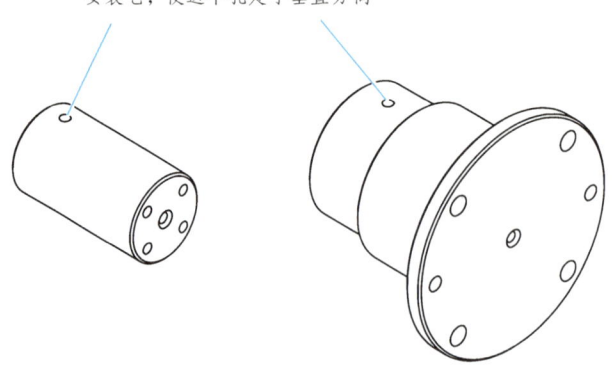

图 4-61　安装时轴的润滑油脂通道方向示意图

（2）用起重机放下平衡器。接着，从平衡器背面取下吊索，然后仅在前轴侧用吊索吊起平衡器。

（3）确定前轴位置，然后对照图 4-60，插入轴组件（8），使螺纹孔处于垂直位置，如图 4-62 所示。接着对照图 4-60，安装螺钉（6）和垫圈（7）。

（4）用螺钉（5）固定轴的轴承，防止平衡器水平移动。此时，在调整平衡器位置以免外环受损的同时，逐个逐渐拧紧螺钉。

（5）按规定扭矩拧紧U形螺母（4），然后用安装螺钉（2）固定盖板（3）。

（6）用起重机放下平衡器，然后拆下两个M12吊环螺钉。

（7）向安装在轴（10）上的注油嘴加注润滑脂。

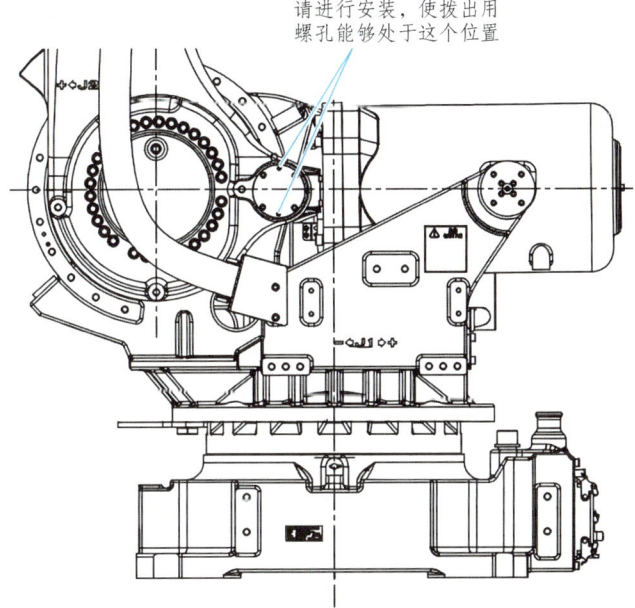

图 4-62　平衡缸前轴安装位置示意图

项目五 末端执行器

末端执行器是工业机器人机械臂末端的核心功能组件,直接与工件、工具或环境进行交互。其作为机器人系统的"手"或"工具",通过标准化接口(如法兰盘)与机械臂连接,根据任务需求执行特定操作,是机器人实现作业柔性化与精准化的关键组成部件。

末端执行器作为执行任务的载体,可实现抓取与搬运,如通过机械夹爪、真空吸盘等夹持装置固定物体(如汽车零部件、电子元件),完成搬运、码垛等任务;可用于加工与制造,如集成专用工具(如焊枪、涂胶喷嘴、激光切割头)实现焊接、喷涂、切割等高精度工艺;可进行检测与反馈,通过搭载力觉、视觉或触觉传感器,可实时感知作业状态(如装配阻力、焊缝质量),为控制系统提供闭环反馈。

末端执行器作为工业机器人的重要构成部分,在维护及保养检修过程中,应定期检查气动管路密封性(防漏气)、电气接头稳定性(防信号干扰)。及时进行精度维护,校准工具类执行器(如激光头焦点偏移)和传感器(如视觉定位误差)。对磨损部件(如夹爪橡胶垫、吸盘)按周期更换,避免作业失效。

5.1 卡爪式夹持器

卡爪式夹持器是工业机器人末端执行器的一种,它通过可运动的机械爪指对物体施加夹持力,实现抓取、定位、搬运及释放功能,通过法兰接口与机器人手臂末端连接,是自动化产线中通用性最强、应用最广泛的夹持装置。

卡爪式夹持器常用的类型主要有圆弧开闭式夹持器和平行开闭式夹持器。如图 5-1 所示。其中,圆弧式通常应用于气缸或液压缸活塞的杆做上下运动使手指产生开、合运动的场景,其开合空间较小,但夹持中心会发生变化。平行式通常应用于相对手指来看完成是平行开闭运动的场景,其开合空间较大,但夹持中心不会发生变化。

图 5-1 卡爪式夹持器

1. 卡爪式夹持器的核心功能

（1）精准抓取：通过刚性或柔性爪指适应不同形状（规则/不规则）、材质（金属、塑料、易碎品）的工件。

（2）动态协同：与机器人运动轨迹配合，完成高速搬运、装配或加工任务，如汽车零部件装配线节拍≤3 s。

（3）力控反馈：集成力传感器实现夹持力自适应调节，避免工件损伤，如玻璃面板抓取。

2. 卡爪式夹持器的工作流程

（1）信号接收：机器人控制器发送目标位置与夹持力指令；

（2）动力驱动：驱动单元（如电机）启动，传动机构将旋转/直线运动传递至爪指；

（3）夹持执行：爪指闭合至设定位置，传感器实时反馈夹持状态；

（4）释放复位：任务完成后，爪指按预设轨迹复位，准备下一循环。

5.2 吸附式取料手

吸附式取料手是当前应用较为广泛的执行器，适用于轻薄、平整或易损物件的搬运与定位，广泛应用于电子、包装、汽车等行业。根据吸附原理的不同，该类执行器可分为气吸型和磁吸型两种，如图 5-2 所示。

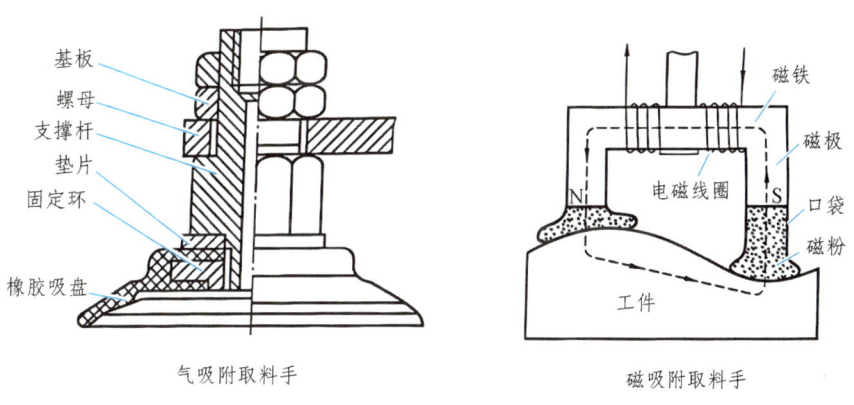

图 5-2 吸附式取料手

气吸型吸附取料手通过利用吸盘内部气压与外部大气压之间的压力差实现对物体的吸附功能。其主要特点包括结构设计简洁、整体质量轻便以及吸附力分布均匀等。然而，该类型取料手仅适用于表面相对光滑的物体搬运场景。

磁吸型吸附取料手主要用于吸附表面不平整的被搬运物。其核心吸附部件为装有磁粉的口袋。在工作过程中，首先将磁粉口袋紧密贴合于被搬运物表面，随后通过电磁线圈通电产生磁场，使口袋中的磁粉凝聚成块状结构，从而实现对物体的有效吸附。

5.3 焊枪及送丝系统

工业机器人与焊机结合,组成自动化焊接工作站,常见的弧焊站内系统总体构成如图5-3所示。

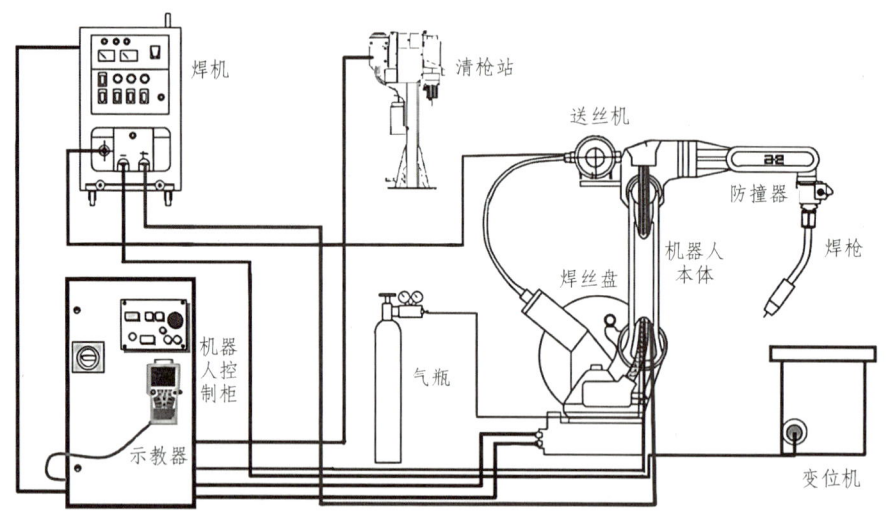

图5-3 弧焊系统总体构成示意图

焊枪及送丝系统是自动化焊接工艺的核心执行单元,通过精准控制能量传递与材料输送,实现高效、高质的自动化焊接。其作为机器人与焊接工艺的"手"与"血管",直接决定焊接质量、效率及适用场景,是智能制造中金属连接技术的核心装备。

5.3.1 焊枪

焊枪是焊接的执行终端,负责传导电流、输送保护气体与焊丝,并维持稳定的焊接形态,通常由枪体结构、导电嘴、智能传感器等核心组件构成,如图5-4所示。

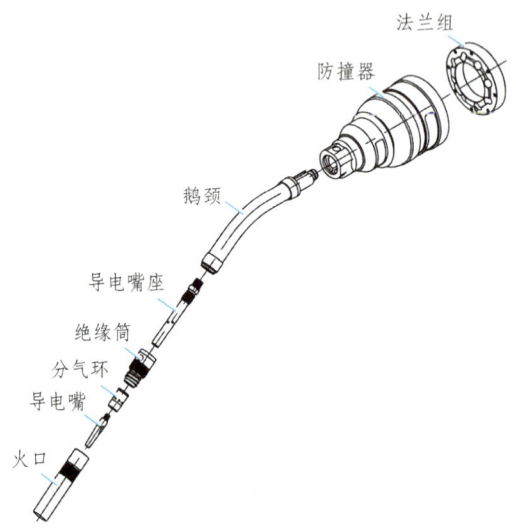

图5-4 焊枪构成示意图

1. 根据安装方式分类

焊枪根据安装方式不同，可分为内置焊枪和外置焊枪两种，如图 5-5 所示。

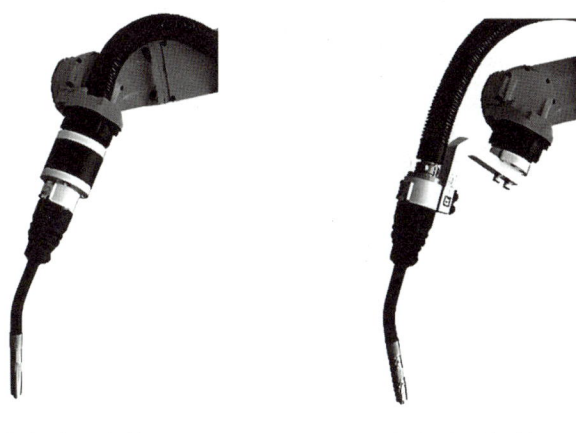

（a）内置焊枪　　　　（b）外置焊枪

图 5-5　焊枪类型

（1）内置焊枪只适用于专用的焊接机器人，可直接安装在机器人的第六轴上，该轴为中空设计，焊枪的送丝管与保护气体管直接穿入。内置焊枪不会因为外置送丝与送气管路干涉机器人的运行轨迹，能更精准地实现预设的焊接路径，尤其适用于复杂轨迹的焊接任务。

（2）外置焊枪适用于不同类型的机器人，包括通用型机器人，其通过外置支架安装在机器人手臂上，送丝管和保护气体管沿着机器人本体外部连接到焊枪。外置焊枪由于送丝管和保护气体管外置，在机器人运动过程中，这些管路可能会与机器人的手臂或其他部件发生干涉，需要在示教过程中特别注意，并且可能会对机器人的运动灵活性和可达性产生一定影响。

2. 根据冷却方式分类

焊枪根据冷却方式不同，可分为气冷式焊枪和水冷式焊枪。
（1）气冷式焊枪通常适用于低电流、短时作业、重量较小场景。
（2）水冷式焊枪可持续承载 500 A 电流，寿命≥3000 h，常用于重工业连续生产。

5.3.2　送丝系统

送丝系统通常由送丝机、送丝软管、焊丝盘及盘架等组成，其作用是将盘绕在焊丝盘上的焊丝稳定地输送至焊枪，以完成焊接作业。送丝系统可动态调速，通过响应焊接参数（电压/电流）实时调整送丝速度，具备抗干扰设计，可抑制机械振动与电磁干扰导致的送丝波动，如汽车产线可抗 5~200 Hz 振动。

1. 送丝机结构

送丝机结构大致由电气接口、驱动电机、信号接口、加压把手、进丝导杆、从动压紧轮、主动送丝轮、出丝导杆等主要零部件组成，如图 5-6 所示。

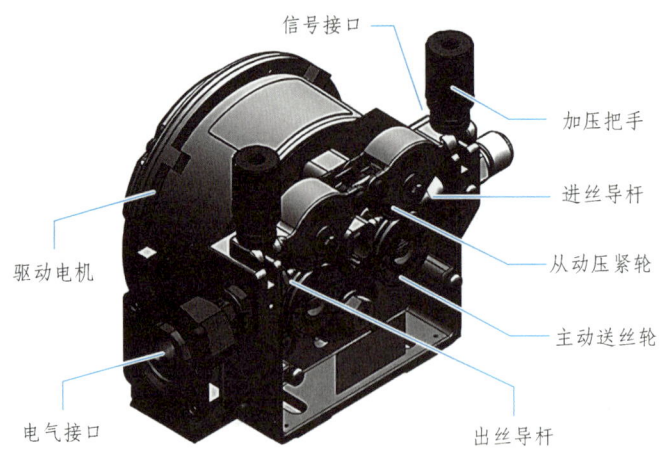

图 5-6 送丝机结构

2. 按安装方式分类

送丝机按安装方式分为一体式送丝机构和分离式送丝机构：
（1）一体式送丝机构将送丝机安装在机器人的机械臂上与机器人组成一个整体为一体式。
（2）分离式送丝机构将送丝机与机器人分开安装为分离式。

3. 按送丝方式分类

送丝机按送丝方式可分为推丝式、拉丝式和推拉丝式三种，如图 5-7 所示。

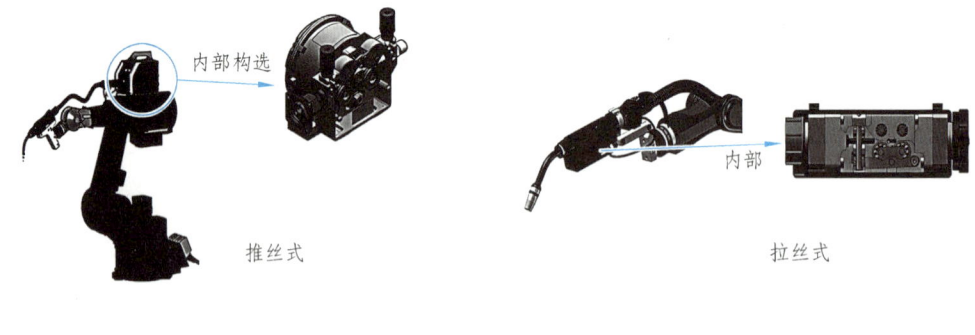

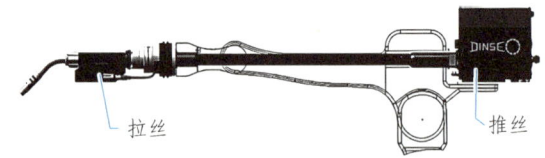

图 5-7 送丝方式

（1）推丝式送丝机主要用于直径为 0.8～2.0 mm 的焊丝。其特点是焊枪结构简单轻便，易于操作，但焊丝需要经过较长的送丝软管才能进入焊枪，焊丝在软管中受到较大阻力，影响送丝稳定性，其送丝软管一般为 3～5 m。

（2）拉丝式送丝机主要用于细焊丝（焊丝直径小于或等于 0.8 mm），因为细丝刚性小，推丝过程易变形，难以推丝。

（3）推拉丝送丝机由一个拉丝送丝机与一个推丝送丝机组合而成，可以增加焊枪操作范围，送丝软管可以加长到 10 m。推丝是主要动力，而拉丝机只是将焊丝拉直，以减小推丝阻力。

5.4 喷枪及喷涂系统

自动喷涂系统是利用自动喷涂设备代替手工喷涂，使喷涂全过程自动化、连续化的涂料施工系统。其构成如图 5-8 所示。

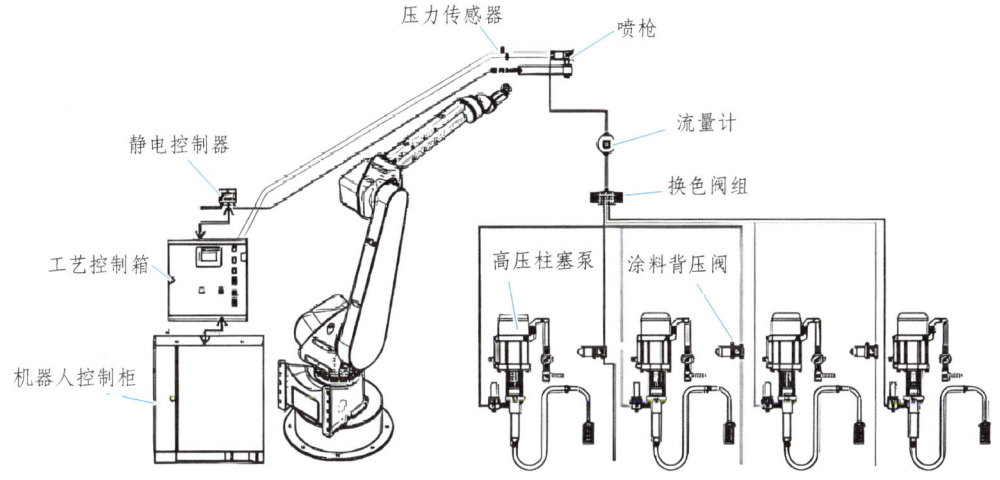

图 5-8 自动喷涂系统构成

自动喷枪是核心执行部件，它被固定在机器人末端，按设定程序对涂料雾化并喷涂到工件表面。喷枪常见两种雾化方式：一种是介质（空气）雾化，类型包括常规空气喷枪、HVLP 喷枪（低压高流量喷枪）、LVMP 喷枪（中压低流量喷枪）；另一种是机械雾化，类型包括空气辅助式无气喷枪、无气喷枪、旋转杯喷枪等。除了上述类型，还有一种静电喷枪，它通过静电吸附原理进行喷涂。喷枪类型如图 5-9 所示。

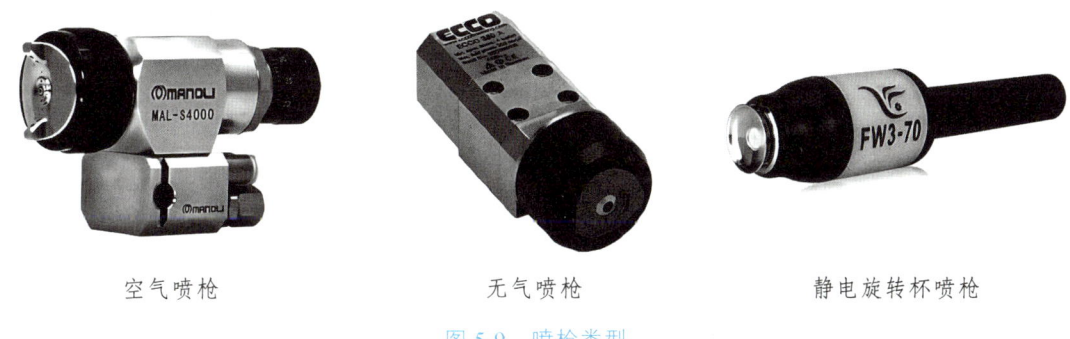

空气喷枪　　　　　　　无气喷枪　　　　　　　静电旋转杯喷枪

图 5-9 喷枪类型

传统空气喷涂操作简易，于空气帽处运用低流量、高压力的压缩空气使涂料雾化，进而实施喷涂作业。

HVLP 喷枪在空气帽部位采用高流量、低压力的方式进行喷涂。此方式可赋予涂料较高的传递效率。

LVMP 喷枪融合传统空气喷涂与 HVLP 喷涂技术。在空气帽外部，借助低流量、中压力的压缩空气来实现涂料雾化。相较于普通空气喷枪与 HVLP 喷枪，LVMP 喷枪具备更优的雾化效果、更高的传送效率，且空气消耗量更少。

空气辅助式无气喷涂技术在喷嘴处施加相对较高的涂料压力（一般低于 70 bar），并辅以少量雾化空气进行喷涂。与传统空气喷涂相比，该技术可节约 30%的涂料用量，具备更低的过喷率、更少的雾化现象，能够形成更厚的涂膜，且喷涂效果极为出色。

无气喷枪凭借涂装效率高、涂料无反弹、环保等特性，广泛应用于金属、塑料、陶瓷、木材及其他基材表面的喷涂作业。尤其适用于单位时间内物料用量较大的喷涂场景。与传统喷枪相比，无气喷枪产生的气雾较少，物料浪费程度低。

静电喷枪基于静电原理，使涂料带上负电荷，依靠异性电荷相吸的原理，促使涂料颗粒更紧密地附着于带正电的物体表面，具有涂料利用率高、涂装效率高、涂层均匀的优势，还能使涂料颗粒渗入工件细微孔隙，形成更为牢固的涂层，适用于油漆、粉末涂料等多种涂料。

空气喷枪的连接如图 5-10 所示。静电喷枪的连接如图 5-11 所示。

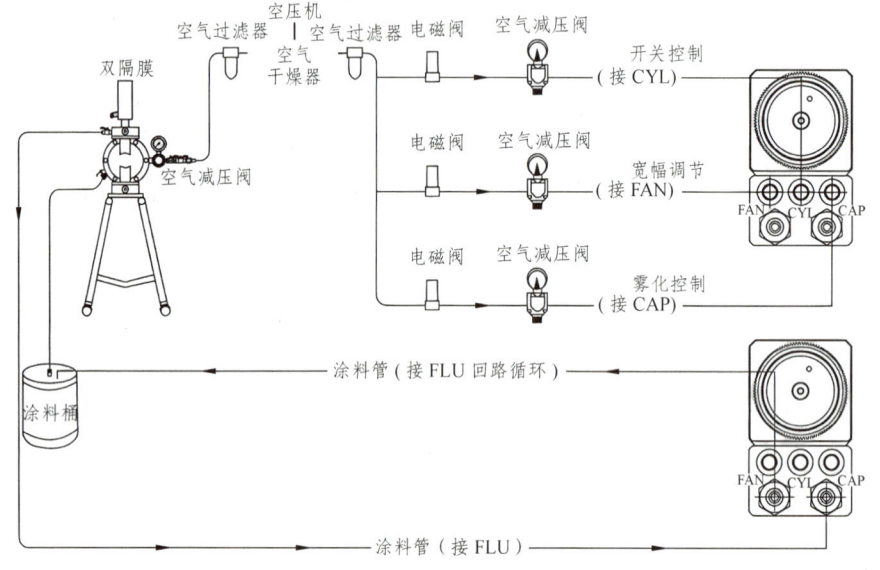

图 5-10　空气喷枪连接示意图

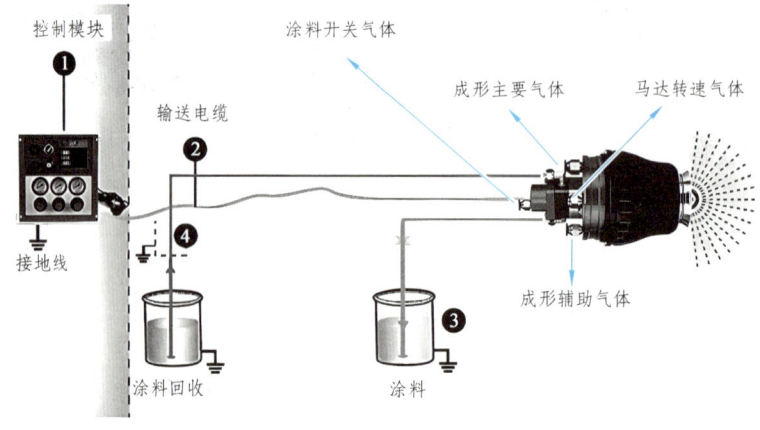

图 5-11　静电喷枪连接示意图

项目六 工业机器人保养与维护

6.1 工业机器人的保养

6.1.1 定期维护内容

工业机器人定期维护项目如表 6-1 所示。

表 6-1 工业机器人定期维护项目

项目类型	条目	检修项目	检修要领	备注
日常维护	1	振动、异常噪声及电机发热	核查机器人运动状态,是否沿轴平稳运行,是否无异常振动或声响。同时,检测电机温度是否过高	开展日常系统操作前,对各部件进行清洁,并以目视方式检查部件有无损坏。依据实际情形的需求,在机器人运行之后对这些部分进行查验
日常维护	2	重复定位精度	查看机器人停止位置,是否与上次停止位置一致,无偏差	
日常维护	3	外围设备运行状况	依据机器人发出的指令,检验外围设备是否正常运行	
日常维护	4	各轴制动装置性能	切断电源后,检测末端执行器下降量是否在 0.2 mm 范围内	
三个月维护	1	控制单元电缆	查验示教器连接电缆有无不当扭曲情况	每三个月,对这些事项进行检查。依据机器人的工作条件、环境等因素,在表格内增添额外的检查项目及检查频次
三个月维护	2	控制单元通风部分	若控制单元通风部位脏污,须切断电源后对单元进行清洁	
三个月维护	3	机械单元所用电缆	检查机械单元电缆插座是否损坏;查看电缆有无过度弯曲及异常扭曲;确认电机连接器与连接器面板连接是否稳固	
三个月维护	4	部件清理与检查	对各部件(包括移除芯片等操作)进行清理,排查部件是否存在问题或缺陷	
三个月维护	5	外部主要螺钉紧固	进一步拧紧末端执行器安装螺钉及外部主要螺钉	
三个月维护	6	其余内容	其余检查项目参见日常维护相关内容	

续表

项目类型	条目	检修项目	检修要领	备注
一年维护	1	平衡缸套管润滑	对平衡缸套管进行润滑	每隔一年检查这些事项
	2	机械单元电缆状况	检查机械单元所使用电缆的情况	
	3	部件清理与检查	对各部件进行清理并检查	
	4	外部主要螺钉紧固	拧紧主要的外部螺钉	
	5	机械单元电池更换	更换机械单元内的电池	
	6	其余内容	其余检查项目参见三个月维护相关内容	
二年维护	1	控制柜主板电池更换	更换控制柜主板的电池	每隔两年,检查这些事项
	2	其余内容	其余检查项目参见一年维护相关内容	
三年维护	1	轴、减速器及齿轮箱润滑脂更换	更换轴、减速器和齿轮箱内的润滑脂	每隔三年,检查这些事项
	2	其余内容	其余检查项目参见两年维护相关内容	

6.1.2 维护作业

6.1.2.1 更换润滑脂

机器人运行达到三年时长或累计工作 10000 h 后,需对 J1、J2、J3、J4、J5、J6 轴减速器以及 J4 轴齿轮盒的润滑脂进行更换。此外,每半年或累计工作 1920 h,需更换平衡器轴承的润滑油。下面以发那科(FANUC)R-2000iB/165F 为例,介绍工业机器人的维护作业。

进行润滑脂更换或补充作业时,需依据表 6-2 中的数据对机器人姿态加以调整。

表 6-2 润滑脂更换或补充作业时的机器人姿态

换油部位	各轴角度					
	J1	J2	J3	J4	J5	J6
J1 轴减速器	任意	任意	任意	任意	任意	任意
J2 轴减速器		0°				
J3 轴减速器		0°	0°			
J4 轴减速器		任意	0°			
机械腕			0°	0°	0°	0°

1. J1、J2、J3、J4 轴及齿轮箱润滑脂更换流程

（1）将机器人调整至指定角度位置。
（2）切断设备电源。
（3）拆除润滑脂出口处的密封螺钉。
（4）加注新润滑脂，直至新润滑脂从出口流出。
（5）进行压力释放操作，待润滑脂室压力释放后，将密封螺钉旋紧至润滑脂出口处，且使用密封胶对密封螺钉进行密封处理。

2. 机械腕润滑脂更换流程

（1）将机器人调整至指定角度位置。
（2）切断设备电源。
（3）拆卸机械腕润滑脂出口 1（J5 关节上）的密封螺钉。
（4）从机械腕润滑脂入口注入新润滑脂，直至新润滑脂从机械腕润滑脂出口 1（J5 关节上）流出。
（5）将密封螺钉安装至机械腕润滑脂出口 1（J5 关节上），使用密封胶对密封螺钉或密封插头进行密封处理。
（6）拆卸机械腕润滑脂出口 2（J6 关节上）的密封螺钉。
（7）再次从机械腕润滑脂入口注入新润滑脂，直至新润滑脂从机械腕润滑脂出口 2（J6 关节上）流出。
（8）进行压力释放操作，待润滑脂室压力释放后，将密封螺钉安装至机械腕润滑脂出口 2，并用密封胶密封。

注意：若润滑操作执行不当，润滑脂室内压力可能骤升，致使密封部件受损，进而引发润滑脂泄漏与设备异常运行。

进行润滑操作时，需遵循以下注意事项：
（1）润滑操作前，打开润滑脂出口（拆除润滑脂出口的插头或螺钉）。
（2）采用手动泵缓慢加注润滑脂，避免用力过猛。
（3）尽可能不使用由工厂气源驱动的压缩气体泵。若必须使用，需将润滑脂最大流速控制在 15 mL/s，最大润滑压力限制在 7.35 MPa（750 N/cm^2）。
（4）仅使用规定类型的润滑脂。使用非指定类型润滑脂，可能损坏减速器或引发其他故障。
（5）润滑完毕后，检查润滑脂出口无泄漏且润滑脂室未处于加压状态，之后封闭润滑脂出口。
（6）为防止因滑动引发意外，须彻底清除地面及机器人表面多余的润滑脂。

3. 释放润滑脂槽内残压操作流程

请依照表 6-3 所示步骤释放残余压力。操作时，需在供脂口与排脂口下方安置回收袋，防止流出的润滑脂飞溅四散。

表 6-3 释放润滑脂槽内残压操作流程

更换部位	动作角度要求	运行速度比例	动作时长	需开启部位
J1 轴减速器	80°以上	50%	20 min	打开供脂口、排脂口后进行运转
J2 轴减速器	90°以上	50%	20 min	打开供脂口、排脂口后进行运转
J3 轴减速器	70°以上	50%	20 min	打开供脂口、排脂口后进行运转
J4 轴齿轮箱	J4=60°以上 J5=120°以上 J6=60°以上	100%	20 min	仅在打开排脂口后进行运转
机械手腕	J4=60°以上 J5=120°以上 J6=60°以上	100%	10 min	打开手腕上的全部供、排脂口后进行运转

若因周边条件限制无法按上述要求操作，需使机器人运行相同次数。（若轴角度仅能达到要求的一半，则机器人运行时间应为原规定时间的 2 倍）。上述操作完成后，需在供脂口安装滑脂枪喷嘴，在排脂口安装密封螺钉。再次使用密封螺钉和滑脂枪喷嘴时，必须使用密封胶带进行密封处理。

6.1.2.2 更换润滑油

有些型号的机器人的个别关节或齿轮箱采用润滑油润滑的方式，如发那科（FANUC）M-10iA 的 J4、J5、J6 轴。润滑油相对于润滑脂有较好的流动性，因此在更换这些关节或齿轮箱的润滑油时，要充分利用重力做到"排净进足"，此时对机器人相关姿态要求尤为关键，大致可分为放油姿态、注油姿态、补油姿态、油位确认姿态、释放残压姿态等。下面以发那科（FANUC）M-10iA 机器人更换 J4、J5、J6 轴润滑油为例，说明更换润滑油的操作过程。

1. J4、J5、J6 轴排进油口的设置

发那科（FANUC）M-10iA J4/J5/J6 轴排进油口结构如图 6-1 所示。

2. 换油操作步骤

1）更换 J4 轴润滑油

（1）将机器人调整至 J4 换油姿态。将 J4 轴角度设定为 180°。

（2）断开电源。

（3）在 J4 排油口下方放置排油收集瓶。

（4）拆除 J4 进油口和排油口的插塞或密封螺钉。

（5）待油液完全排放后，在 J4 排油口安装插塞或密封螺钉。

（6）通过注射器或适配漏斗从 J4 进油口持续注油，直至油位计显示的油位达到总高度的 3/4 以上，如图 6-2 所示。

（7）加油后，释放油槽的残压。

项目六 工业机器人保养与维护

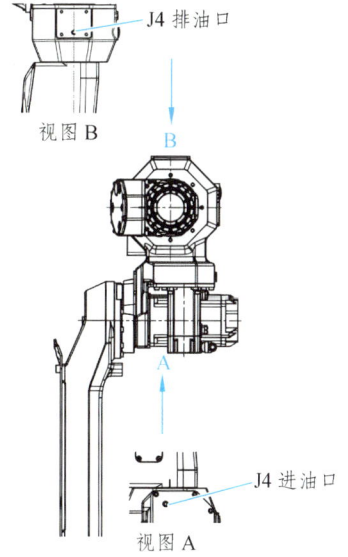

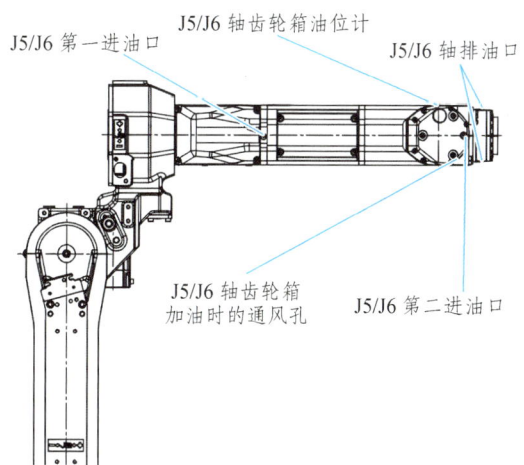

图 6-1 发那科（FANUC）M-10iA J4/J5/J6 轴排进油口示意图

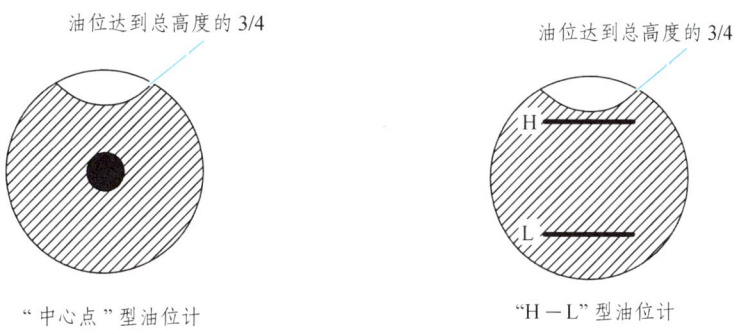

图 6-2 油位显示示意图

2）更换 J5/J6 轴润滑油

（1）将机器人调整至 J5/J6 轴放油姿态。将 J3 轴角度设定为-30°，J4 轴设定为-70°，J5 轴设定为 0°。

（2）断开电源。

（3）在 J5/J6 排油口下方放置排油收集瓶。

（4）拆除 J5/J6 排油口的扁平螺钉和密封垫圈。

（5）待油液完全排放后，在 J5/J6 排油口安装扁平螺钉和密封垫圈。

（6）注油，分两种情形：

① 使用油泵时：首先，将轴调整至用泵注油姿态（J3 = 18°，J4 = -40°，J5 = J6 = 0°）。打开 J5/J6 轴齿轮箱的排油口和第一个进油口，从第一个进油口持续注油，直至油从排油口流出，随后暂时用塞子堵住排油口；接着，将轴调整至补油姿态（J3 = 90°，J4 = J5 = J6 = 0°），使用注射器等从第二个进油口注油，注入约 15 mL 时，油会从进油口流出，此时用塞子堵住；最后，将轴调整至油位确认姿态（J3 = J4 = J5 = J6 = 0°），确认油位计的油面高度。

② 不使用油泵时：将轴调整至不用泵注油姿态（J3 = 18°，J4 = 90°，J5 = 0°），拆除排气孔和第二进油口处的扁平螺钉及密封垫圈，将适配器安装在第二个进油口，持续注油，待油从排气孔流出后，拆除注油适配器；将轴调整至油位确认姿态（J3 = J4 = J5 = 0°），确认油位计的油面高度，若油量不足，使用注射器补充并微调；然后将轴调整至补油姿态（J3 = 90°，J4 = J5 = J6 = 0°），从第二个进油口用注射器等注油，注入约 15 mL 时，油会从进油口流出，用塞子堵住；最后再次将轴调整至油位确认姿态（J3 = J4 = J5 = J6 = 0°），确认油位计的油面高度。此时将 J4 轴沿正反方向旋转，确认油量无减少，若油量减少，将轴再次调整至补油姿态（J3 = 90°，J4 = J5 = J6 = 0°），从第二个进油口用注射器等注油。

（7）加油后，释放油槽的残压。

6.1.2.3　更换本体电池操作流程

各轴位置数据由备份电池存储。每年需更换一次电池，当备份电池出现电压降低告警时，也需按以下步骤操作：

（1）保持设备电源接通，按下急停按钮，防止机器人移动。若在断电状态下更换电池，可能造成当前所有位置数据丢失，届时需重新校准机器人。

（2）拆卸本体电池盒盖。

（3）从电池箱中取出旧电池。

（4）将新电池按正确方向插入电池箱。

（5）盖上电池盒盖。

6.1.2.4　填写维护报告

详细记录工业机器人在每次保养维护时的各项参数、零部件磨损情况、是否存在故障隐患等信息，形成设备的"健康档案"。通过记录保养维护的内容和结果，可以确保机器人得到及时、适当的维护，使其保持良好的工作性能和精度。维护报告样式如图 6-3 所示。

×××机器人有限公司				
FANUC 机器人基本检查保养报告				
客户名称		客户地址		
机器人型号		控制柜型号		
保养前状态是否正常	正常	不正常	运行时间	
机器人本体点检				
	检查部位	检查结果		备注
	J1	OK	NOK	
NO.1: 机器人本体润滑油更换	J2	OK	NOK	
	J3	OK	NOK	
	J4	OK	NOK	
	腕关节	OK	NOK	
NO.2: 机器人平衡器轴承加油及检查	轴承	OK	NOK	
NO.3: 机器人本体电池更	电池	OK	NOK	
	RM1/RP1 电缆	OK	NOK	
NO.4: 机器人连接电缆检查	ARM/ARP 电缆	OK	NOK	
	AP/AS 电缆	OK	NOK	
	地线	OK	NOK	
	J1-BASE 基座	OK	NOK	
NO.5: 机械本体连接电缆检查	J1/J2/J3	OK	NOK	
	J4/J5/J6	OK	NOK	
NO.6: 末端连接器 /J3 Casing	EE/AP/AS 电缆	OK	NOK	
	ARM/ARP 电缆	OK	NOK	
	电机外观	OK	NOK	
NO.7: 电机外观/减速机漏油	J1/J2	OK	NOK	
	J3/J4	OK	NOK	
	腕关节	OK	NOK	
NO.8: 机器人零点标记检查	标记是否明显可见	OK	NOK	
NO.9: 底座牢固	螺栓是否紧固	OK	NOK	
	J1	OK	NOK	
	J2	OK	NOK	
NO.10: 各轴动作及刹车检查	J3	OK	NOK	
	J4	OK	NOK	
	J5	OK	NOK	
	J6	OK	NOK	
NO.11: 机器人重复精度检查	整体精度	OK	NOK	
控制柜点检				
	检查部位	检查结果		备注
NO.1: 控制柜内电池检查更换	电池	OK	NOK	
NO.2: 控制柜内电缆状况检查	柜内电缆	OK	NOK	
	地线	OK	NOK	
NO.3: 控制柜内清洁检查	控制柜整体清洁	OK	NOK	
	冷却风扇清洁	OK	NOK	
NO.4: 柜门打开/关闭状况检查	打开	OK	NOK	
	关闭	OK	NOK	
NO.5: 紧急停止按钮检查	操作面板急停	OK	NOK	
	示教器急停	OK	NOK	
	示教器电缆	OK	NOK	
	电缆接头连接	OK	NOK	
NO.6: 示教器状况	外观	OK	NOK	
	显示功能	OK	NOK	
	按键/触摸功能	OK	NOK	
NO.8: 文件备份	MC 备份	OK	NOK	
	IMG 备份	OK	NOK	
NO.9: 电压检测	U/V/W	OK	NOK	
保养总结和建议				
现场负责人签字		日期		
服务工程师签字		日期		

图 6-3　维护报告样式

6.2 工业机器人的零点标定

6.2.1 零点复归概述

在机器人技术领域，零点复归（Mastering）是通过同步机器人机械信息与位置信息，实现其物理位置精确界定的关键操作，需严格遵循规范流程执行。尽管机器人在出厂前已完成零点复归，但在特定情形下仍存在原点数据丢失风险，进而需重新实施零点复归操作。

机器人运动轴由闭环伺服系统实施精准控制（见图 6-4）。控制柜发出控制指令驱动各轴电机运转，安装于电机上的串行脉冲编码器作为反馈装置，将实时信号回传至控制柜。在机器人运行全程，控制柜持续解析反馈信号，并据此动态调整命令信号，以确保机器人运动过程中位置与速度的准确性。为实现机器人按预设路径精准运动，控制柜必须精确掌握各轴实时位置，其实现方式是对比运行中串行脉冲编码器反馈信号与机器人机械参考点信号的差异。

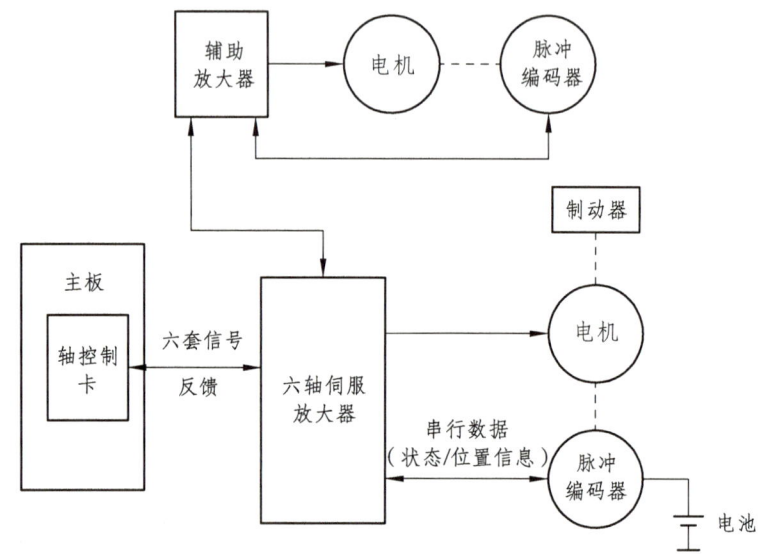

图 6-4 伺服环示意图

零点复归本质上是对机器人已知机械参考点的串行脉冲编码器信号的读取过程。该操作获取的数据与其他用户数据共同存储于控制柜备份系统，即使在断电状态下，也可借助电池维持数据完整性。当控制柜正常断电时，各串行脉冲编码器当前数据由机器人后备电池供电保存于编码器内；待控制柜重新通电后，将主动向脉冲编码器请求数据读取，只有在成功接收并处理编码器数据后，伺服系统方能恢复正常运行，这一过程即为校准。校准程序在每次控制柜启动时自动执行。若在控制柜断电期间，脉冲编码器后备电池意外断开，重新上电时校准将无法完成，此时机器人仅支持关节模式下的手动操作。若要恢复机器人正常运行功能，则必须重新执行零点复归与校准流程。零点复归（Mastering）与采用绝对值脉冲编码器（SPC）的机器人各轴角度紧密相关，通常为获取各轴零度位置的脉冲记数，需进行零点复归操作。

6.2.2 零点复归需要注意的事项

因为零点复归的数据出厂时就设置好了，所以在正常情况下，没有必要做零点复归，但是只要发生以下情况之一，就必须执行零点复归。

（1）机器人执行一个初始化启动。

（2）绝对值脉冲编码器（SPC）的备份电池的电压下降导致 SPC 脉冲记数丢失。

（3）在关机状态下卸下机器人底座电池盒盖子。

（4）编码器电源线断开。

（5）更换 SPC。

（6）更换马达。

（7）机械拆卸。

（8）机器人的机械部分因为撞击导致脉冲记数不能指示轴的角度。

（9）机器人在非备份姿态时，SRAM（CMOS）的备份电池的电压下降导致零点复归数据丢失。

警告：如果校准操作失败，则该轴的软件移动限制将被忽略，并允许机器人超正常的移动。所以在未校准的条件下移动机器人需要特别小心，否则将可能造成人身伤害或者设备损坏。

注意：机器人的数据包括零点复归数据和脉冲编码器的数据，分别由各自的电池保持。如果电池没电，数据将会丢失。为了防止这种情况发生，两种电池都要定期更换，当电池电压不足，将有报警提醒用户。

例如，发那科（FANUC）机器人会在示教器上显示 SRVO-062 BZAL 或者 SRVO-038 脉冲不匹配警报。

6.2.3 零点复归的操作步骤

下面以发那科（FANUC）机器人为例，介绍零点复归的操作步骤，其他品牌机器人请查阅相关维修手册。

6.2.3.1 消除相关报警

当机器人出现零点丢失的情况时，会导致机器人无法正常动作。在此情况下，需要消除相关故障代码，才能使机器人恢复正常运行。

机器人零点丢失后，首先会触发 SRVO-062 报警。该报警代码为"SRVO-062 SVAL2 BZAL alarm (Group: iAxis: j)"，代表脉冲编码器数据丢失报警。需特别注意，当此报警发生时，机器人处于无法动作的状态。只有消除 SRVO-062 报警后，机器人方可恢复动作，但此时仅能在关节坐标系下进行手动操作。

在消除 SRVO-062 报警后，机器人会继续触发 SRVO-075 报警。该报警代码为"SRVO-075 WARN Pulse not established (Group: iAxis: j)"，表示脉冲编码器无法计数报警。值得注意的是，当 SRVO-075 报警出现时，机器人仅能在关节坐标系下进行单关节动作。只有按照相关操作流程消除 SRVO-075 报警后，才能对机器人进行零点标定操作。

综上所述，两个报警代码的具体信息如下：

（1）SRVO-062 报警：

① 报警代码：SRVO-062 SVAL2 BZAL alarm (Group: iAxis: j)。

② 报警含义：脉冲编码器数据丢失报警。

③ 注意事项：发生此报警时，机器人无法动作。

（2）SRVO-075 报警：

① 报警代码：SRVO-075 WARN Pulse not established (Group: iAxis: j)。

② 报警含义：脉冲编码器无法计数报警。

③ 注意事项：发生此报警时，机器人只能在关节坐标系下进行单关节动作。

1. 消除 SRVO-062 报警具体步骤

（1）进入 Master/Cal（零度点调整）界面，如图 6-5 所示。依次按键操作：[MENU]（菜单）→0[NEXT]（下个）→[System]（系统设定）→F1[TYPE]（类型）→[Master/Cal]（零度点调整）。

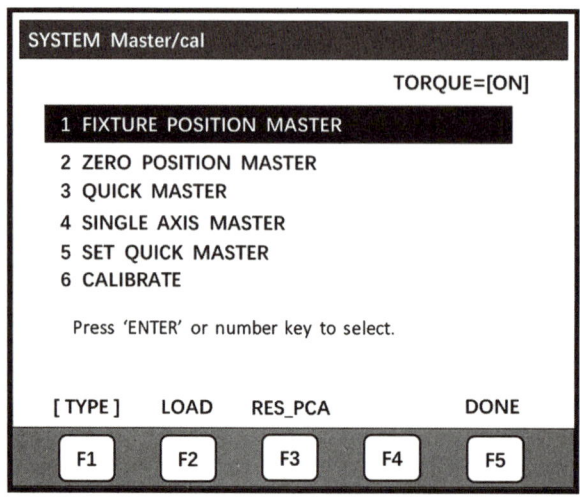

图 6-5　零度点调整界面

（2）在 Master/Cal（零度点调整）界面内按 F3 [RES_PCA]（脉冲置零）后，出现图 6-6 所示 "Reset pulse coder alarm?"（复位脉冲编码器报警？）。

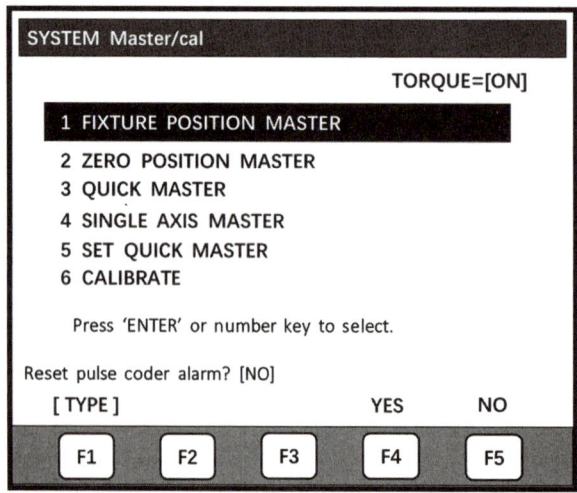

图 6-6　复位脉冲编码器报警界面

(3)按 F4 [YES](是)消除脉冲编码器报警。
(4)关机。

注意:若步骤(1)中无[Master/Cal](零度点调整)项,则按以下步骤操作:
(1)依次按键操作:[MENU](菜单)→ 0[NEXT](下个)→ [System](系统设定)→ F1[TYPE](类型)→[Variables](系统参数)。
(2)将变量 $MASTER_ ENB 的值改为 1。
(3)在[MENU](菜单)→ 0[NEXT](下个)→ [System](系统设定)→ F1[TYPE](类型)中会出现[Master/Cal](零度点调整)项。

2. 消除 SRVO-075 报警具体步骤

(1)开机,出现 SRVO-075 报警。若屏幕上无此报警,可在报警历史中查看:[MENU](菜单)→ 4[ALARM](异常履历)→ F3 [HIST](履历)。
(2)按[COORD]键将坐标系切换成 JOINT(关节)坐标,如图 6-7 所示。

图 6-7　切换成 JOINT(关节)坐标

(3)使用 TP 点动机器人报警轴 20°以上([SHIFT] +运动键)。
(4)按[RESET](复位),消除 SRVO-075 报警。

6.2.3.2　选择合适的方式进行零点复归

零点复归存在多种方法,可依据不同原因导致的零点丢失情况,采用相应的方法开展零点复归操作。其中,较为常用的方法有零度点核对方式与单轴核对方式。单轴核对方式适用于单个轴编码器数据丢失的情形,而零度点核对方式则用于全轴编码器数据丢失后的恢复工作(见表 6-4)。

表 6-4　零点复归(Mastering)的方法

零点复归的方法	解　释
专门夹具核对方式	出厂时设置:需卸下机器人上的所有负载,用专门的校正工具完成
零度点核对方式	机械拆卸或维修导致机器人 Mastering 数据丢失。需要将六轴同时点动到零度位置,且由于靠肉眼观察零度刻度线,误差相对大一点
单轴核对方式	因单个坐标轴的机械拆卸或维修(通常是更换马达)引起
快速核对方式	因电气或软件问题导致丢失 Mastering 数据,可用此方法恢复已经存入的 Mastering 数据作为快速示教调试基准。若因机械拆卸或维修导致机器人 Mastering 数据丢失,则不能采取此法。条件:在机器人正常时设置 Mastering data

下面将对零度点核对与单轴核对两种方式展开阐述。

1. 零度点核对方式（ZERO POSITION MASTER）具体步骤

（1）进入 Master/Cal（零度点调整）界面（见图 6-5）。依次按键操作：[MENU]（菜单）→ 0[NEXT]（下个）→ [System]（系统设定）→ F1[TYPE]（类型）→ [Master/Cal]（零度点调整）。

（2）以发那科（FANUC）R-2000iB/165F 为例，将示教机器人的每根轴置 0°位置（游标尺标记对齐的位置），如图 6-8 所示。

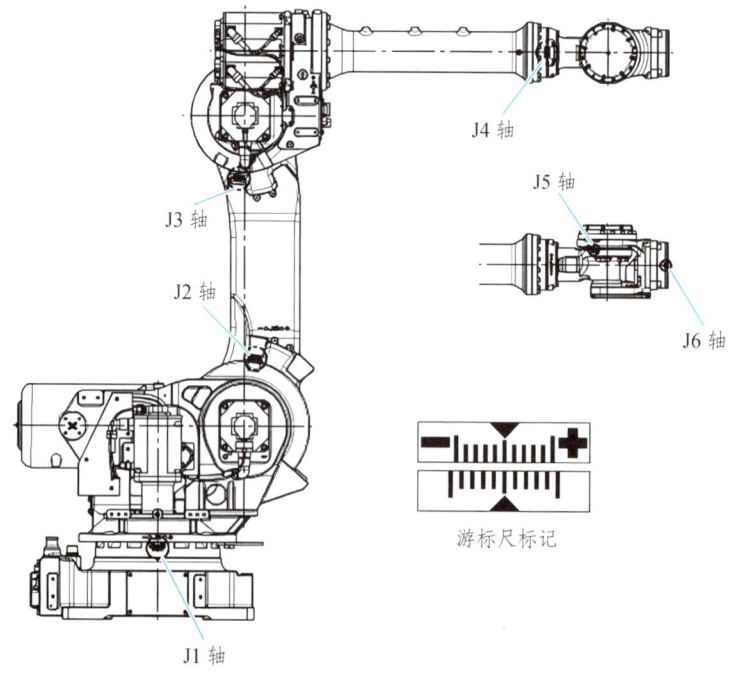

图 6-8　各轴游标尺标记位置及 0°姿态

（3）选择[2 ZERO POSITION MASTER]（零度点核对方式），按[ENTER]（回车键）确认，再按 F4 [YES]（是）确认，如图 6-9 所示。

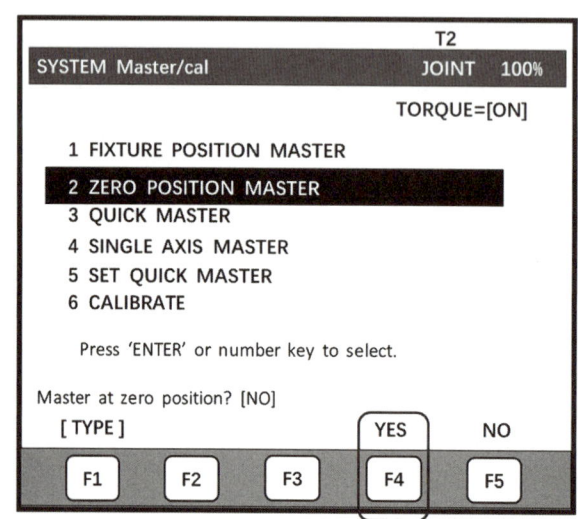

图 6-9　选择零度点核对方式

(4)选择[6 CALIBRATE](校准),按[ENTER](回车键)确认(或重新接通电源,同样也进行校准)。再按 F4 [YES](是)确认,如图 6-10 所示。

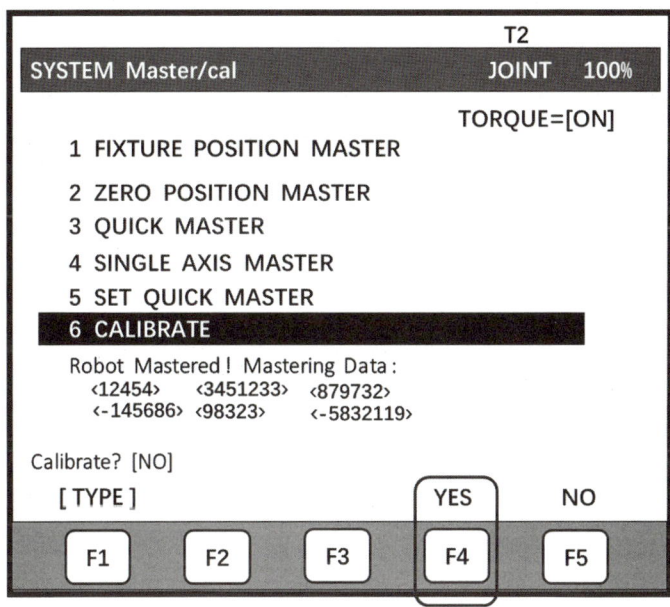

图 6-10　按 F4 [YES]确认

(5)按 F5 [DONE](完成)隐藏 Master/Cal(零度点调整)界面,如图 6-11 所示。

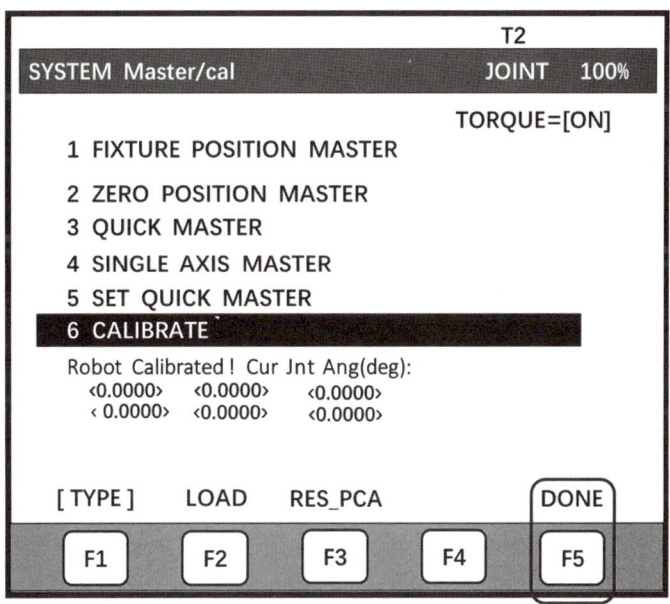

图 6-11　按 F5 [DONE]

2. 单轴核对方式(SINGLE AXIS MASTER)具体步骤

(1)进入 Master/Cal(零度点调整)界面(见图 6-5),依次按键操作:[MENU](菜单)

→0[NEXT]（下个）→[System]（系统设定）→F1[TYPE]（类型）→[Master/Cal]（零度点调整）。

（2）选择[4 SINGLE AXIS MASTER]（单轴核对方式），如图6-12所示。按[ENTER]（回车键）确认，进入SINGLE AXIS MASTER（单轴核对方式）界面，如图6-13所示。

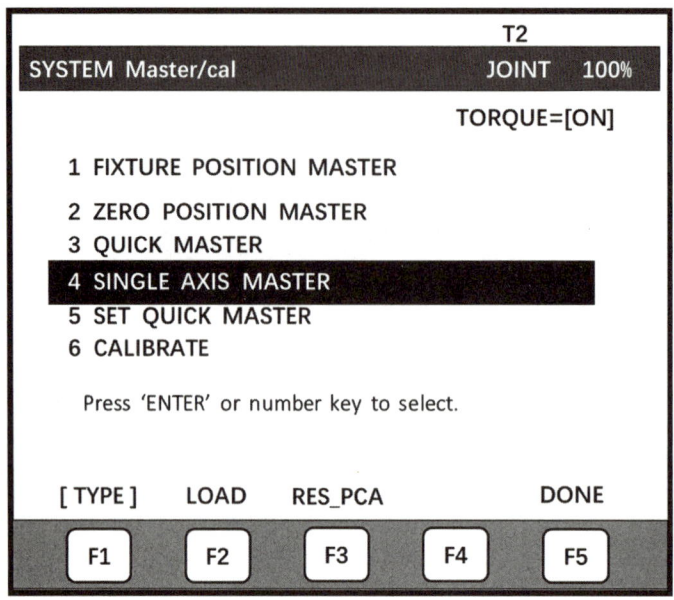

图6-12 选择单轴核对方式

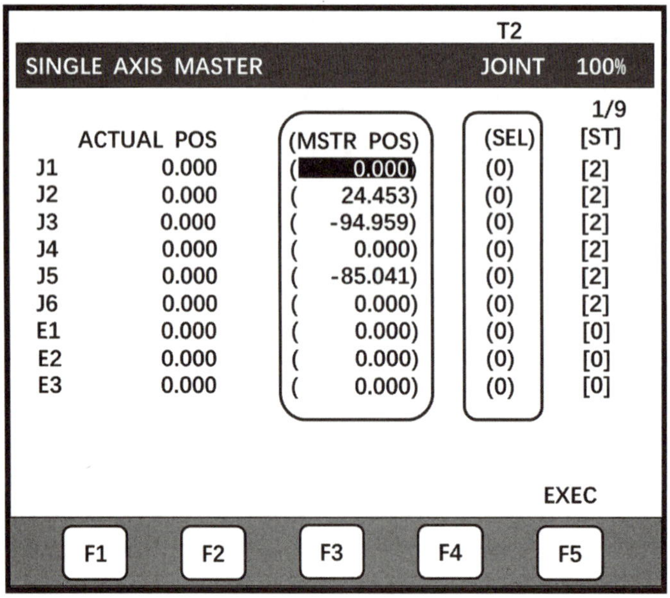

图6-13 SINGLE AXIS MASTER（单轴核对方式）界面

（3）将报警轴（即需要Mastering的轴）的[SEL]（选择）项改为"1"，如图6-14所示。

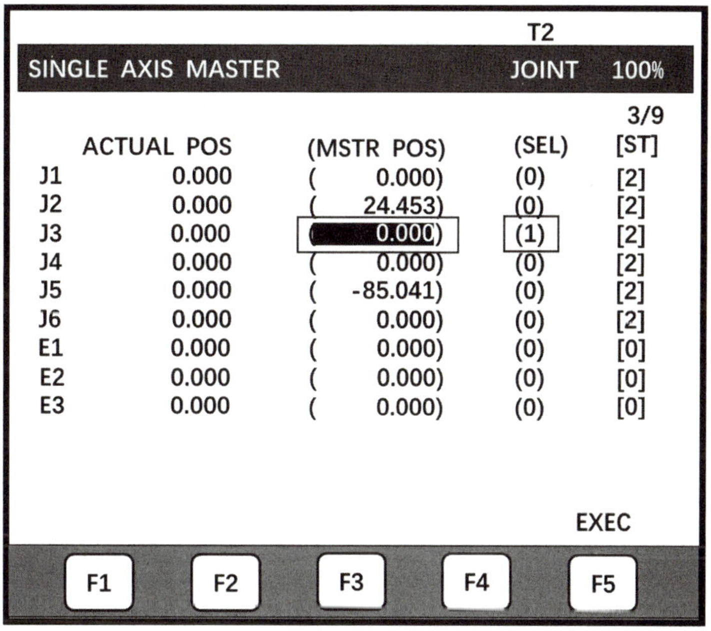

图 6-14 将[SEL]（选择）项改为"1"

（4）将示教机器人的报警轴置为 0°（刻度标记对准的位置）。

（5）在报警轴的 MSTR POS（零度点位置）项输入轴的 Mastering 数值（如 0°）。

（6）按 F5[EXEC]（执行），如图 6-15 所示，则相应的[SEL]（选择）项由 1 变成 0，[ST]（状态）项由 0 变成 2。

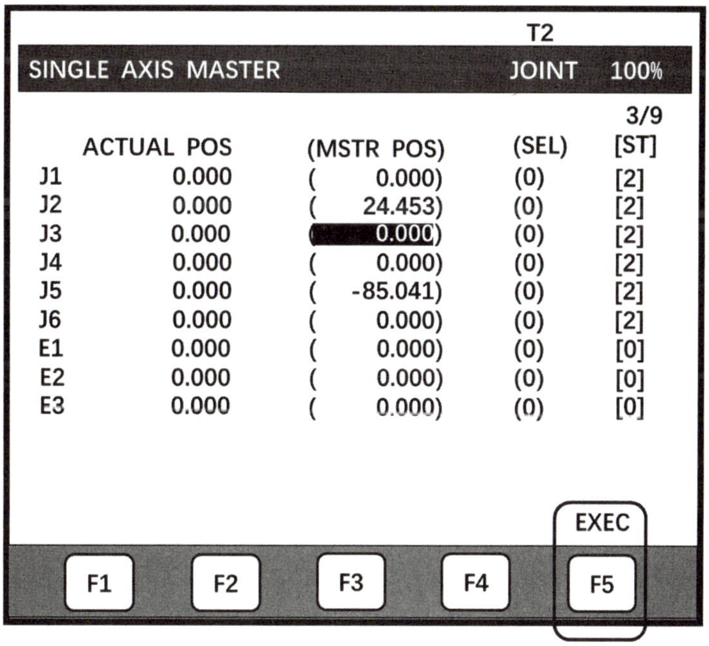

图 6-15 按 F5[EXEC]（执行）

（7）按[PREV]（前一页）退回 Master/Cal（零度点调整）界面，如图 6-16 所示。

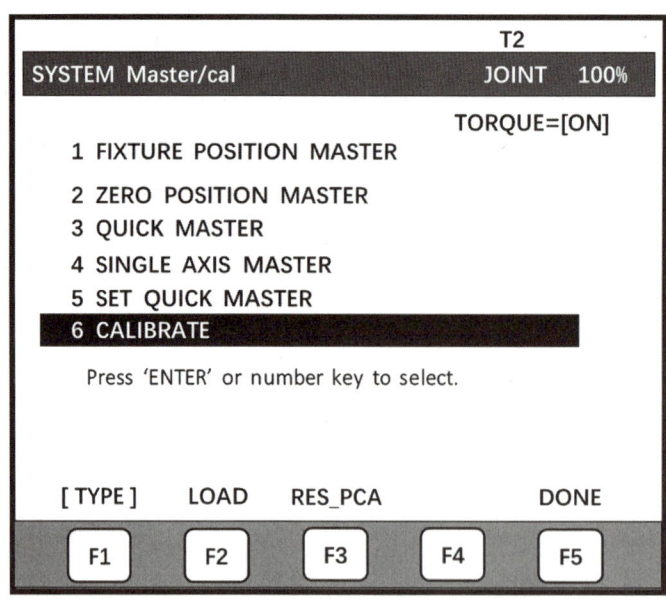

图 6-16 退回 Master/Cal（零度点调整）界面

（8）选择[6 CALIBRATE]（校准），按[ENTER]（回车键）确认（或重新接通电源，同样也进行校准）。

（9）按 F4 [YES]（是）确定，则已被零点复归的轴的对应项值为< 0.0000 >，如图 6-17 所示。

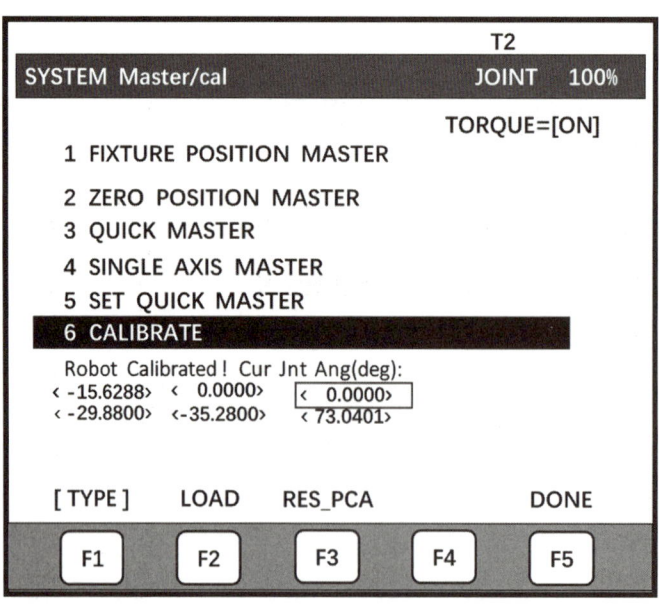

图 6-17 零点复归后的显示

（10）按 F5 [DONE]（完成）隐藏 Master/Cal（零度点调整）界面。

注意：若需要对 J3 轴做 SINGLE AXIS MASTER（单轴核对方式），则需要先将 J2 轴置于 0° 位置。

项目七　工业机器人电气维护

7.1　伺服电机的构造及工作原理

在工业机器人中，机械结构系统是制成机器人运动和执行工作任务的基础，而伺服驱动器作为驱动系统的一部分，是机械结构系统的动力来源。

伺服电动机是一种能够根据控制信号要求精准执行动作的装置，当无控制信号输入时，电机保持静止状态；而一旦接收到控制信号，便会立即启动并运行。由于其具备"伺服"性，即服从指令的特性，因此被称为伺服电动机。在自动控制系统中，伺服电动机的主要功能是将接收到的控制信号转化为转轴的角位移或角速度输出。伺服电动机通常由电动机、编码器及抱闸装置（选配）等部分组成，如图 7-1 所示。根据电源类型的差异，伺服电动机可分为直流伺服电动机和交流伺服电动机两大类。

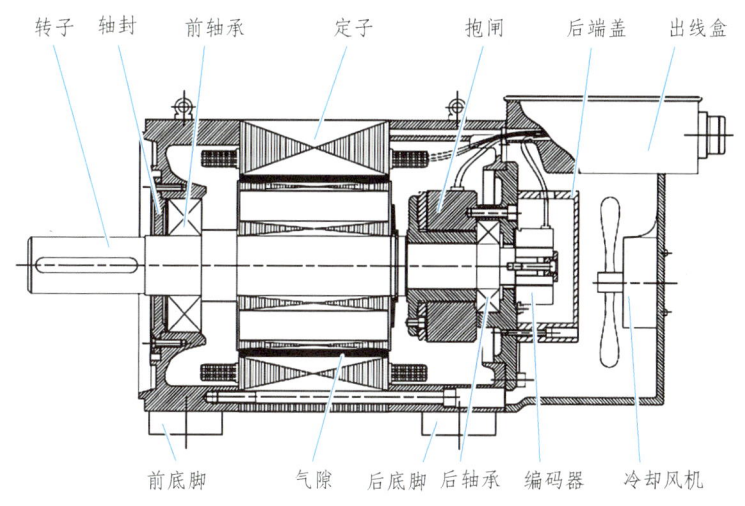

图 7-1　伺服电动机的构成

7.1.1　直流伺服电动机的构造及工作原理

直流伺服电动机，即采用直流电源驱动的伺服电动机，本质上属于他励式直流电动机。依据结构差异，其可分为传统型、盘形转子型、空心杯转子型、无槽转子型等几类。各类直流伺服电动机的工作原理与普通直流电动机相近，其转速计算公式也与直流电动机的转速公式类似。

7.1.1.1 传统型直流伺服电动机

传统型直流伺服电动机的结构与普通直流电动机基本相似，均由定子和转子两大部件构成。根据励磁方式的不同，又可细分为永磁式（代号 SY）和电磁式（代号 SZ）。永磁式直流伺服电动机在定子上配备由永久磁钢制成的磁极，其磁场不可调节。电磁式直流伺服电动机的定子一般由硅钢片冲制叠装而成，磁极与磁轭为一体结构，磁极铁心上套有励磁绕组，如图 7-2 所示。这两种电动机的转子铁心皆由硅钢片冲制叠装，转子冲片外圆周设有均匀分布的齿槽，槽内安置转子绕组，并通过换向器和电刷引出。为提升控制精度与响应速度，伺服电动机转子铁心的长度与直径之比大于普通直流电动机。

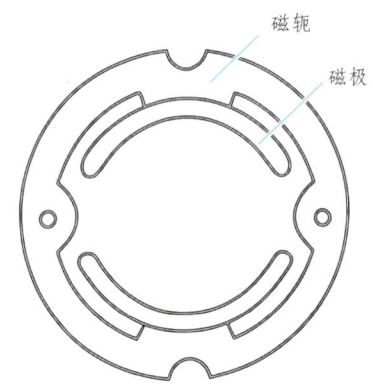

图 7-2　传统直流伺服电动机的定子

7.1.1.2 盘形转子直流伺服电动机

盘形转子直流伺服电动机的定子由永久磁钢及前后磁轭组成，永久磁钢可置于圆盘单侧或双侧，圆盘两侧为电动机气隙。转子绕组布置在圆盘上，有印制式和绕线式两种形式。印制式绕组采用类似印制电路板的制造工艺，可为单片双面或多片重叠结构。绕线式绕组先绕制单个线圈，再将线圈按特定规律沿径向圆周排列，并用环氧树脂浇注成圆盘形。盘形转子绕组中的电流沿径向流经圆盘表面，与轴向磁通相互作用产生转矩，利用转子绕组径向部分的裸导线表面兼作换向器与电刷直接接触。其结构如图 7-3 所示。

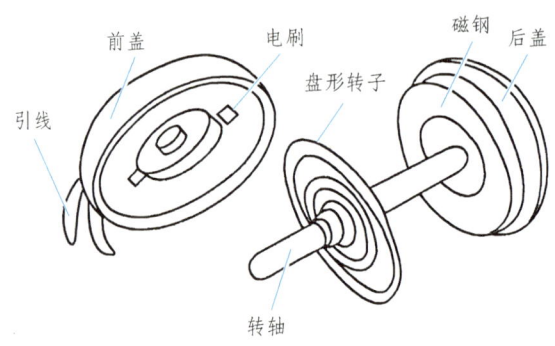

图 7-3　盘形转子直流伺服电动机的结构

7.1.1.3 空心杯转子直流伺服电动机

空心杯转子直流伺服电动机包含外定子与内定子。外定子通常由两个半圆形永久磁钢组成，用于产生磁场。内定子由圆柱形软磁材料制成，作为磁路以降低磁阻（也存在内定子为永久磁钢、外定子为软磁材料的情况）。转子由成型线圈沿圆周轴向排列成空心杯状，经环氧树脂固化成型后直接压装在电动机轴上，于内、外定子气隙间旋转。转子绕组连接在换向器上，通过电刷引出，其结构如图 7-4 所示。

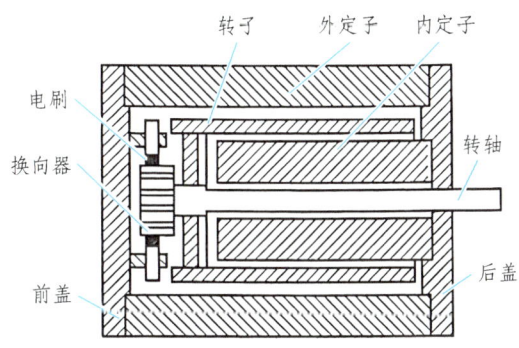

图 7-4　空心杯转子直流伺服电动机的结构

7.1.1.4 无槽转子直流伺服电动机

无槽转子直流伺服电动机（代号 SWC），其转子铁心表面未开设线槽，转子绕组直接排布于铁心表面，并通过环氧树脂与铁心固化为一个整体。该电动机的定子磁场既可由永久磁铁产生，也可通过电磁方式生成。相较于另外两种无铁心转子的电动机，此电动机的转动惯量更大，故而其动态性能相对欠佳。无槽转子直流伺服电动机的结构如图 7-5 所示。

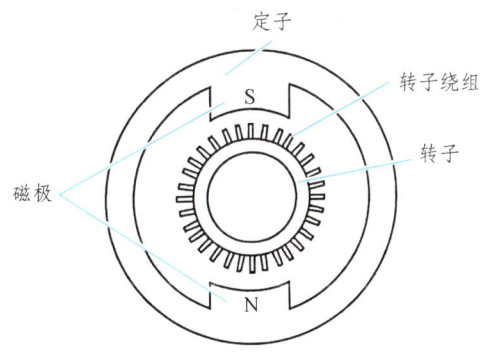

图 7-5　无槽转子直流伺服电动机的结构

7.1.2　交流伺服电动机的构造及工作原理

交流伺服电动机按照转子结构分为交流异步伺服电动机和交流同步伺服电动机。其工作原理与普通交流异步电动机和普通交流同步电动机相近。

7.1.2.1 交流异步伺服电动机

交流异步伺服电动机的结构与单相异步电动机相仿,其定子设有主绕组与辅助绕组。主绕组作为励磁绕组,运行时连接至电源 u_f;辅助绕组充当控制绕组,输入控制电压 u_c。这两种绕组的电源频率相同,相位相差 90°电角度。工作过程中,在气隙内产生旋转磁场,促使转子受力转动。为满足相关性能需求,交流异步伺服电动机的转子通常具备以下三种结构形式。

1. 高电阻导条的笼型转子

这种转子结构与普通笼型转子结构一致,但为降低转子转动惯量,通常设计为细长形状,笼型导条和端环采用高电阻率的黄铜、青铜等导电材料制作。

2. 非磁性空心杯转子

非磁性空心杯转子交流伺服电动机的构造如图 7-6 所示。它由内定子铁心、外定子铁心、空心杯转子、转轴、励磁绕组及控制绕组等部件组成。外定子铁心由硅钢片冲制叠装,槽内布置着空间位置相差 90°电角度的励磁绕组与控制绕组。内定子铁心同样由硅钢片叠成,但其内不设绕组,仅作为主磁通的磁路通道。空心杯转子处于内、外定子铁心之间的气隙中,通过底盘与转轴固定。空心杯采用非磁性的金属铅或铝合金制作,壁厚通常为 0.2~0.8 mm,这赋予了它较大的转子电阻与较小的转动惯量。该结构气隙相对较大,内、外定子铁心间气隙尺寸为 0.5~1.5 mm,致使励磁电流较大,占额定电流的 80%~90%。此类电动机存在功率因数低、效率低的情况,且体积和质量相较于同容量的笼型伺服电动机大很多。在相同体积条件下,杯形转子伺服电动机的起动转矩明显小于笼型。尽管杯形转子大幅减小了转动惯量,但其快速响应性能未必优于笼型。鉴于笼型伺服电动机在低速运行时会出现抖动现象,非磁性空心杯转子交流伺服电动机主要应用于对噪声要求低且需低速平稳运行的系统。

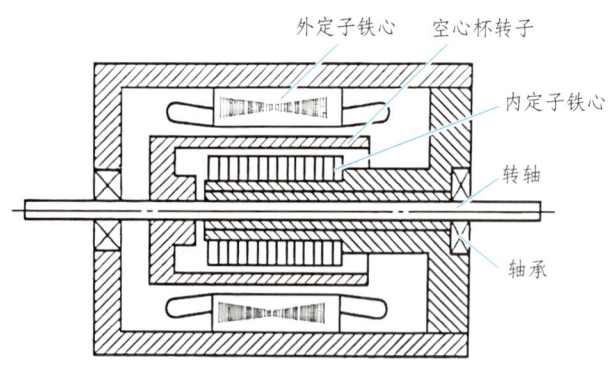

图 7-6 非磁性空心杯转子交流伺服电动机的构造

3. 铁磁性空心杯转子

该转子采用铁磁材料(纯铁)制作。其独特之处在于,转子自身兼具主磁通磁路与转子绕组的双重功能,因此无需内定子铁心。这种电动机结构相对简洁,但为减小转子磁通密度,需适当增加壁厚,这使得其转动惯量比非铁磁性空心转子大不少,响应性能欠佳。尤其是当定子与转子气隙出现些许不均匀时,转子极易受单边磁拉力作用而被"吸附",故而在实际应用中较少采用。

7.1.2.2 交流同步伺服电动机

交流同步伺服电机的转子采用永磁材料,可直接生成励磁磁场,无需借助励磁电流构建电机磁场,故而电磁响应迅速。并且,当下稀土永磁材料具备高能量密度特性,促使此类电机功率密度提升,为进一步设计具备多样特性的伺服电机创造了条件。从动态响应角度,可设计为细长型以实现小转子惯量,也可设计为粗短型来达成大转子惯量。稀土永磁材料的应用,为永磁电机成为伺服电机的首选奠定了基础。

鉴于稀土永磁材料在伺服电机所用材料中价格最为高昂,不同厂家选用材料的差异,致使产品品质呈现出不同层级。优质永磁材料能够在 150 ℃以上的工作温度环境中保持不被退磁,而品质欠佳的永磁材料,在电机工作温度尚未达到 120 ℃时,便可能出现退磁现象。由此可见,永磁材料直接决定了伺服电机的不同特性。

7.1.3 伺服电动机的编码器

编码器是伺服电动机系统中的关键反馈装置,用于检测电动机转子的位置、速度和方向等信息,并将这些信息转化为电信号输出至控制系统。在伺服系统中,编码器的作用至关重要,它不仅能够提供精确的位置反馈,还能通过计算实现速度和加速度的监测,从而确保系统的动态性能和控制精度。根据输出信号的形式和功能特点,伺服电动机的编码器一般分为增量式编码器、绝对值编码器和混合型编码器等。

7.1.3.1 增量式编码器

增量式编码器是将设备运动时的位移信息变成连续的脉冲信号。常见的增量式编码器为光电式,是直接利用光电转换原理输出三组方波脉冲 A 相、B 相和 Z 相,A、B 两组脉冲相位相差 90°（或相互延迟 1/4 周期）,根据延迟关系可以区别正反转：当 B 相和 A 相都是先读到高电平（11）,然后 B 相读到高电平、A 相读到低电平（10）,则为顺时针转；当 B 相和 A 相都是先读到低电平（00）,然后 B 读到高电平、A 读到低电平（10）,则为逆时针转。Z 相为单圈脉冲,即每圈发出一个脉冲,用于基准点定位,如图 7-7 所示。

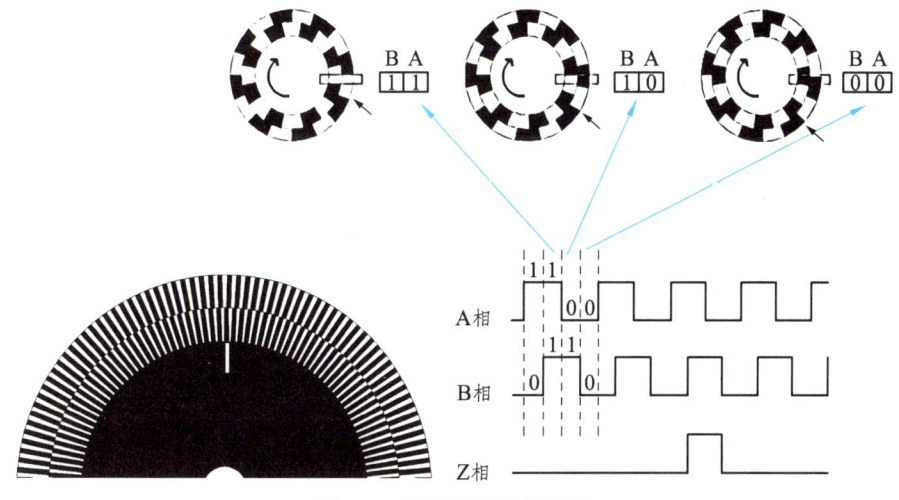

图 7-7 增量式编码器信号

增量式编码依靠旋转产生计数脉冲以表征位移量。在驱动器持续通电时，可通过累计转过的脉冲数量来确定位移量。然而，一旦驱动器断电，若电机发生转动，电机实际位置与驱动器记录位置对应的脉冲数就会出现偏差。因此，通常情况下，驱动器重新上电后，需先估算自身角度与位置，随后等待接收到首圈 Z 脉冲信号，以此信号作为校准依据，进而重新开始计数。这便是增量式编码器于部分场合应用时，需要执行回原操作或开机寻找零点的缘由。

7.1.3.2 绝对值编码器

绝对值编码器是一种直接输出数字量的旋转编码器，其核心特点是能够以绝对方式表示当前的轴位置，即使断电后重新启动，也能立即读取当前位置，无需复位或校准。通过内部的编码盘记录轴的绝对位置信息，每个位置对应唯一的编码值（通常为二进制或格雷码形式）。无论电动机是否运行，编码器都能准确反映当前的机械角度或位置。

绝对值编码器的核心部件是一个带有多个同心环形轨道的编码盘，每个轨道代表一个二进制位，如图 7-8 所示。编码盘上的标记分布按照特定的编码规则（如格雷码）设计，当轴旋转时，光敏元件或磁敏元件检测到编码盘上不同轨道的状态变化，并将其转换为对应的数字信号。

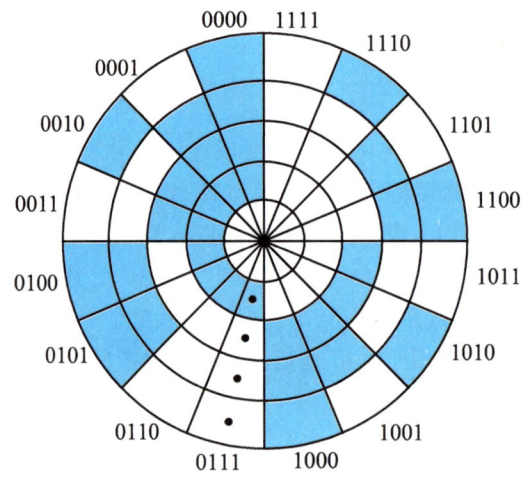

图 7-8 绝对值编码器码盘示意图

二进制编码器的主要缺点是图案变化无规律，在使用中，多位同时变化，易产生误读。经改进后的结构是格莱编码盘，它的特点是每相邻十进制数之间只 1 位二进制码不同。因此，图案的切换只用 1 位数（二进制的位）进行。所以能把误读控制在 1 个数单位之内，提高了可靠性。

绝对值编码器往往具备以下特点：能够提供精确的绝对位置信息，适用于高精度定位场合；即使在断电情况下，也能保存当前的位置信息，无需重新标定；抗干扰能力强，由于直接输出数字信号，受外部干扰的影响较小；能够快速响应位置变化，适合动态性能要求高的伺服系统，不仅可以测量位置，还可以通过软件计算实现速度和加速度的监测。

7.1.3.3 混合型编码器

混合式绝对值编码器的主要工作原理同样为光电转换，其与增量型、绝对型编码器的不同在于输出量不同。混合式绝对值编码器输出的信息有两组，一组信息用于检测磁极位置，带有绝对信息功能；另一组则和增量式编码器的输出信息完全相同。

7.1.4 伺服电动机的抱闸

抱闸装置是机器人电机的基础配置选项。超过 95%的伺服电机需配备抱闸，且需确保抱闸始终处于有效状态，尤其在紧急停车场景下需保障可靠运行。抱闸需具备充足的安全系数，其静扭矩通常为电机额定扭矩的 1.5 倍左右；对于重载型机器人电机，抱闸的安全系数需达到 2.0 甚至 2.5 倍。

需特别注意的是，机器人电机的抱闸属于安全制动器，而非刹车制动器。在控制逻辑上，需确保急停状态下通过制动电阻使伺服驱动器的刹车电路启动，待电机转速接近零值时，抱闸才执行动作。从响应速度角度考量，永磁抱闸的性能优于电磁弹簧抱闸。

抱闸装置的构造及原理请阅读项目三 "3.1.5 三轴" 中 "电机组件" 相关内容。

7.2 控制柜内部结构及部件更换

工业机器人控制柜是工业机器人系统的核心部分，可将控制信号转换成标准工业控制信号输出，控制并驱动机器人运动。

工业机器人控制柜主要实现运动控制、信号处理与反馈、外部设备交互、安全保护等功能，一般由控制模块、驱动模块、I/O（输入/输出）模块、电源模块等组成，具有安全性高、控制精度高、适应性强、联网能力强等诸多特点。

通常，根据电源、过电压类别、污染度、保护等级及通信功能等的不同的要求，配备不同类型的控制柜。如发那科（FANUC）机器人 R-30iB/R-30iBPlus 控制装置有 A-控制柜和 B-控制柜两种；R-30iB Mate/R-30iB Mate Plus 控制装置分标准型和外气导入型。

本书主要以发那科（FANUC）机器人 R-30iB Mate 标准型控制柜为例，其他型号或其他品牌机器人的控制柜请查阅相关维修手册。

7.2.1 控制柜内部结构

7.2.1.1 控制柜内部组成

控制柜的内部组成如图 7-9 ~ 图 7-11 所示。
控制柜内部系统连接如图 7-12 所示。

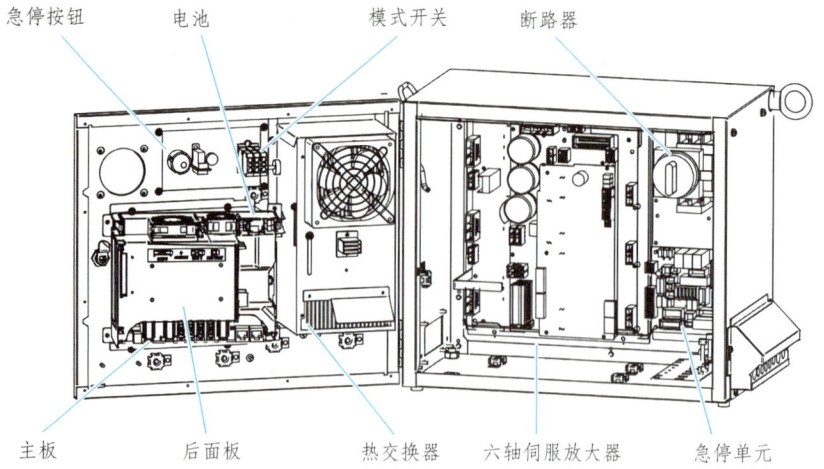

图 7-9　R-30iB Mate 控制柜内部安装图（前面 1）

图 7-10　R-30iB Mate 控制柜内部安装图（前面 2）

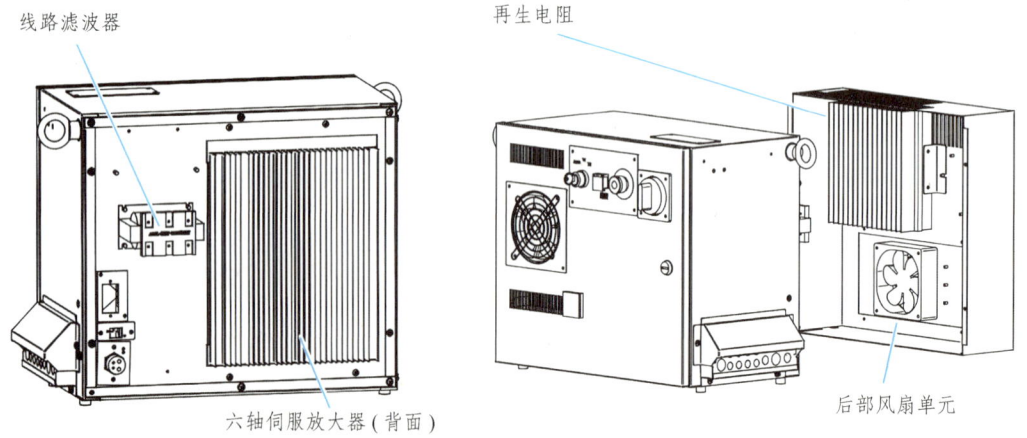

图 7-11　R-30iB Mate 控制柜内部安装图（后面）

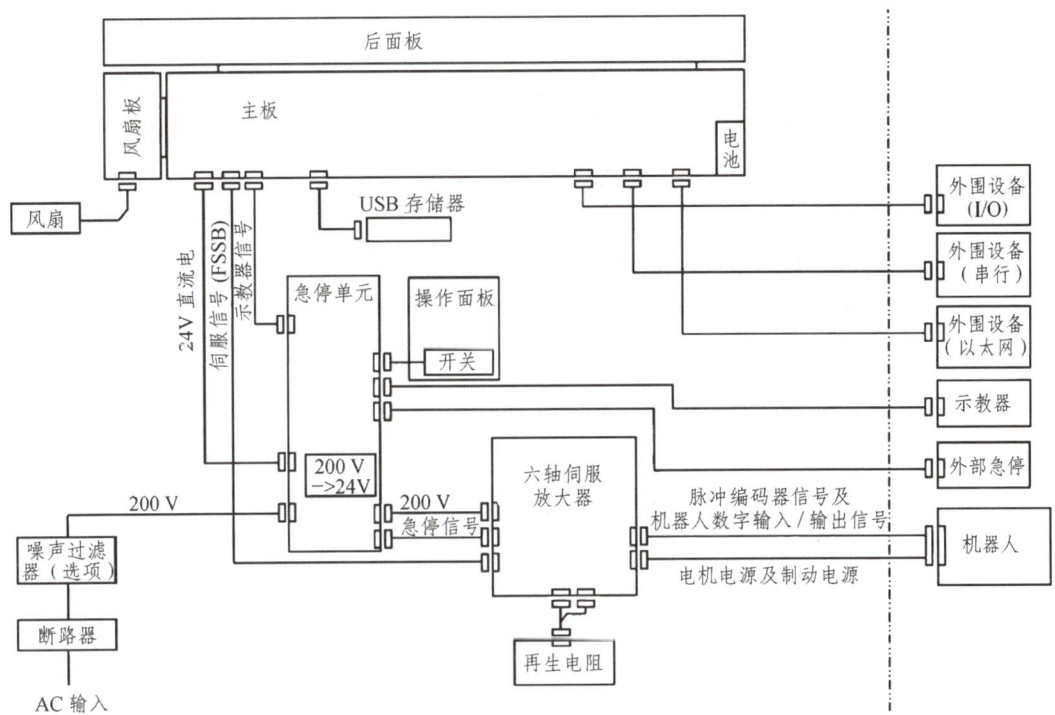

图 7-12　R-30iB Mate 控制柜内部系统连接框图

7.2.1.2　控制柜各部件功能

1. 主板（MAIN BOARD）

主板上安装着微处理器、外围线路、存储器以及操作面板控制线路，如图 7-13 所示。此外，主板还进行伺服系统的位置控制。

图 7-13　R-30iB Mate 控制柜主板

主板上的接口均有编号（见图 7-14），并印刷在 PCB 板相应接口的位置上。

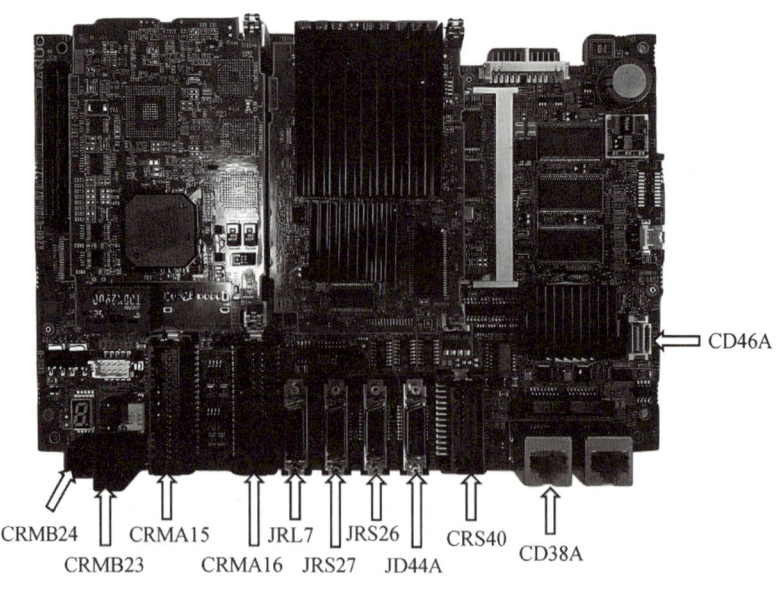

图 7-14 主板接口编号

主板接口说明如表 7-1 所示。

表 7-1 主板接口说明

接口编号	说明
CRMB24	模式开关
CRMB23	面板开关
CRMA15、CRMA16	信号接口
JRL7	视觉接口
JRS27	以太网相机
JRS26	I/O Link 主从模式用的接头
JD44A	增设和安全 I/O 板（A20B-8201-0110）连接用的接头
CRS40	连接急停电路板
CD38A	网口
CD46A	USB 接口
CA130A、CA130B	风扇接口
CA131	电池接口

2. 急停单元（E-STOP UNIT）

该单元控制着机器人的紧急停止系统，同时也包含了与安全相关的信号等端子，如图 7-15 所示。

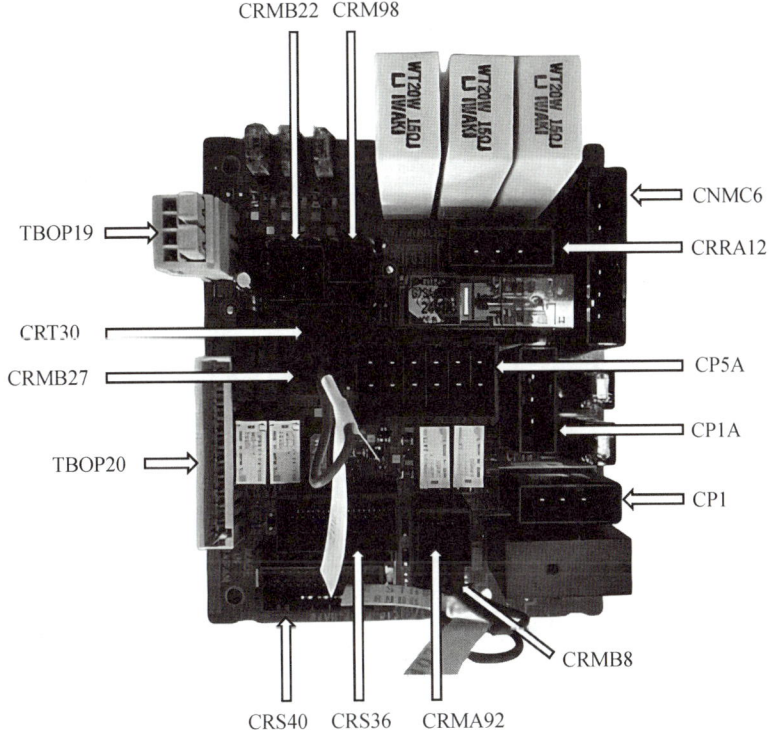

图 7-15　R-30iB Mate 控制柜急停单元

急停单元上的接口均有编号，并印刷在 PCB 板相应接口的位置上。急停单元接口说明如表 7-2 所示。

表 7-2　急停单元接口说明

接口编号	说明
TBOP19	外部电源
TBOP20	外部急停、安全门及急停输出
CRMB22	KM2 线圈电源
CRM98	DEADMAN 开关输出
CNMC6	来自断路器的预充电 AC 220 V 电源及预充电输出
CRRA12	三相电源监控
CP5A	24 V 电源
CP1A	风扇电源
CP1	200 V 交流输入
CRMB8	门开关
CRMA92	与伺服放大器互锁
CRS36	连接示教器
CRS40	连接主板
CRMB27	连接附加轴
CRT30	连接面板急停按钮及 24 V 电源

3. 六轴伺服放大器（6-AXIS SERVO AMPLIFIER）

伺服放大器控制着伺服马达的电源、脉冲编码器、制动控制、超行程以及手制动。

发那科（FANUC）机器人 R-30iB Mate 控制柜的六轴伺服放大器由三层电路板组合而成（见图 7-16），整块伺服放大器用螺钉连接在一块巨大的铝制散热板上，以加强对电路板的散热。

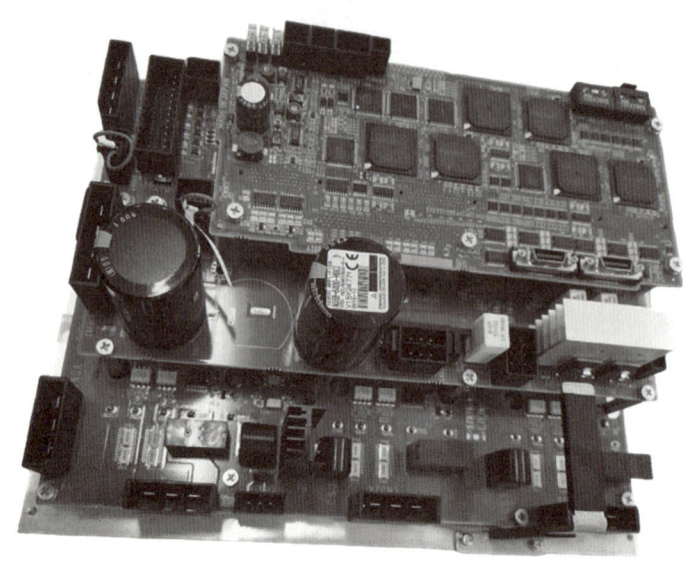

图 7-16　R-30iB Mate 控制柜六轴伺服放大器

第一层电路板及接口编号如图 7-17 所示。

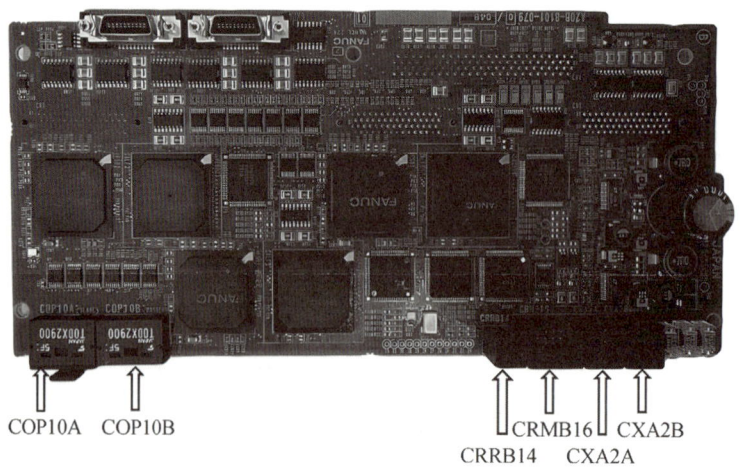

图 7-17　六轴伺服放大器第一层

第一层电路板接口说明如表 7-3 所示。

表 7-3 第一层电路板接口说明

接口编号	说明
COP10A	给可用的附加伺服放大器的输出信号
COP10B	从轴控制卡到 6 通道放大器的输入信号
CXA2A	附加轴放大器用+24 V 电源（提供），而且附加轴放大器用于通信
CXA2B	+24 V 电源输入用，而且如果有 ALPHA-iPS（电源回生 OP 功能）可用于 PS 通信
CRRB14	三相输入或单相电源输入设定用的接头
CRMB16	STO 功能用

第二层电路板及接口编号如图 7-18 所示。

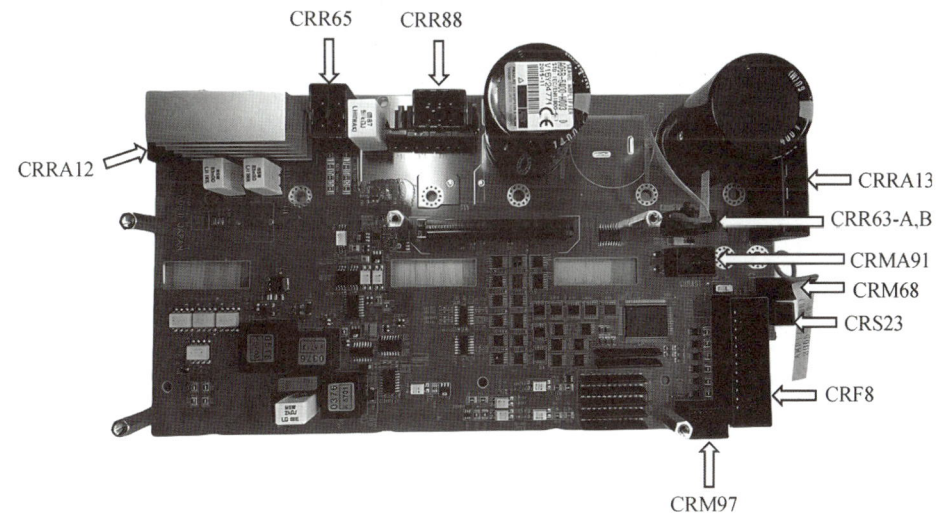

图 7-18 六轴伺服放大器第二层

第二层电路板接口说明如表 7-4 所示。

表 7-4 第二层电路板接口说明

接口编号	说明
CRR88	J1～J6 轴电机制动
CRR65	辅助轴的电机制动
CRRA13	辅助轴的直流连接
CRR63-A，B	再生电阻中的热控开关
CRM68	辅助轴超程信号
CRS23	FANUC 诊断测试，并不是面向用户的连接件
CRF8	SPC 反馈：RDI/RDO (EE)，ROT，HBK

续表

接口编号	说明
CRMA91	控制器—6轴放大器间的通信用
CRRA12	三相电源监控
CRM97	附加轴信号

第三层电路板及接口编号如图7-19所示。

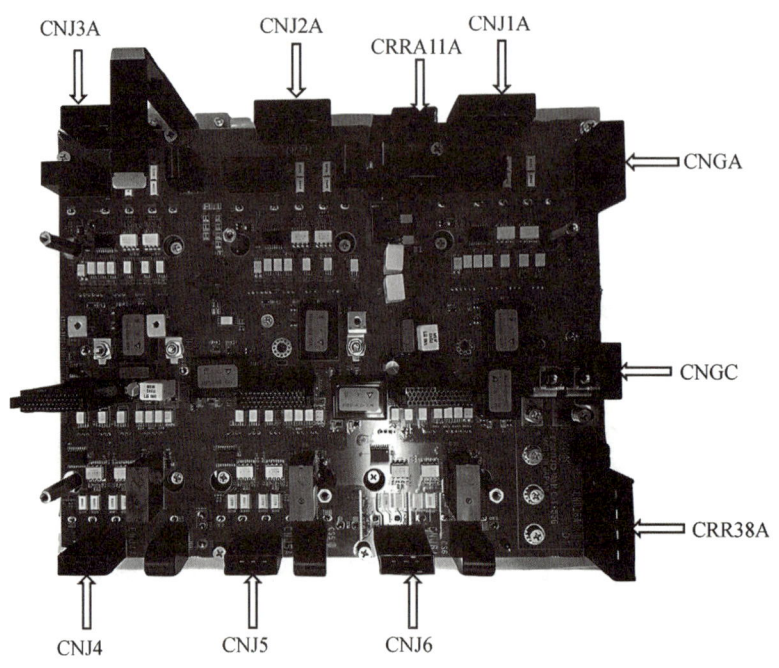

图7-19　六轴伺服放大器第三层

第三层电路板接口说明如表7-5所示。

表7-5　第三层电路板接口说明

接口编号	说明
CRR38A&B	220 V交流电，三相的主伺服电源
CNJ1~CNJ6	电机电源
CNGA、CNGC	电机电源的接地
CRRA11A&B	再生电阻

伺服放大器上设置有跳线开关，如图7-20所示，可以通过拨动开关到相应位置来设置机器人数字输入（RI）的公共电压：当拨到A侧时，公共电压为+24 V；当拨到B侧时，公共电压为0 V。

项目七 工业机器人电气维护

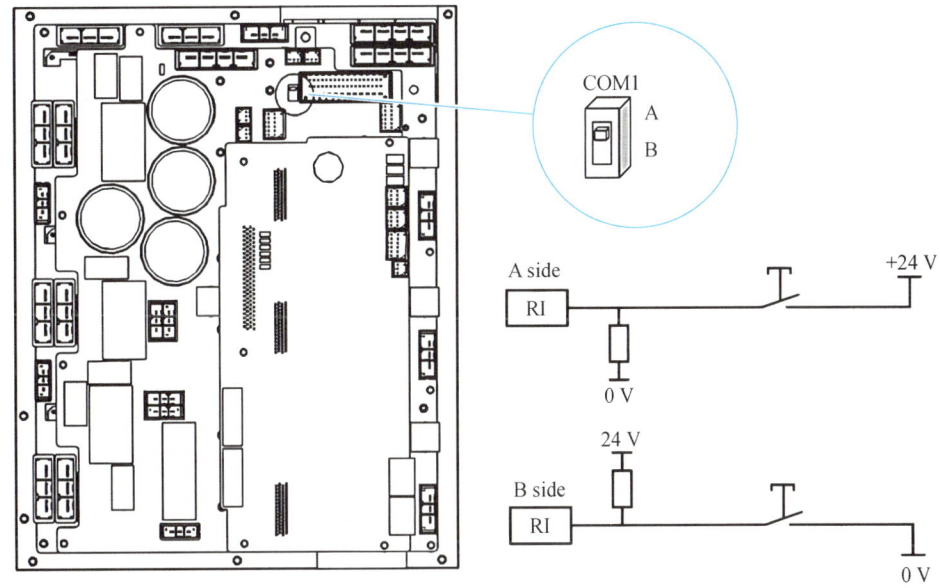

图 7-20 跳线开关及设置

4. 后面板（Backplane Board）

后面板安装有各类控制板，如图 7-21 所示。

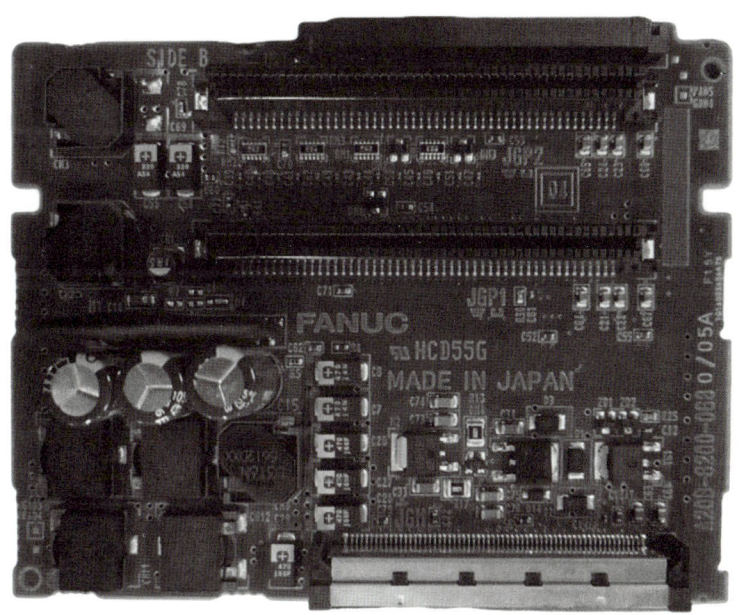

图 7-21 后面板

5. 电源单元（PSU）

电源供给单元将 AC（交流）电源转换成不同大小的 DC（直流）电源，如图 7-22 所示。

153

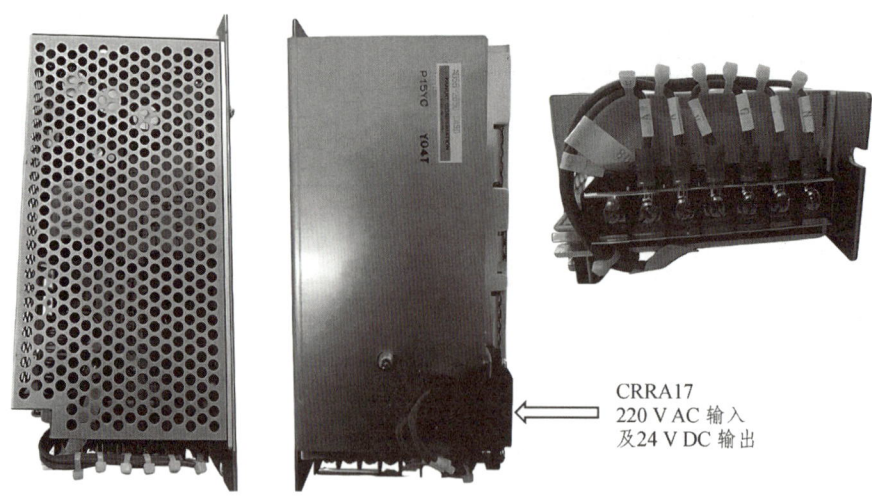

图 7-22 电源单元

6. 操作面板（OPERATOR'S PANEL）

操作面板上的按钮盒二极管用来启动机器人，以及显示机器人状态。

7. 风扇单元（FAN UNITS）、热交换器（HEAT EXCHANGER）

风扇单元及热交换器这些设备为控制单元内部降温。

8. 断路器（BREAKER）

如果控制柜内的电子系统故障，或者非正常输入电源造成系统内的高电流，则断路器断开输入电源，以保护设备。

9. 再生电阻（REGENERATIVE RESISTOR）

为了释放伺服电机的逆向电场强度，可在伺服放大器上接一个再生电阻器。

10. I/O 处理板（I/O BOARD）

使用该部件后，可以选择多种不同的输入/输出类型。这些输入/输出连接到 FANUC 输入/输出连接器。

11. 示教器（TEACH PENDANT）

包括机器人编程在内的所有操作都能由该设备完成。控制柜状态和数据都显示在示教器的液晶显示器（LCD）上。

7.2.2 部件的更换

在开始更换设备之前，请关闭控制器主电源。同时，保持控制器所在区域内的所有机器处于关闭状态。否则，可能会造成人员受伤或设备损坏。

控制器内的部件会发热,需小心处理。当需要接触发热部件时,必须准备好隔热手套等防护用品。

拆卸印刷电路板时,请勿用手触摸半导体器件,也不要让它们接触其他部件。如果更换背板、电源装置或主板(包括卡和模块),机器人参数和示教数据可能会丢失。在开始更换这些部件之前,将机器人参数和示教数据保存到外部存储设备进行备份。

1. 更换后面板及塑料外壳(见图 7-23)

(1)拧下固定外壳的 2 颗螺丝。(如果选装板连接有电缆,需先拔下电缆。)

(2)松开外壳两侧上部与金属底板相连的卡扣,然后将外壳拉出。此时可以连同安装在外壳内的后面板、风扇和电池一起将外壳拉出。

(3)用新的后面板单元进行更换。

(4)确认外壳的螺丝孔位和卡扣位置正确,然后缓慢安装外壳。安装外壳时,安装在外壳内的后面板会通过连接器与主板相连。安装外壳时,要检查连接器是否正确连接,注意不要用力过猛。

(5)确认外壳已牢固扣合后,拧紧外壳的 2 颗螺丝。轻轻按压风扇和电池,确保连接器连接牢固。(如果选装板的电缆已拆卸,重新连接电缆。)

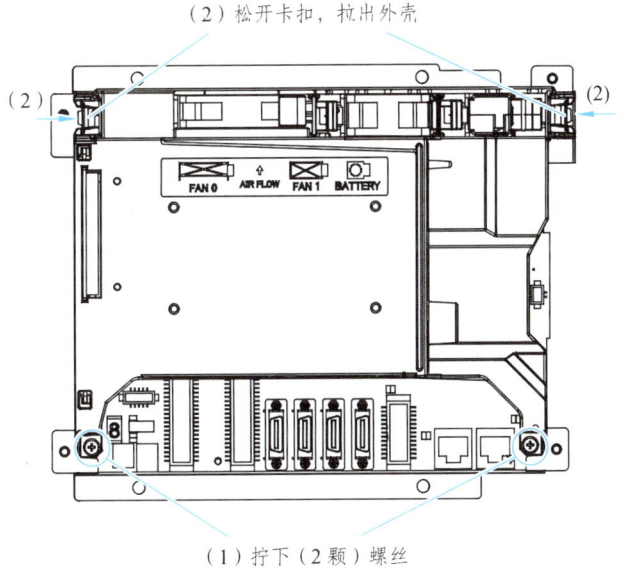

图 7-23 后面板拆卸示意图

2. 更换主板(见图 7-24)

(1)拆卸外壳。

(2)从主板的连接器上拔下电缆,拧下固定主板的 3 颗螺丝。主板和风扇板通过连接器 CA132 直接相连。向下滑动主板,将其卸下。

(3)用新的主板进行更换。

(4)安装外壳。

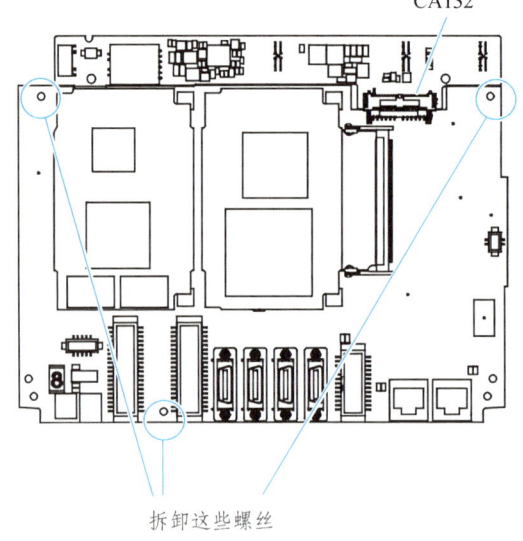

图 7-24 主板拆卸示意图

3. 更换 CPU 及轴控制卡

（1）取下旧 CPU 板：将固定板子的卡扣往外推，如图 7-25 所示。

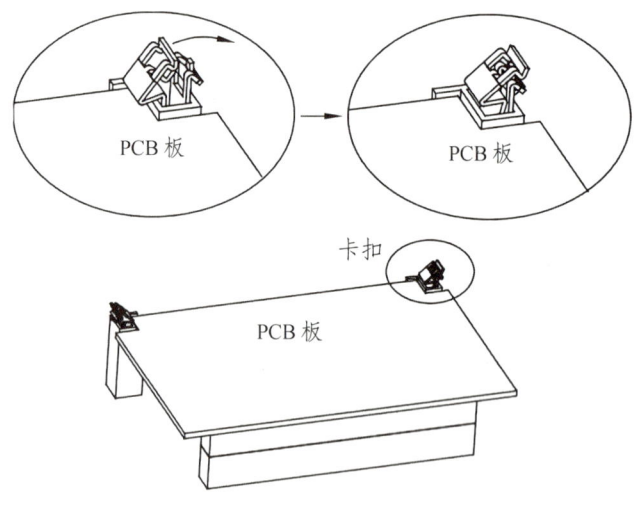

图 7-25 取下旧 CPU 板

（2）将手指放到板子后面，沿着箭头方向轻轻地拔出（另外一个手握住主板）。

（3）当板子一侧轻微被拔起后，轻轻将板子推回去直到与主板平行，然后握住板子两侧将板子拔起，如图 7-26 所示。

（4）更换安装新 CPU 板：确认固定板子的卡扣都被往外推出，将板子放到指定的插入位置（注意孔和凸出块的匹配），如图 7-27 所示。

（5）用手轻轻往下按板子，如果在下压过程中感觉阻力很大，检查插入位置是否对准，然后重新尝试下压板子，如图 7-28 所示。

项目七 工业机器人电气维护

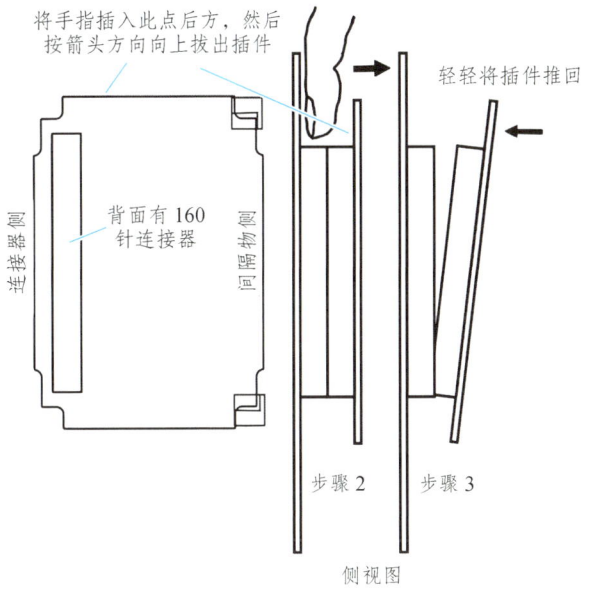

图 7-26 将板子拔起

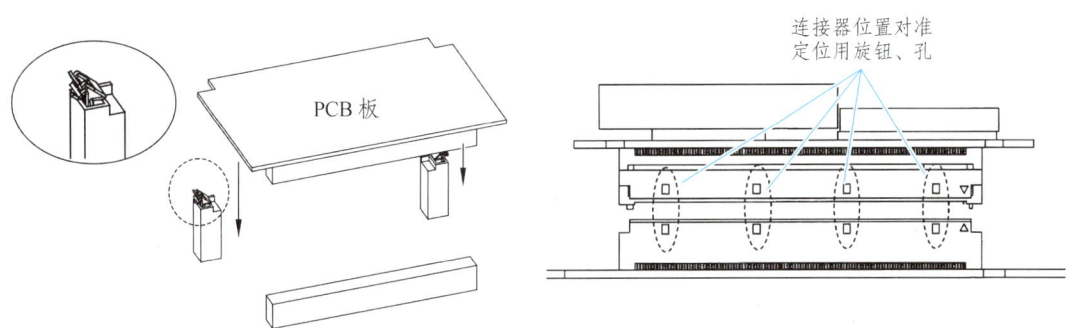

图 7-27 安装新 CPU 板

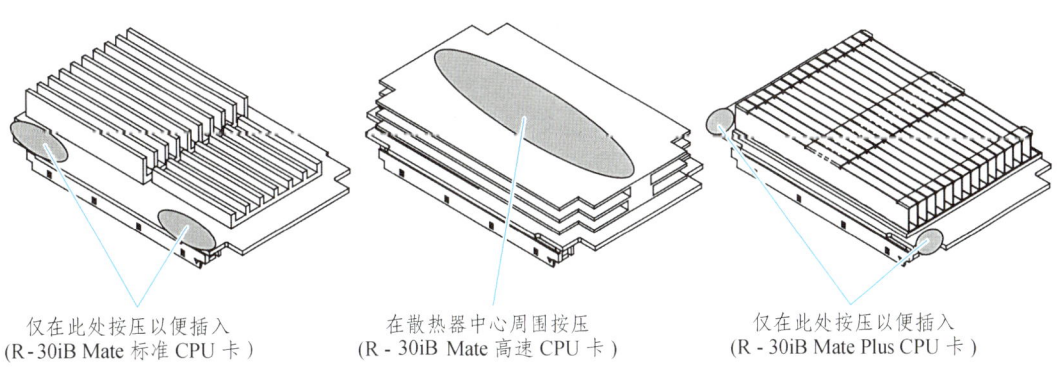

图 7-28 下压板子

157

（6）将固定板子的卡扣往里推，如图 7-29 所示。

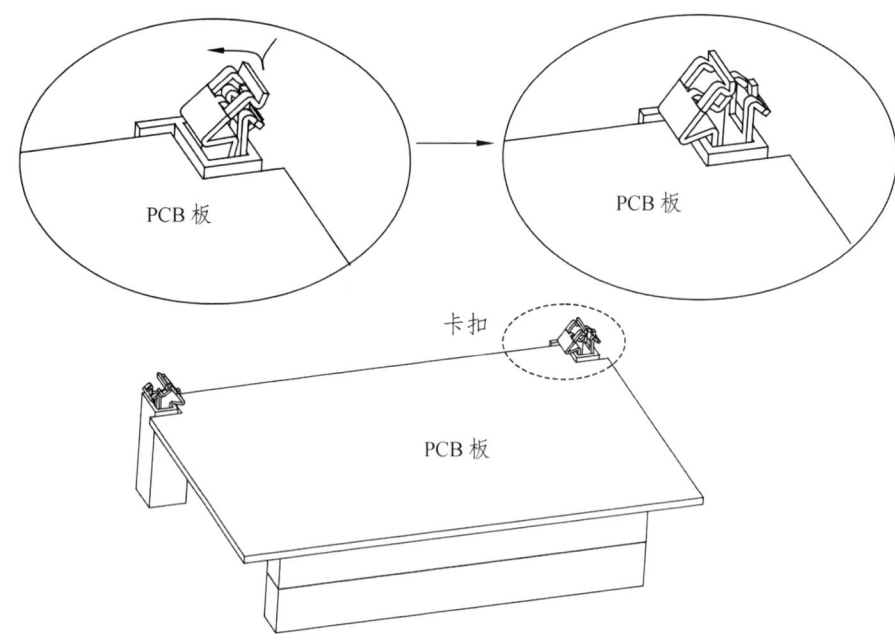

图 7-29　往里推卡扣

4. 更换存储卡

（1）往外推固定存储卡的夹子，使存储卡自动上翘 30°。

（2）沿着 30°方向拔除存储卡，如图 7-30 所示

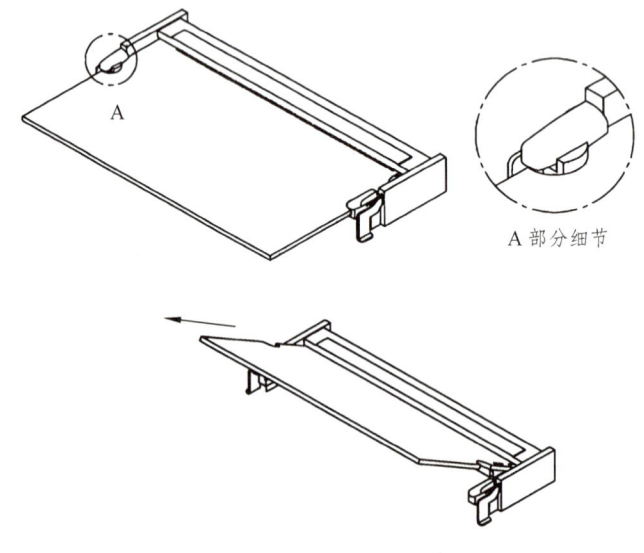

图 7-30　拔除存储卡

（3）按照拔除存储卡的 30°方向插入存储卡（注意：B 面朝上），下压存储卡使之固定，如图 7-31 所示。

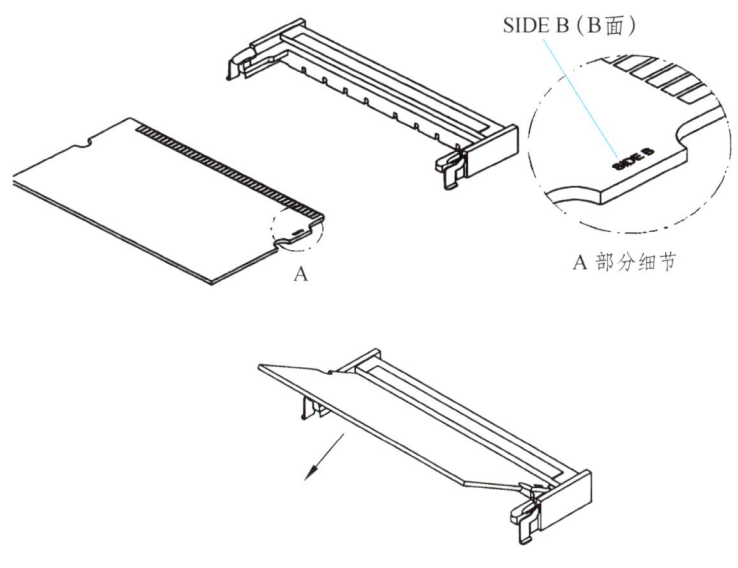

图 7-31 插入存储卡

5. 更换急停单元（见图 7-32）

（1）拆下连接在急停单元上的电缆。
（2）拆除固定急停单元的螺钉（4 个小型螺钉、2 个中/大型螺钉），更换急停单元。
（3）按照原样装回拆除的电缆。

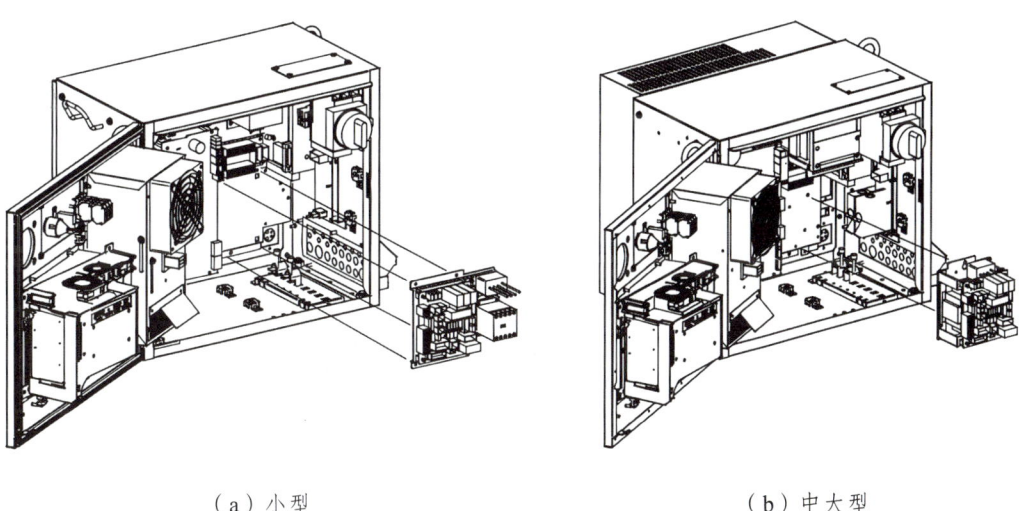

（a）小型　　　　　　　　　　　　　（b）中大型

图 7-32 急停单元

6. 更换六轴伺服放大器（见图 7-33、图 7-34）

（1）使用 DC 电压测试仪确认位于 LED（发光二极管）指示灯"V4"右侧螺杆上的剩余电压不超过 50 V。

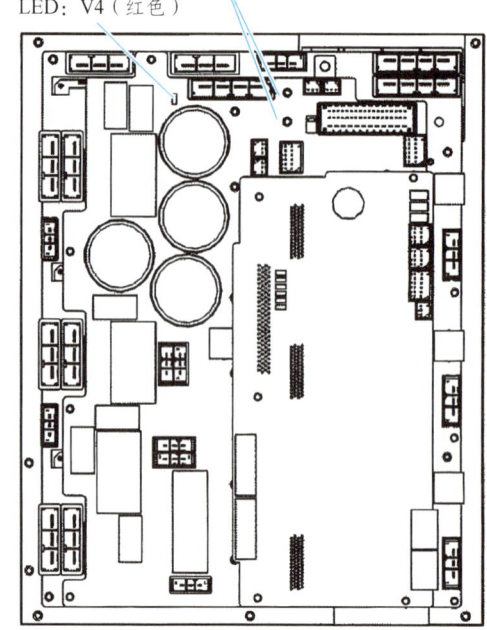

图 7-33 确认电压

（2）拆除连接在六轴伺服放大器上的电缆。
（3）拧下固定着伺服放大器的螺钉（2个）。
（4）拿住位于伺服放大器上下的把手，拆除伺服放大器。
（5）按照与（2）~（4）相反的步骤，安装更换的伺服放大器。

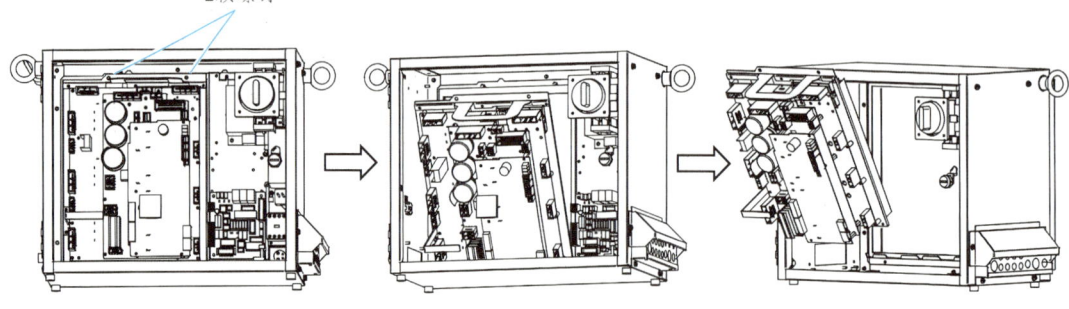

图 7-34 拆除伺服放大器

7. 更换电源单元（见图 7-35）

（1）拆除连接在电缆连接用连接器上的电缆。
（2）拧下螺钉（2个），拆除电源单元。
（3）按照与步骤（1）、（2）相反的步骤，安装更换的电源单元。

项目七 工业机器人电气维护

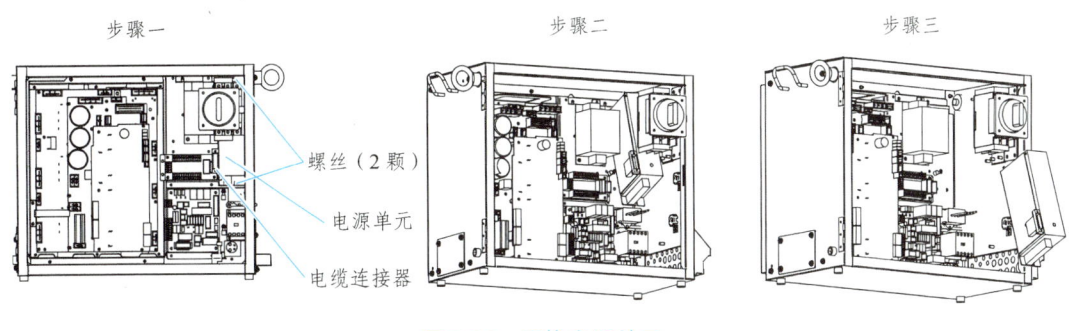

图 7-35 更换电源单元

8. 更换再生电阻（见图 7-36）

（1）拧下固定机柜后板的 4 颗螺丝，然后取走后板。
（2）拔下 6 轴伺服放大器上的 CRR63 和 CRR11 连接器。
（3）拧下再生电阻单元上的 4 颗螺丝，然后将其取出。
（4）按照上述步骤的相反顺序安装更换单元。

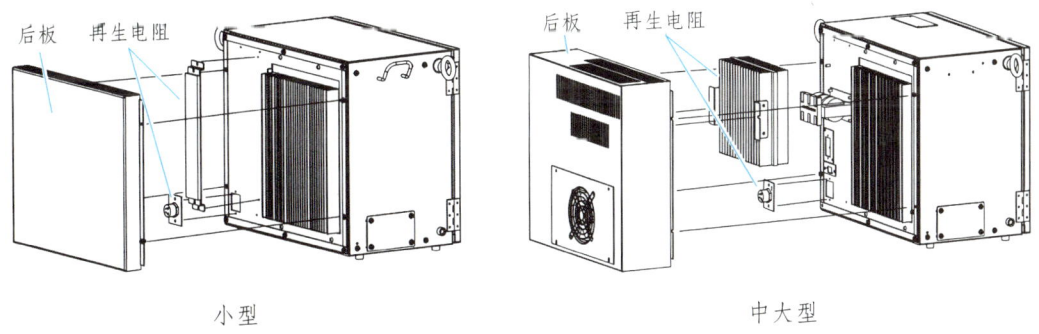

图 7-36 更换再生电阻

7.3 系统备份与加载

首先解释备份与加载的含义。备份（BACKUP），顾名思义就是从机器人控制器中拷贝或者复制内容到外部存储设备中，外部存储设备可以是 U 盘、计算机、存储卡等。加载（LOAD），是通过将外部存储设备中提前备份好的文件、程序或者系统镜像装载进机器人控制器中。

下面以发那科（FANUC）机器人 R-30iB 控制柜为例，介绍系统的备份与加载，其他型号或品牌的机器人请查阅相关维修手册。

7.3.1 备份与加载基本概述

7.3.1.1 文件的备份和加载设备

1. R-30iB 控制柜可以使用的备份/加载设备

（1）Memory Card（MC 卡）。

161

（2）USB。

（3）计算机。

2. 其他存储设备

（1）软盘。

（2）FLASH 文件存储盘（FR：）。

（3）RAM 盘（RD：）。

（4）PCMCIA-ATA Type II闪存盘。

（5）内存设备（MD：）。

（6）MF 设备（MF：）。

（7）CMOS SRAM 存储卡。

（8）备份内存设备（MDB：）。

（9）以太网设备（可选的）。

7.3.1.2 程序与文件

1. 程序运行过程（见图 7-37）

在机器人系统上电或复位时，引导只读存储器 BOOT ROM 中的代码首先被执行，它会进行基本的硬件初始化工作，并引导加载程序。

机器人的操作系统、核心控制程序等重要基础软件都存储在 FROM 中，保障机器人每次启动都能从稳定的程序源开始运行。FROM 是非易失性存储器，断电后数据不会丢失。

机器人启动后，其运行的各种控制程序、正在处理的工作任务数据等会加载到 DRAM 中并在此执行。DRAM 属于易失性存储器，即断电后其存储内容会丢失。

机器人示教过程中编写的程序及系统变量数据，会存储在 CMOS 对应的区域，运行后可被调用和执行。CMOS 内部数据由主板电池来保持，当主板电池没电或被拔出一定的时间后，将会造成 CMOS 数据的丢失。

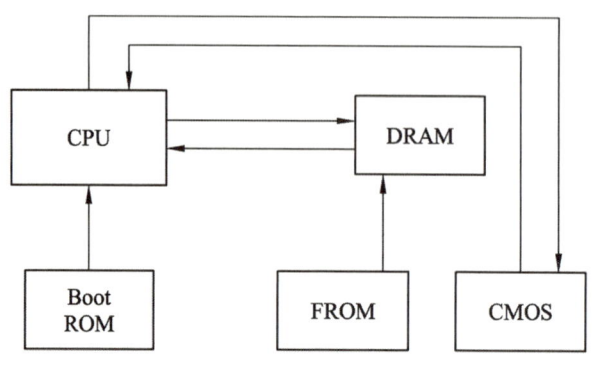

图 7-37　程序运行框图

2. 文件类型

文件是数据在机器人控制柜存储器内的存储单元。控制柜主要使用的文件类型有：

（1）程序文件（*.TP）。

(2)默认的逻辑文件(*.DF)。

(3)系统文件(*.SV),用于保存系统设置。

(4)I/O 配置文件(*.I/O),用于保存 I/O 配置。

(5)数据文件(*.VR),用于保存诸如寄存器数据。

1)程序文件

程序文件被自动存储于控制柜的 CMOS 中,通过 TP 上 SELECT 键可以显示程序文件目录。一个程序文件包括以下信息:

Comment	显示注释
Write protection	显示写保护状态
Modification date	显示最后一次编辑的时间
Program Size	显示程序大小
Copy source	显示拷贝来源

2)默认的逻辑文件

默认的逻辑文件包括在程序编辑界面中,各个功能键(F1~F4)所对应的默认逻辑结构的设置如下:

DEF__MOTNO.DF	F1 键
DF_LOGI1.DF	F2 键
DF__LOGI2.DF	F3 键
DF__LOGI3.DF	F4 键

3)系统文件

SYSVARS.SV	用于保存坐标、参考点关节运动范围、抱闸控制等相关变量的设置
SYSSERVO.SV	用于保存伺服参数
SYSMAST.SV	用于保存 Mastering 数据
SYSMACRO.SV	用于保存宏命令设置
FRAMEVAR.SV	用于保存坐标参考点的设置

4)数据文件

NUNREG.VR	用于保存寄存器数据
I 1 POSREG.VR	用于保存位置寄存器数据
PALREG.VR	用于保存码垛寄存器数据
DIOCFGSV.IO	用于保存 I/O 配置数据

3. 备份/加载方法

备份/加载有两大类型:第一类,文件的备份/加载;第二类,Image 的备份/加载。Image 的备份/加载也称为镜像备份与加载,类似于计算机操作系统的系统镜像备份和还原,即将所有系统参数完整备份,在实际生产中常用于机器人发生故障时,例如系统损坏,通过系统还原快速恢复生产。

备份/加载可在三种模式下进行,但每个模式下可进行操作的内容不同,应根据实际需要选择相应的模式进行操作。三种备份/加载方法的比较如表 7-6 所示。

表 7-6　三种备份/加载方法的比较

备份/加载方法	备份	加载
一般模式	1. 文件的一种类型或全部备份（Backup）； 2. Image 备份（R-J3iC/R-30iAR-30iB）	单个文件加载（load） 注： 1. 写保护文件不能被加载； 2. 处于编辑状态的文件不能被加载； 3. 部分系统文件不能被加载
控制启动（Cotrolled Start）模式	1. 文件的一种类型或全部备份（Backup）； 2. Image 备份（R-J3IC/R-30iAR-30iB）	1. 单个文件加载（load）； 2. 一种类型或全部文件加载（Restore）。 注： 1. 写保护文件不能被加载； 2. 处于编辑状态的文件不能被加载
Boot Monitor 模式	文件及应用系统的备份（Image Backup）	文件及应用系统的加载（Image Restore）

7.3.2　备份与加载操作

7.3.2.1　备份/加载的前期准备工作

如果采用的存储设备是第一次使用，请按照以下两个步骤操作：第一步，格式化存储设备。这个步骤非常重要，如果不进行格式化操作，存储设备原有的一些文件可能会影响备份与加载的安全性。第二步，建立文件夹目录。在存储设备上建立文件夹，方便后续查找和分类。

1. 选择备份/加载的设备（以选择 Memory Card 为例）

（1）按[MENU]（菜单）→ 7[FILE]（文件）→ F5 [UTIL]（功能），显示界面如图 7-38 所示。

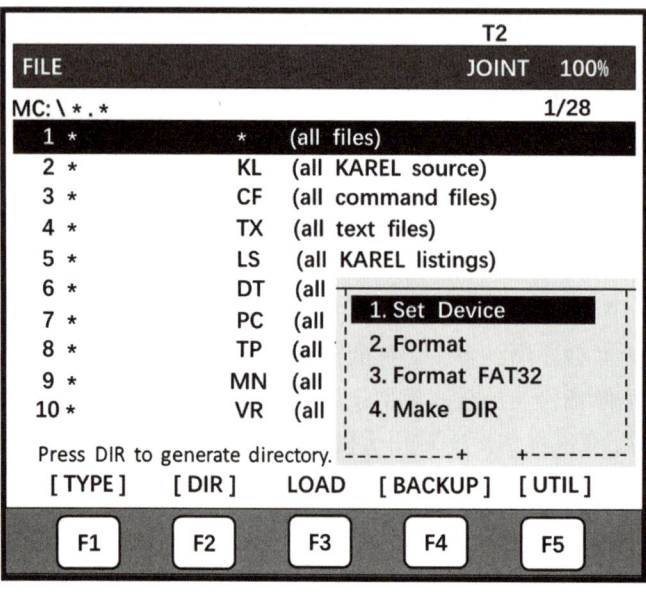

图 7-38　显示界面

（2）移动光标，选择[Set Device]（设定存储设备），按[ENTER]（回车键）确认，显示界面如图 7-39 所示。

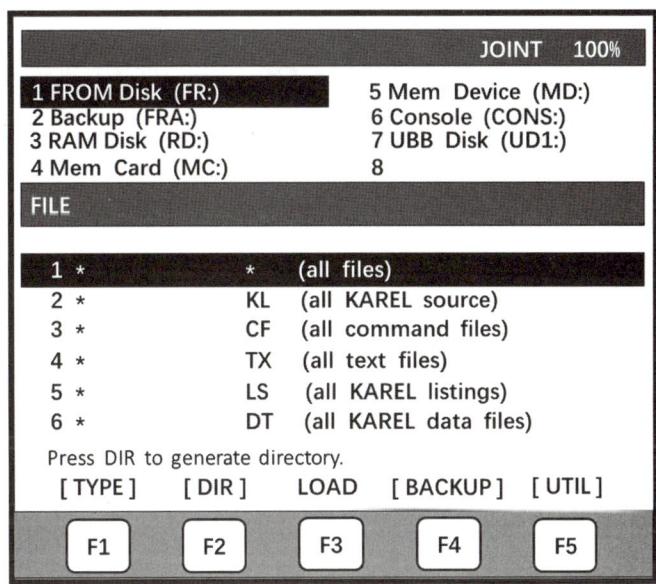

图 7-39 设定存储设备

（3）选择存储设备类型，如 Mem Card（MC），按[ENTER]（回车健）确认，如图 7-40 所示。

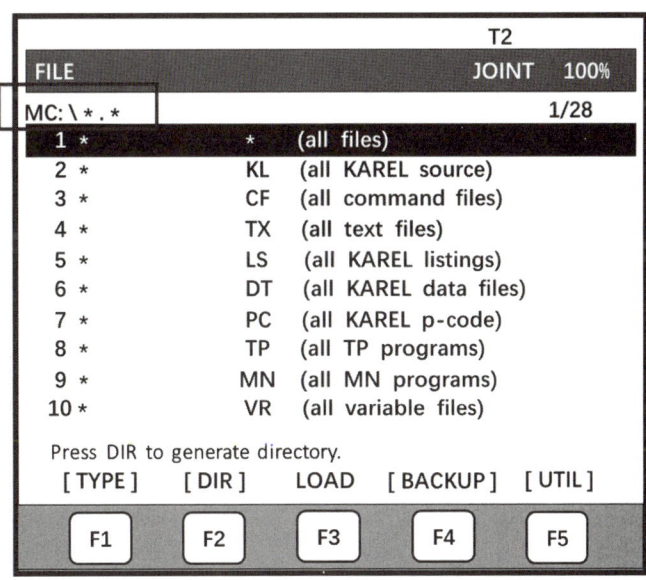

图 7-40 选择 Mem Card

2. 格式化存储卡（以选择 Memory Card 为例）

（1）按"选择备份/加载的设备"的步骤选择设备为 MC，然后再次按 F5 [UTIL]（功能），显示界面如图 7-38 所示。

（2）移动光标，选择[Fomat]（格式化），按[ENTER]（回车键）确认，显示界面如图7-41所示。

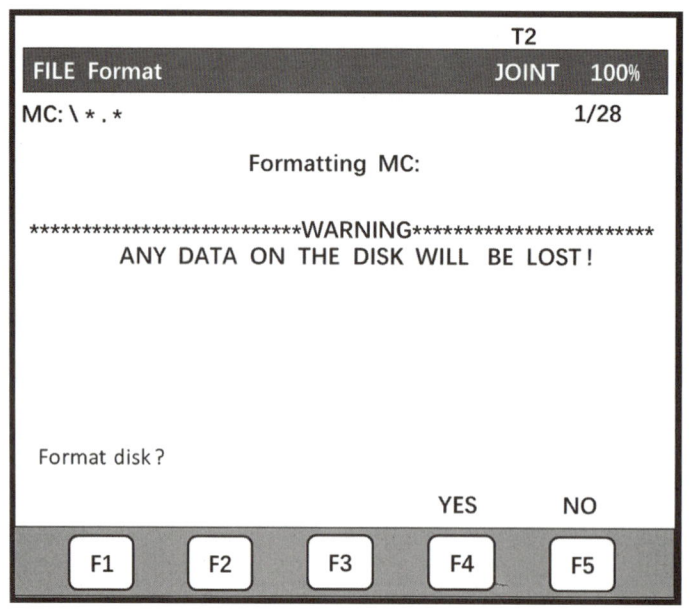

图7-41　选择[Fomat]（格式化）

（3）按F4[YES]（是）确认格式化，显示如图7-42所示界面，此时提示"Enter volume label："（请输入磁片名称）。

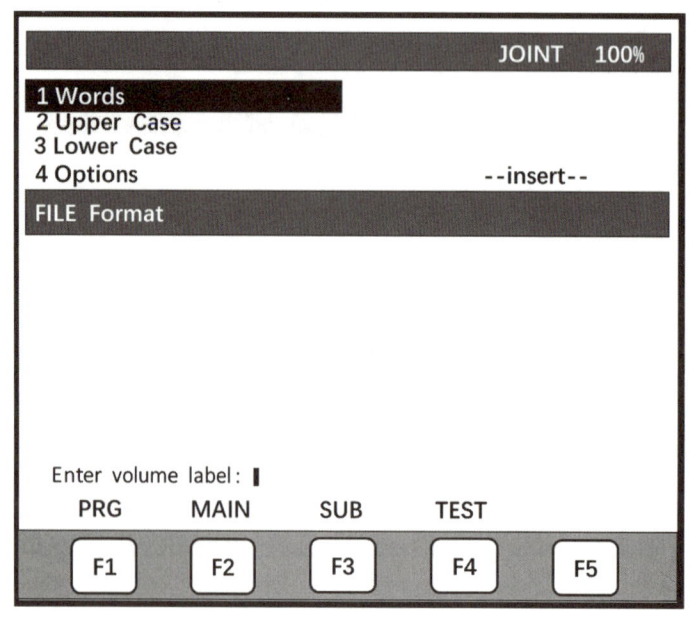

图7-42　确认格式化

（4）移动光标，选择输入类型，用F1～F5输入卷标，或直接按[ENTER]（回车键）确认，完成格式化工作。

3. 建立文件夹（以选择 Memory Card 为例）

（1）按"选择备份/加载的设备"的步骤选择设备为 MC，然后再次按 F5 [UTIL]（功能），显示界面如图 7-38 所示。

（2）移动光标，选择[Make DIR]（制作目录），按[ENTER]（回车键）确认，显示如图 7-43 所示界面。

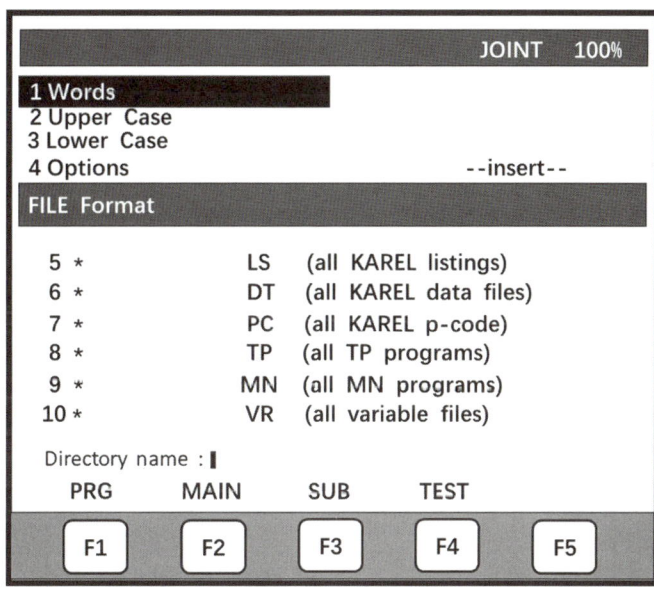

图 7-43　选择[Make DIR]（制作目录）后显示

（3）移动光标选择输入类型，用 F1～F5 或数字键输入文件夹名（Eg：TEST1），按[ENTER]（回车键）确认，如图 7-44 所示。

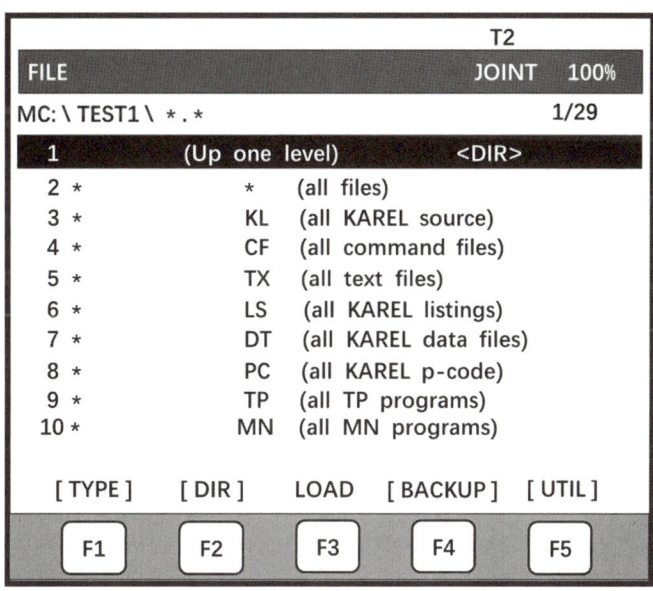

图 7-44　输入文件名后显示

7.3.2.2 备份/加载的操作步骤

1. 一般模式下备份/加载的操作步骤

1）文件备份

（1）依次按键操作：[MENU]（菜单）→ 7 [FILE]（文件）→ [ENTER] → F5 [UTIL]（功能），选择[Set Device]（设定存储设备），选择存储设备类型，如 Mem Card（MC），按[ENTER]（回车键），确认当前的外部存储设备（如 MC 卡），如图 7-40 所示。

（2）按 F4 [BACKUP]（备份），出现如图 7-45 所示界面。可以选择所需要的文件类型或全部文件进行备份。

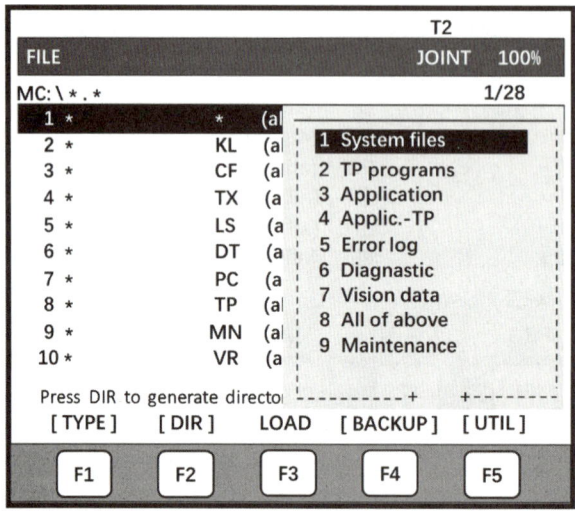

图 7-45 显示界面

① 如果选择[TP programs]（TP 程序），步骤如下：

a. 选择[TP programs]（TP 程序），按[ENTER]（回车键）确认，如图 7-46 所示。

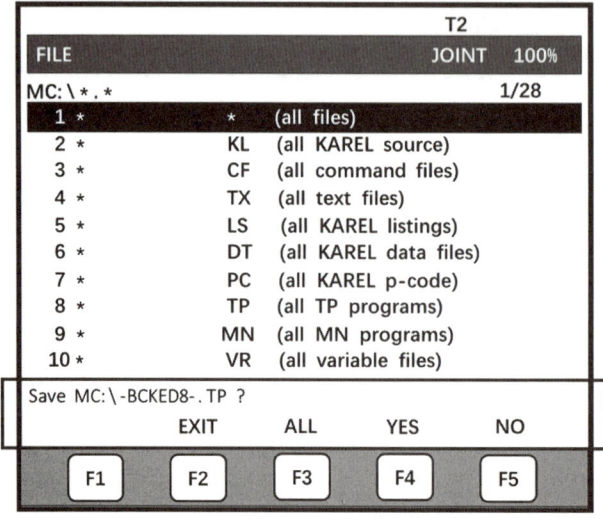

图 7-46 选择[TP programs]（TP 程序）

b. 根据需要选择合适的项。

F2 是退出备份。

F3 是备份所有 TP 程序。

F4 是备份当前显示的程序。

F5 是不备份当前显示程序，会自动跳至下一条程序。

c. 如果 Mem Card 中有同名文件存在，则会显示如图 7-47 所示界面。

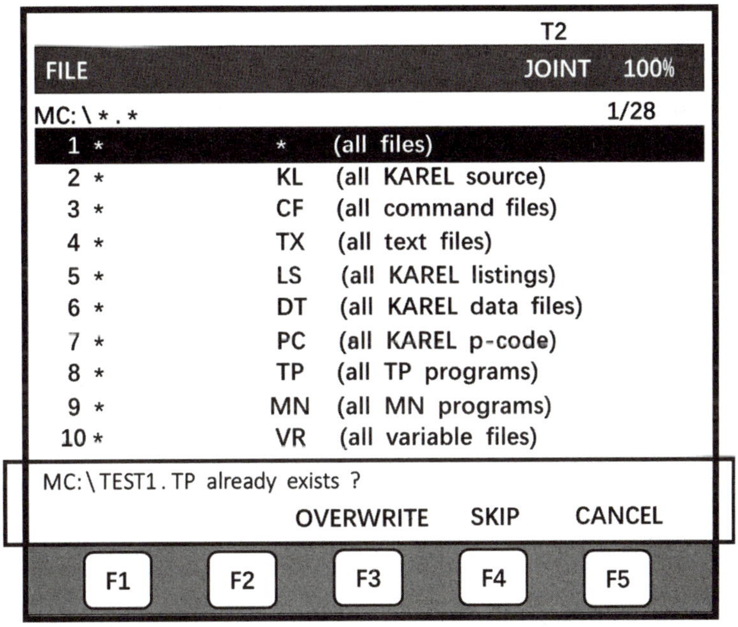

图 7-47　出现同名文件

d. 根据需要选择合适的项。

OVERWRITE：覆盖当前程序。

SKIP：跳过当前程序。

CANCEL：取消当前备份，退出画面，进入步骤 e。

e. 备份完毕，回到图 7-40 所示界面。

② 如果选择 [All of above]（所有的），步骤如下：

a. 选择 [All of above]（所有的），按 [ENTER]（回车键）确认，屏幕中出现以下内容"Delete MC:\ before backup files ?"（删除 MC：\然后备份文件吗？），如图 7-48 所示。

F4 [YES]（执行）：确认。

F5 [NO]（取消）：取消操作。

b. 按 F4 [YES]（执行），屏幕中出现以下内容"Delete MC:\ and backup all files?"（删除 MC：\然后备份文件吗？），如图 7-49 所示。

F4 [YES]（执行）：确认。

F5 [NO]（取消）：取消操作。

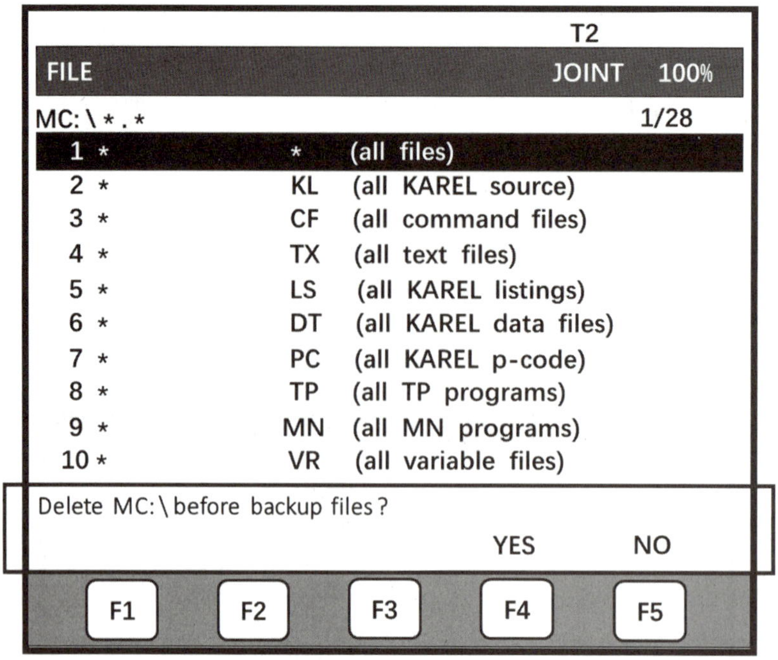

```
                                    T2
    FILE                    JOINT   100%
    MC:\*.*                         1/28
    1  *          *    (all files)
    2  *          KL   (all KAREL source)
    3  *          CF   (all command files)
    4  *          TX   (all text files)
    5  *          LS   (all KAREL listings)
    6  *          DT   (all KAREL data files)
    7  *          PC   (all KAREL p-code)
    8  *          TP   (all TP programs)
    9  *          MN   (all MN programs)
    10 *          VR   (all variable files)
    Delete MC:\ before backup files?
                              YES       NO
    [F1]   [F2]   [F3]   [F4]   [F5]
```

图 7-48 选择[All of above]（所有的）

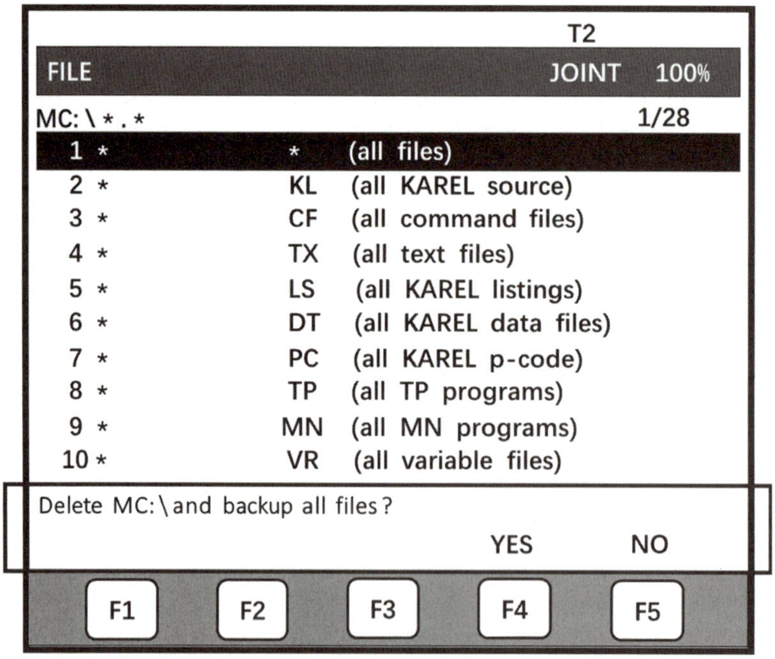

```
                                    T2
    FILE                    JOINT   100%
    MC:\*.*                         1/28
    1  *          *    (all files)
    2  *          KL   (all KAREL source)
    3  *          CF   (all command files)
    4  *          TX   (all text files)
    5  *          LS   (all KAREL listings)
    6  *          DT   (all KAREL data files)
    7  *          PC   (all KAREL p-code)
    8  *          TP   (all TP programs)
    9  *          MN   (all MN programs)
    10 *          VR   (all variable files)
    Delete MC:\ and backup all files?
                              YES       NO
    [F1]   [F2]   [F3]   [F4]   [F5]
```

图 7-49 确认删除 MC

c. 按 F4 [YES]（执行），开始删除 MC:\下的文件，并备份文件，如图 7-50 所示。

注意：只有 R-J3ic、R-30iA 或 R-30iB 控制柜才能在一般模式下进行镜像备份。在一般模式下，按 F4 [BACKUP]，选择"Image Backup"即可进行镜像备份。

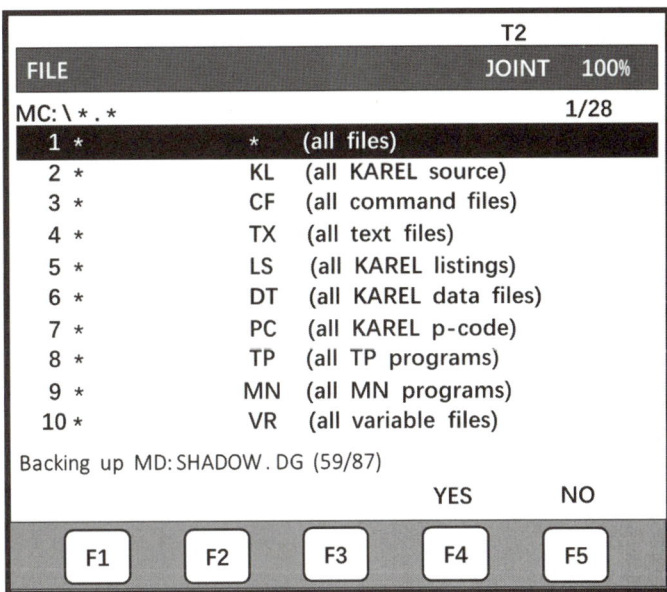

图 7-50 执行删除并备份

2)文件加载

(1)依次按键操作:[MENU](菜单)→ 7 [FILE](文件),显示图 7-40 所示界面,确认当前的外部存储设备路径(如 MC:*.*)。

(2)按 F2 [DIR](浏览),显示图 7-51 所示界面。

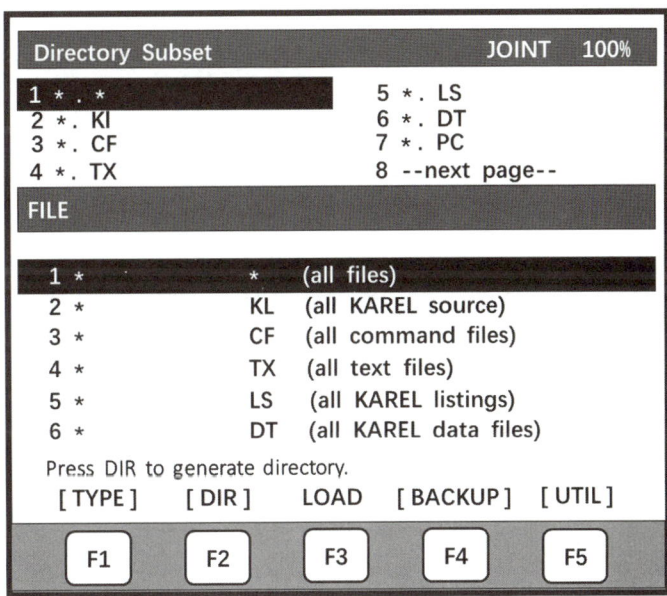

图 7-51 浏览

(3)移动光标,在[Directory Subset]中选择查看的文件类型,选择[*.*]显示该目录下的所有文件。

(4)移动光标,选择要加载的文件,按 F3 [LOAD](载入),如图 7-52 所示。

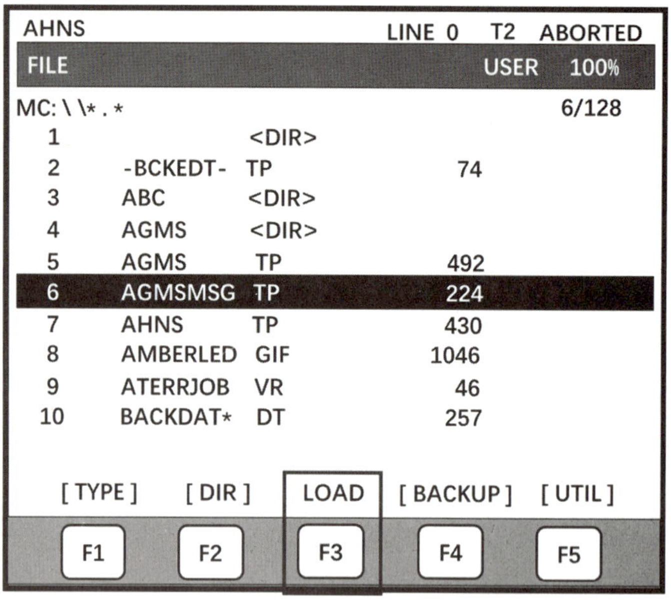

图 7-52　载入

（5）屏幕中出现"Load MC:\\AGMSMSG.TP？"（要载入文件 AGMSMSG.TP 吗？），如图 7-53 所示。

F4 [YES]（执行）：确认。

F5 [NO]（取消）：取消操作。

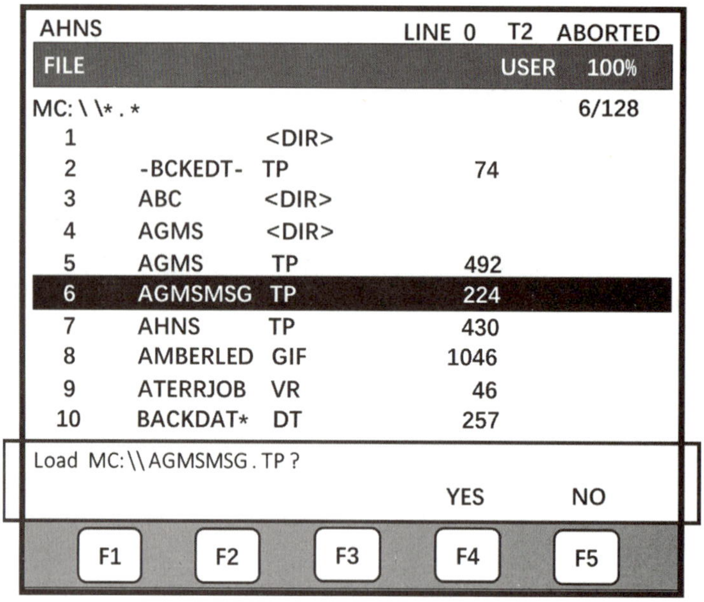

图 7-53　确认载入文件

（6）按 F4 [YES]（执行），进行加载。

（7）加载完毕，屏幕显示"Loaded MC:\AGMSMSG"（AGMSMSG.TP 载入完成），如图 7-54 所示。

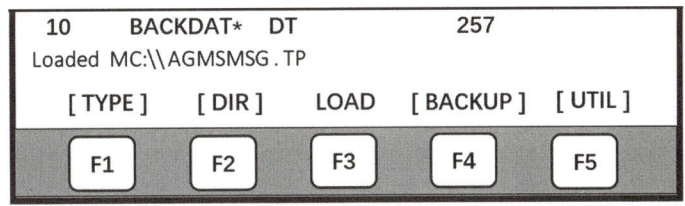

图 7-54 加载完毕

注意：若控制器 SRAM 中有同名文件存在，则第（7）步后会显示如图 7-55 所示界面。

F3 [OVERWRITE]（重写）：覆盖原有文件。

F4 [SKIP]（忽略）：不覆盖，跳到下一个文件。

F5 [CANCEL]（取消）：取消操作。

选择适合的项，加载完毕显示如图 7-54 所示界面。

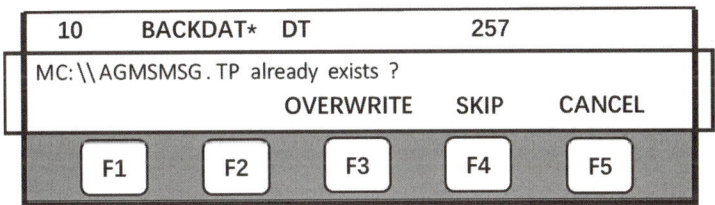

图 7-55 有同名文件存在

2. 控制启动模式下备份/加载的操作步骤

1）文件备份

（1）开机，同时按住[PREV]（前一页）+[NEXT]（下一页），直到出现 CONFIGURATION MENU 菜单后松开，如图 7-56 所示。

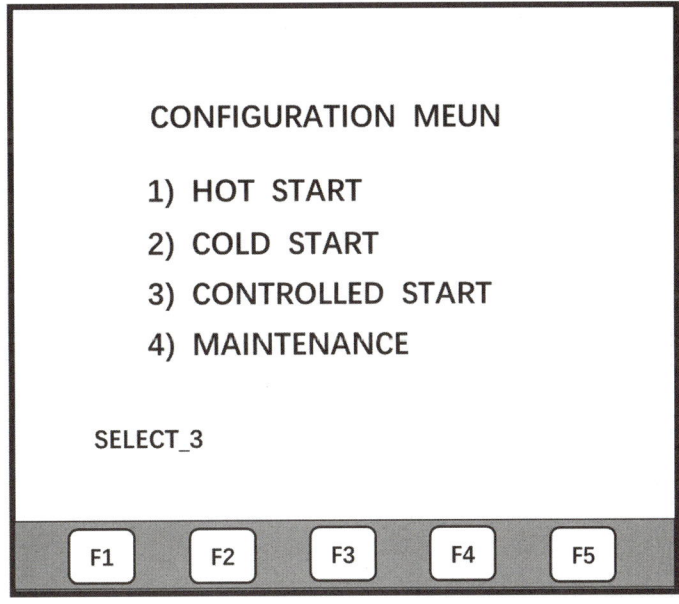

图 7-56 CONFIGURATION MENU 菜单

（2）用数字键输入 3，选择[CONTROLLED START]，按[ENTER]（回车键）确认，进入 CONTROLLED START 模式，如图 7-57 所示。

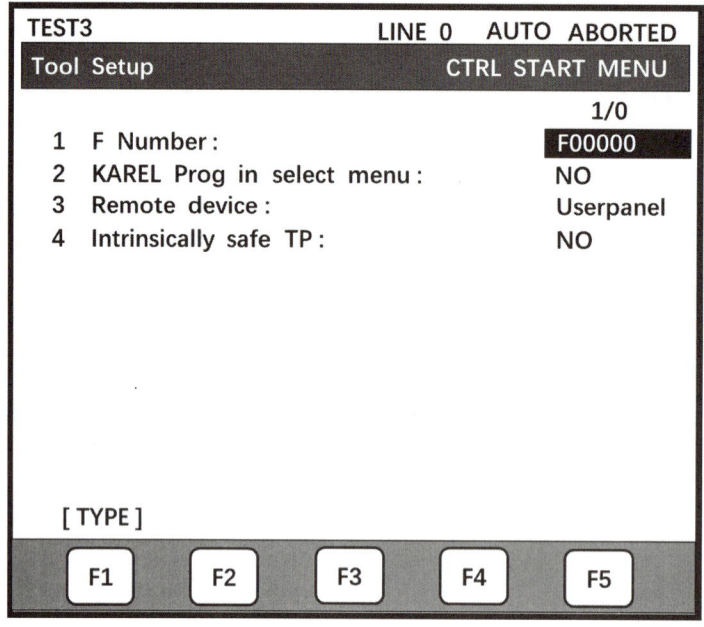

图 7-57　进入 CONTROLLED START 模式

（3）依次按键选择[MENU]（菜单）→ 5[File]（文件），显示如图 7-58 所示界面。

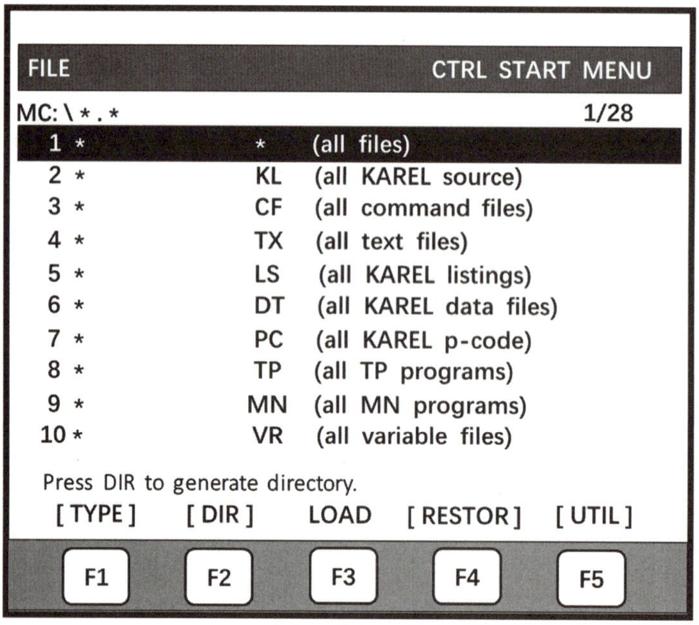

图 7-58　文件界面

（4）依次按键选择[FCTN]（功能）→ 2[RESTORE/BACKUP]（恢复/备份）进行切换，使 F4 由[RESTOR]（恢复）变为[BACKUP]（备份），如图 7-59 所示。

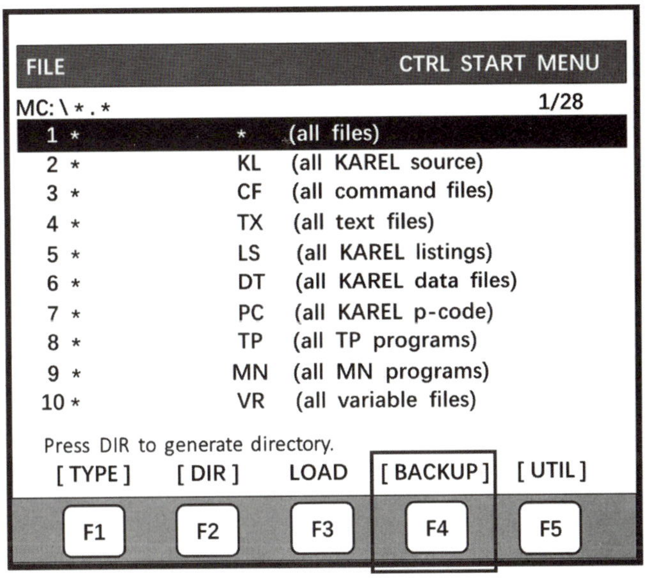

图 7-59 恢复/备份切换

（5）按 F4 [BACKUP]，显示如图 7-60 所示界面，选择要备份的文件类型，后续步骤与"一般模式下备份/加载的操作步骤"之后的步骤相同。

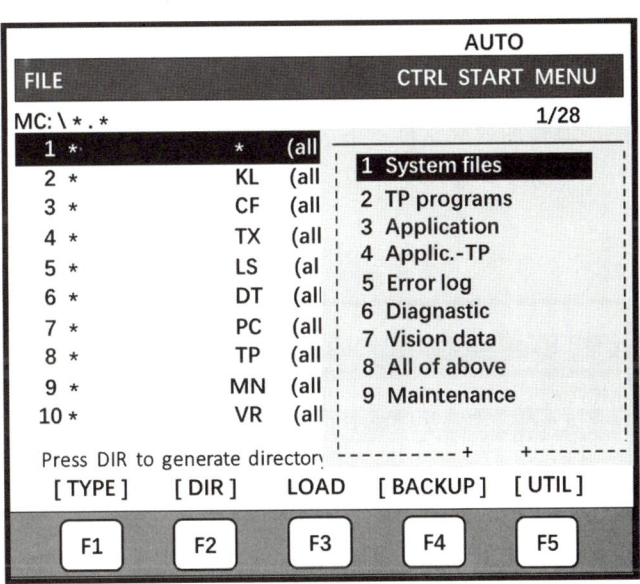

图 7-60 文件备份界面

（6）退出控制启动模式。依次按键选择[FCTN]（功能）→1 [START (COLD)]（冷开机），进入一般模式，机器人即可正常操作。

注意：只有 R-J3ic、R-30iA 或 R-30iB 控制柜才能在一般模式下进行镜像备份。在控制启动模式下，按 F4 [BACKUP]，选择"Image Backup"，即可进行镜像备份。

2）文件加载

（1）开机，同时按住[PREV]（前一页）+[NEXT]（下一页），直到出现 CONFIGURATION MENU

菜单后松开，显示界面如图 7-56 所示。

（2）用数字键输入 3，选择[CONTROLLED START]，按[ENTER]（回车键）确认，进入 CONTROLLED START 模式，如图 7-57 所示。

（3）依次按键选择[MENU]（菜单）→ 5 [File]（文件），出现如图 7-58 所示界面。

（4）按 F4[RESTOR]（全恢复），出现如图 7-61 所示界面。

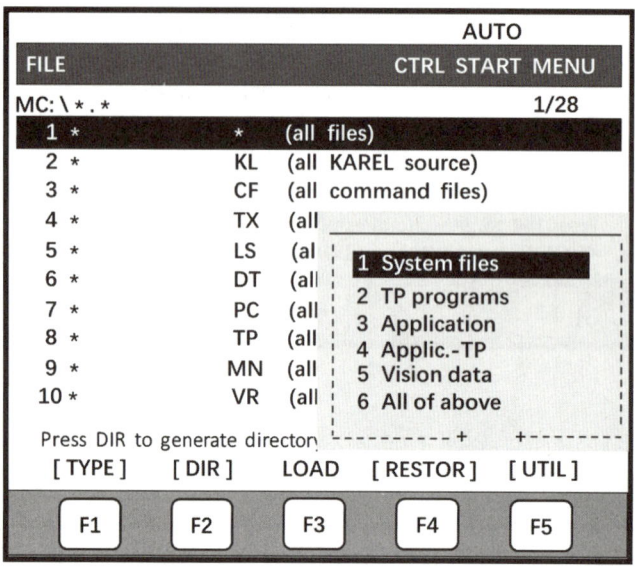

图 7-61　全恢复

（5）移动光标，选择需要加载的文件类型，按[ENTER]（回车键）确认。此时弹出"Restore from Memory Card？"（从 MC 卡载入文件吗？），如图 7-62 所示。

F4 [YES]：执行。

F5 [NO]：取消。

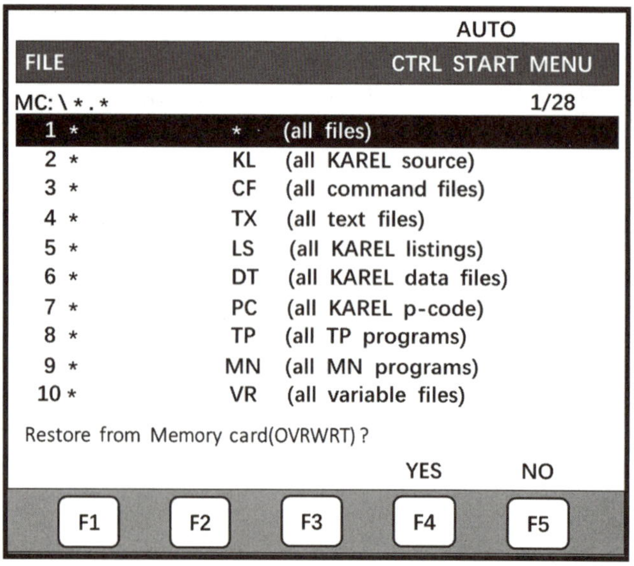

图 7-62　确认从 MC 卡载入文件

（6）恢复完毕，出现如图 7-63 所示界面。

```
                                    AUTO
 FILE                      CTRL START MENU
 MC:\*.*                                1/28
   1  *           *      (all files)
   2  *          KL      (all KAREL source)
   3  *          CF      (all command files)
   4  *          TX      (all text files)
   5  *          LS      (all KAREL listings)
   6  *          DT      (all KAREL data files)
   7  *          PC      (all KAREL p-code)
   8  *          TP      (all TP programs)
   9  *          MN      (all MN programs)
  10  *          VR      (all variable files)
 Total 83/88 files restored
  [ TYPE ]   [ DIR ]   LOAD   [ RESTOR ]   [ UTIL ]
    F1         F2       F3       F4           F5
```

图 7-63　恢复完毕

（7）退出控制启动模式

依次按键选择[FCTNK]（功能）→1 [START (COLD)]（冷开机）进入一般模式，机器人即可正常操作。

3. Boot Monitor 模式下备份/加载的操作步骤

1）Boot Monitor 模式下的备份（Image Backup）

（1）开机，同时按住 F1 + F5，直到出现 BMON MENU 菜单，如图 7-64 所示。

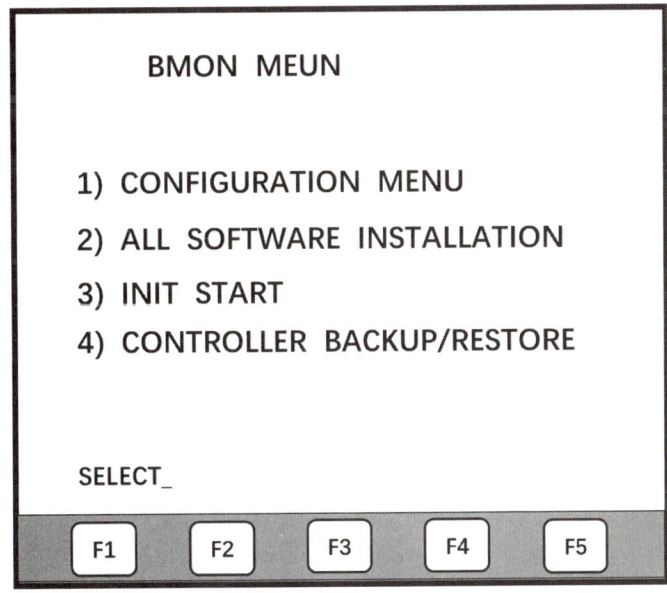

图 7-64　BMON MENU 菜单

（2）用数字键输入 4，选择 [CONTROLLER BACKUP/RESTORE]，按 [ENTER]（回车键）确认，进入 BACKUPI/RESTORE MENU 界面，如图 7-65 所示。

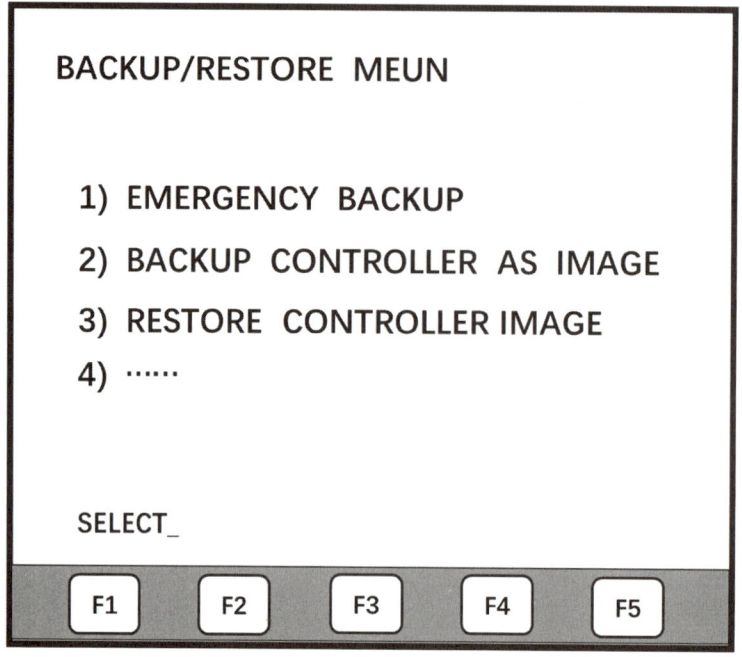

图 7-65　BACKUPI/RESTORE MENU 界面

（3）用数字键输入 2，选择 [BACKUP CONTROLLER AS IMAGE]。

（4）按 [ENTER]（回车键）确认，进入 DEVICE SELECTION 界面，如图 7-66 所示。

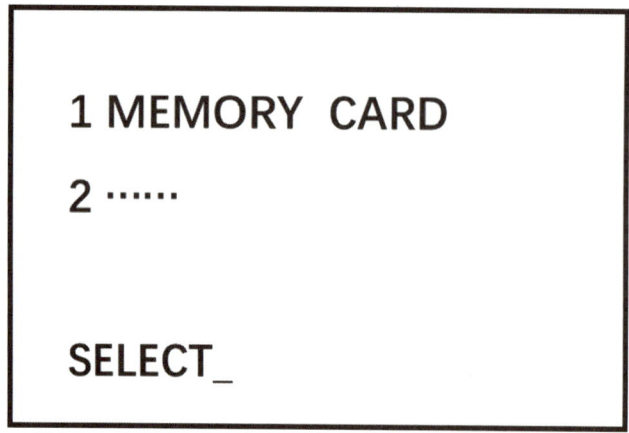

图 7-66　DEVICE SELECTION 界面

（5）用数字键输入 1，选择 [MEMORY CARD]（CF 卡），如使用 U 盘进行备份，选择 [USB Disk：（UD1）]。

（6）按 [ENTER]（回车键）确认，系统显示 "ARE YOU READY？[Y=1/N=ELSE]"，输入 1，备份继续，输入其他值，系统将返回 BMON MENU 菜单界面。

（7）用数字键输入 1，按 [ENTER]（回车键）确认，系统开始备份，如图 7-67 所示。

```
Writing  FROM00.IMG
Writing  FROM01.IMG
Writing  FROM02.IMG
Writing  FROM03.IMG
         ...
```

图 7-67　执行备份

（8）备份完毕，显示"PRESS ENTER TO RETURN"。

（9）按[ENTER]（回车）键，进入 BMON MENU 菜单界面。

（10）关机重启，进入一般模式界面。

2）Boot Monitor 模式下的加载（Image Restore）

（1）开机，同时按住 F1＋F5，直到出现 BMON MENU 菜单，如图 7-64 所示。

（2）用数字键输入 4，选择[CONTROLLER BACKUP/RESTORE]，按[ENTER]（回车键）确认，进入 BACKUP \RESTORE MENU 界面，如图 7-65 所示。

（3）用数字键输入 3，选择[RESTORE CONTROLLER IMAGE]。

（4）按[ENTER]（回车键）确认，进入 DEVICE SELECTION 界面，如图 7-66 所示。

（5）用数字键输入 1，选择[MEMORY CARD]（CF 卡），如使用 U 盘进行备份，选择[USB Disk]。

（6）按[ENTER]（回车键）确认，系统显示"ARE YOU READY？[Y=1 /N= ELSE]"，输入 1，备份继续。输入其他值，系统将返回 BMON MENU 菜单界面。

（7）用数字键输入 1，按[ENTER]（回车键）确认，系统开始加载，如图 7-68 所示。

```
Checking  FROM00.IMG          Done
Clearing  FROM                Done
Clearing  SRAM                Done
Reading   FROM00.IMG          1/34(1M)
Reading   FROM01.IMG          2/34(1M)
          ...
```

图 7-68　执行加载

（8）加载完毕，显示"PRESS ENTER TO RETURN"。

（9）按[ENTER]（回车）键，进入 BMON MENU 菜单界面。

（10）关机重启，进入一般操作界面。

注意：

（1）Image 模式的备份文件是每个 1M 的压缩文件。

（2）R-J3iB 及以下的控制柜，Image 备份/加载时只能在根目录下进行。

7.4 故障诊断

下面以发那科（FANUC）机器人 R-30iB Mate 控制柜为例，介绍机器人的故障诊断。其他型号或品牌的机器人请查阅相关维修手册。

7.4.1 基于保险丝的故障诊断

7.4.1.1 主板保险丝

1. 主板保险丝位置

主板保险丝位置如图 7-69 所示。

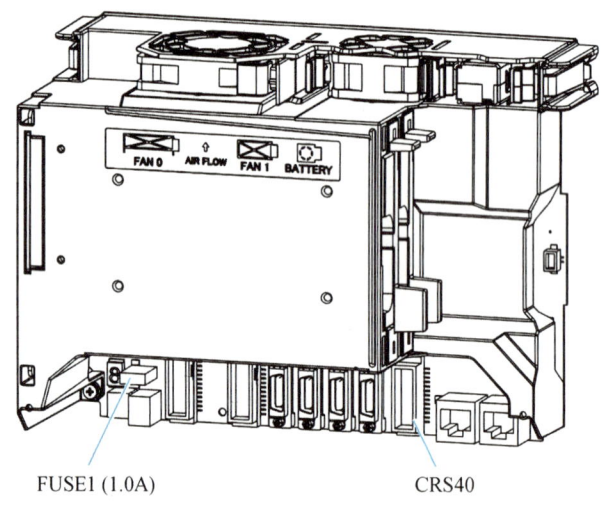

图 7-69 主板保险丝位置

2. 主板保险丝的作用

FUSE1：用于外围设备接口 +24 V 输出保护。

3. 基于主板保险丝的故障诊断

主板保险丝的故障诊断方法如表 7-7 所示。

表 7-7 主板保险丝的故障诊断方法

名称	保险丝熔断时可见的症状	措施
FUSE1	示教器上显示报警"SRVO-220"	1. 有可能是 24SDI 与 0V 短路。检查外围设备电缆是否有异常，如有需要则予以更换； 2. 拆除 CRS40 的连接，若保险丝（FUSE1）仍然继续熔断，刚更换主板； 3. 更换急停单元与伺服放大器之间的电缆； 4. 更换主板与急停单元之间的电缆； 5. 更换急停单元； 6. 更换伺服放大器

7.4.1.2 伺服放大器保险丝

1. 伺服放大器保险丝位置

伺服放大器保险丝位置如图 7-70 所示。

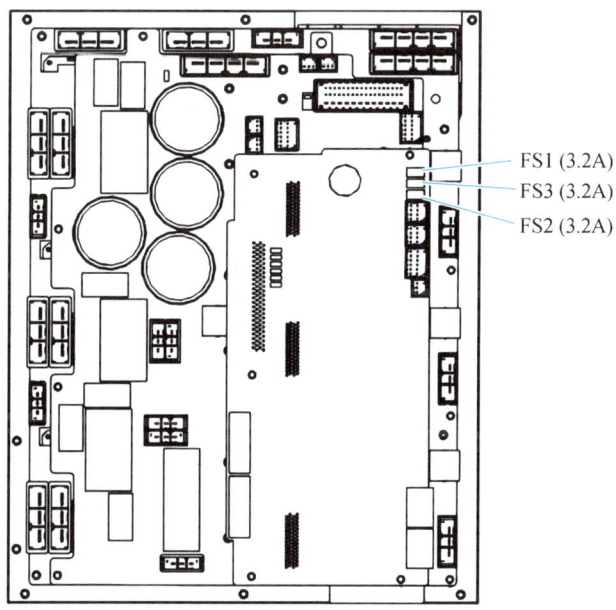

图 7-70 伺服放大器保险丝位置示意图

2. 伺服放大器各保险丝的作用

（1）FS1：用于产生放大器控制电路的电源。
（2）FS2：用于对末端执行器、XROT、XHBK 的 24 V 输出保护。
（3）FS3：用于再生电阻的 24 V 电源保护。

3. 基于伺服放大器保险丝的故障诊断

伺服放大器保险丝的故障诊断方法如表 7-8 所示。

表 7-8 伺服放大器保险丝的故障诊断方法

名称	保险丝熔断时可见的症状	措施
FS1	1. 伺服放大器上所有的二极管熄灭； 2. 示教器上显示 FSSB 断开（SRVO-057）或 FSSB 初始化（SRVO-058）报警	更换 6 轴伺服放大器
FS2	示教器上显示告警： 1. 保险丝熔断（SRVO-214）； 2. 手臂断裂（SRVO-006）； 3. 机器人超行程（SRVO-005）	1. 检查末端执行器中所用 +24VF 是否存在接地故障； 2. 检查机器人连接电缆，以及机器人内部电缆； 3. 更换 6 轴伺服放大器； 4. 如果是 M-3IA，检查机器人内部的风扇电机（选配）
FS3	示教器上显示告警： 1. 保险丝熔断（SRVO-214）； 2. DCAL 报警（SRVO-043）	1. 检查再生电阻，如果需要，更换该再生电阻； 2. 更换 6 轴伺服放大器

7.4.1.3 急停板保险丝

1. 急停板保险丝位置

急停板保险丝位置如图 7-71 所示。

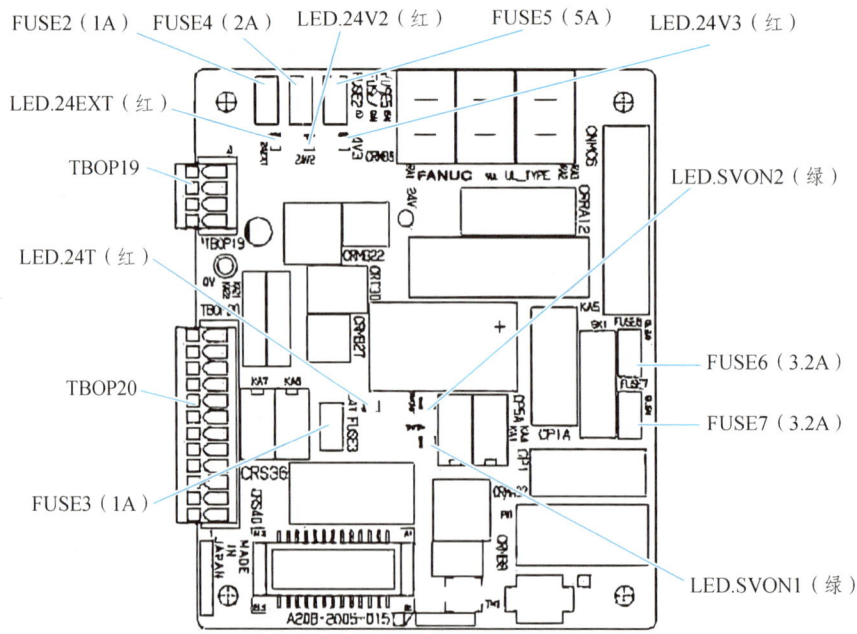

图 7-71 急停板保险丝位置示意图

2. 急停板各保险丝的作用

（1）FUSE2：用于急停回路的保护。

（2）FUSE3：用于示教器+24 V 的保护。

（3）FUSE4：用于+24 V 的保护。

（4）FUSE5：用于主板+24 V 的保护。

（5）FUSE6，FUSE7：用于柜门风扇、背面风扇单元 200 V 的接地保护。

3. 基于急停板保险丝的故障诊断

急停板保险丝的故障诊断方法如表 7-9 所示。

表 7-9　急停板保险丝的故障诊断方法

名称	保险丝熔断时可见的症状	措施
FUSE2	示教器上显示如下告警： 1. 外部禁急停（SRVO-007）； 2. 急停板上的红色二极管（24EXT）点亮	1. 检查 TBOP19 的 EXT24V 和 EXTOV 的电压；如果未使用外部电源，检查 EXT24V 和 INT24V，以及 EXTOV 和 INTOV 之间的连接； 2. 检查+24ExT（停线路），查看是否存在短路或接地错误； 3. 更换急停电路板； 4. 检查示教器上是否有异常，如果需要，更换示教盒
FUSE3	1. 示教器没电； 2. 急停板上的红色二极管（24T）点亮	1. 检查示教器电缆是否出现问题，如果需要，更换电缆； 2. 检查急停板（CRS40）和主板（CRS40）之间的电缆是否有异常，如有需要，更换电缆； 3. 检查示教器上是否有异常，如果需要，更换示教盒； 4. 更换急停板； 5. 更换主板（在此操作前，必须先做好机器人备份）
FUSE4	示教器上显示如下警告： 1. 外部紧急停止（SRVO-007）； 2. SRVO-348； 3. SRVO-267； 4. SRVO-371； 5. 急停板上的红色二极管（24V2）点亮	1. 检查 TBOP20 的连接； 2. 检查急停板（CRS40）和主板（CR840）之间的电缆是否有异常，如有需要，更换电缆； 3. 检查急停板（CRMA92）和 6 轴伺服放大器（CRMA91）之间的电缆是否有异常，如有需要，更换电缆； 4. 急停板（CRMB22）和 6 轴伺服放大器（CRMB16）之间连接有电缆时，检查连接器和电缆是否有异常，如有需要，更换电缆； 5. 更换急停板； 6. 更换急停装置； 7. 更换主板（在此操作前，必须先做好机器人备份）； 8. 更换 6 轴伺服放大器
FUSE5	1. 示教器有电但屏幕上没有显示信息； 2. 急停板上的红色二极管（24V3）点亮	1. 检查急停板（CRS40）和主板（CRS40）之间的电缆是否有异常，如有需要，更换电缆； 2. 检查急停板（CRMA92）和 6 轴伺服放大器（CRMA91）之间的电缆是否有异常，如有需要，更换电缆； 3. 更换后面板； 4. 更换主板（在此操作前，必须先做好机器人备份）； 5. 更换急停板； 6. 更换 6 轴伺服放大器

续表

名称	保险丝熔断时可见的症状	措施
FUSE6 FUSE7	柜门风扇停止运转	1. 检查风扇电缆是否有异常，如有需要，更换电缆； 2. 更换风扇单元； 3. 更换急停板

7.4.2 基于 LED 的故障诊断

7.4.2.1 主板指示灯

主板上有两类用来指示机器人系统故障状态的灯：一种是 4 个绿色和 1 个红色的 LED，它通过亮灭组合指示故障内容；另一种是七段 LED 指示灯，它通过显示阿拉伯数字指示故障内容。如果在示教器可以正常显示之前，控制柜系统发生了报警，即可通过这些指示灯进行故障诊断。主板指示灯的位置如图 7-72 所示。

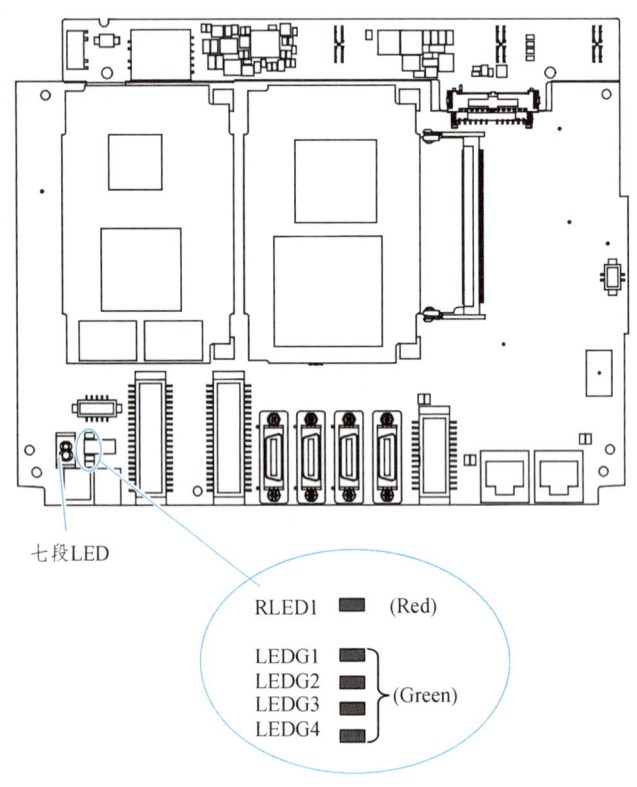

图 7-72 主板指示灯位置示意图

1. LED（绿色/红色）指示灯

通电后，LED（绿色）指示灯将按表 7-10 所示步骤依次点亮。如果检测到报警则在该步骤停下，因此可根据亮起的指示灯确定报警发生在哪一步骤。

表 7-10　LED（绿色）指示灯点亮顺序

步骤	LED 显示	对策
1. 通电后，所有指示灯亮起	LEDG1 ■ / LEDG2 ■ / LEDG3 ■ / LEDG4 ■	措施 1：更换 CPU 卡； *措施 2：更换主板
2. 软件操作启动	LEDG1 □ / LEDG2 □ / LEDG3 □ / LEDG4 □	措施 1：更换 CPU 卡； *措施 2：更换主板
3. CPU 卡上的 DRAM 初始化完成	LEDG1 □ / LEDG2 □ / LEDG3 □ / LEDG4 ■	措施 1：更换 CPU 卡； *措施 2：更换主板
4. 通信 IC 侧的 DPRAM 的初始化完成	LEDG1 □ / LEDG2 □ / LEDG3 ■ / LEDG4 □	措施 1：更换 CPU 卡； *措施 2：更换主板； *措施 3：更换 FROM/SRAM 模块
5. 通信 IC 的初始化完成	LEDG1 □ / LEDG2 □ / LEDG3 ■ / LEDG4 ■	措施 1：更换 CPU 卡； *措施 2：更换主板； *措施 3：更换 FROM/SRAM 模块
6. 基本软件加载完成	LEDG1 ■ / LEDG2 □ / LEDG3 □ / LEDG4 □	*措施 1：更换主板； *措施 2：更换 FROM/SRAM 模块
7. 基本软件启动	LEDG1 □ / LEDG2 □ / LEDG3 □ / LEDG4 ■	*措施 1：更换主板； *措施 2：更换 FROM/SRAM 模块； *措施 3：更换电源装置
8. 与示教器的通信启动	LEDG1 □ / LEDG2 ■ / LEDG3 □ / LEDG4 □	*措施 1：更换主板； 措施 2：更换 FROM/SRAM 模块
9. 可选软件加载完成	LEDG1 □ / LEDG2 ■ / LEDG3 □ / LEDG4 □	*措施 1：更换主板； 措施 2：更换过程输入/输出（I/O）板
10. 数字输入/数字输出（DI/DO）初始化	LEDG1 ■ / LEDG2 □ / LEDG3 □ / LEDG4 □	措施 1：更换 FROM/SRAM 模块； 措施 2：更换主板
11. 静态随机存取存储器（SRAM）模块准备完成	LEDG1 ■ / LEDG2 □ / LEDG3 □ / LEDG4 ■	措施 1：更换轴控制卡； *措施 2：更换主板； 措施 3：更换伺服放大器

续表

步骤	LED 显示	对策
12. 轴控制卡初始化	■ LEDG1 □ LEDG2 □ LEDG3 □ LEDG4	措施 1：更换轴控制卡； *措施 2：更换主板； 措施 3：更换伺服放大器
13. 校准完成	■ LEDG1 ■ LEDG2 □ LEDG3 □ LEDG4	措施 1：更换轴控制卡； *措施 2：更换主板； 措施 3：更换伺服放大器
14. 伺服系统电源应用启动	■ LEDG1 ■ LEDG2 ■ LEDG3 □ LEDG4	*措施 1：更换主板
15. 程序执行	■ LEDG1 ■ LEDG2 □ LEDG3 ■ LEDG4	*措施 1：更换主板； 措施 2：更换过程输入/输出（I/O）板
16. 数字输入/数字输出（DI/DO）输出启动	■ LEDG1 ■ LEDG2 ■ LEDG3 □ LEDG4	*措施 1：更换主板
17. 初始化结束	■ LEDG1 ■ LEDG2 ■ LEDG3 ■ LEDG4	初始化正常结束
18. 正常状态	☆ LEDG1 ☆ LEDG2 □ LEDG3 □ LEDG4	系统正常运行时，状态指示灯 1 和 2 会闪烁

注：带 "*" 号的表示该措施会导致存储器中的内容（参数、特定数据等）丢失，实施前请备份数据。

红色 LED 灯的状态描述如表 7-11 所示。

表 7-11　红色 LED 灯的状态描述

指示灯名称	LED 显示	描述
RLED1	RLED1 亮	故障：CPU 卡没有工作 措施：更换 CPU 卡

2. 七段 LED 指示灯

基于七段 LED 指示灯的故障诊断如表 7-12 所示。

表 7-12 基于七段 LED 指示灯的故障诊断

七段 LED 指示灯	描述
0.	故障：主板上所安装 CPU 卡的动态随机存取存储器（DRAM）出现奇偶校验报警。 措施 1：更换 CPU 卡； * 措施 2：更换主板
1.	故障：主板上所安装 FROM/SRAM 模块的静态随机存取存储器（SRAM）出现奇偶校验报警。 措施 1：更换 FROM/SRAM 模块； * 措施 2：更换主板
2.	故障：通信控制器出现总线错误。 * 措施：更换主板
3.	故障：通信控制器所控制的动态随机存取存储器（DRAM）出现奇偶校验报警。 * 措施：更换主板
5.	故障：主板出现伺服报警。 措施 1：更换轴控制卡； * 措施 2：更换主板； 措施 3：若安装了选件板，更换选件板
6.	故障：出现 SYSEMG 报警。 措施 1：更换轴控制卡； 措施 2：更换 CPU 卡； * 措施 3：更换主板
7.	故障：出现 SYSFAIL 报警。 措施 1：更换轴控制卡； 措施 2：更换 CPU 卡； * 措施 3：更换主板； 措施 4：若安装了选件板，更换选件板
8.	故障：无，主板已接通 5 V 电源，上述报警均未出现

注：带"*"号的表示该措施会导致存储器中的内容（参数、特定数据等）丢失，实施前请备份数据。

7.4.2.2 伺服放大器指示灯

六轴伺服放大器配有报警指示灯。参考示教器上的报警指示，对指示灯所指示的报警进行故障排查。

1. 伺服放大器指示灯的位置

伺服放大器指示灯的位置如图 7-73 所示。

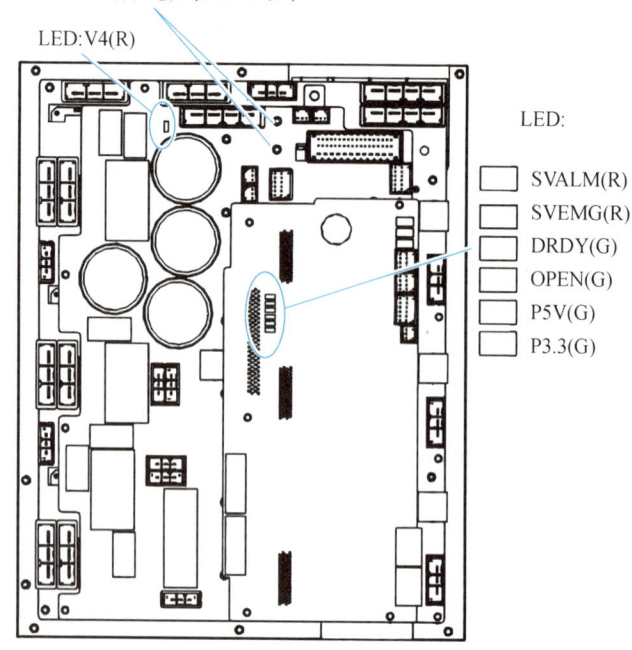

图7-73 伺服放大器指示灯位置示意图

2. 基于伺服放大器指示灯的故障诊断

伺服放大器指示灯的故障诊断方法如表7-13所示。

表7-13 伺服放大器指示灯的故障诊断方法

LED	颜色	故障内容及其对策
V4	红色	当6轴同服放大器内部DC链路电路被充电而有电压时,LED亮。 故障:若LED在预先充电结束后不点亮。 措施1:可能是由于DC链路线路形成短路,确认连接; 措施2:可能是由于充电电流控制电阻的不良所致,更换急停单元; 措施3:更换6轴伺服放大器
SVALM	红色	6轴伺服放大器检测出报警时亮。 故障:LED在非报警状态下点亮,或处于报警状态并未点亮。 措施:更换6轴伺服放大器
SVEMG	红色	当急停信号被输入到6轴伺服放大器时,LED亮。 故障:LED在非急停状态下点亮,或处于急停状态并未点亮。 措施:更换6轴伺服放大器
DRDY	绿色	当6轴伺服放大器能够驱动伺服电机时,LED亮。 故障:处在励磁状态下不亮。 措施:更换6轴伺服放大器

续表

LED	颜色	故障内容及其对策
OPEN	绿色	当6轴同服放大器和主板之间的通信正常进行时，LED 亮。 故障：LED 不亮。 措施1：确认 FSSB 光缆的连接情况； 措施2：更换伺服卡； 措施3：更换6轴伺服放大器
P5V	绿色	当6轴伺服放大器内部的电源电路正常输出+5 V 电压时，LED 亮。 故障：LED 不亮。 措施1：检查机器人连接电缆（RP1），确认+5 V 是否有接地故障； 措施2：更换6轴伺服放大器
P3.3V	绿色	当6轴同服放大器内部的电源电路正常输出+3.3 V 电压时，LED 亮。 故障：LED 不亮。 措施：更换6轴伺服放大器

7.4.2.3 急停板指示灯

1. 急停板指示灯的位置

急停板指示灯的位置如图 7-74 所示。

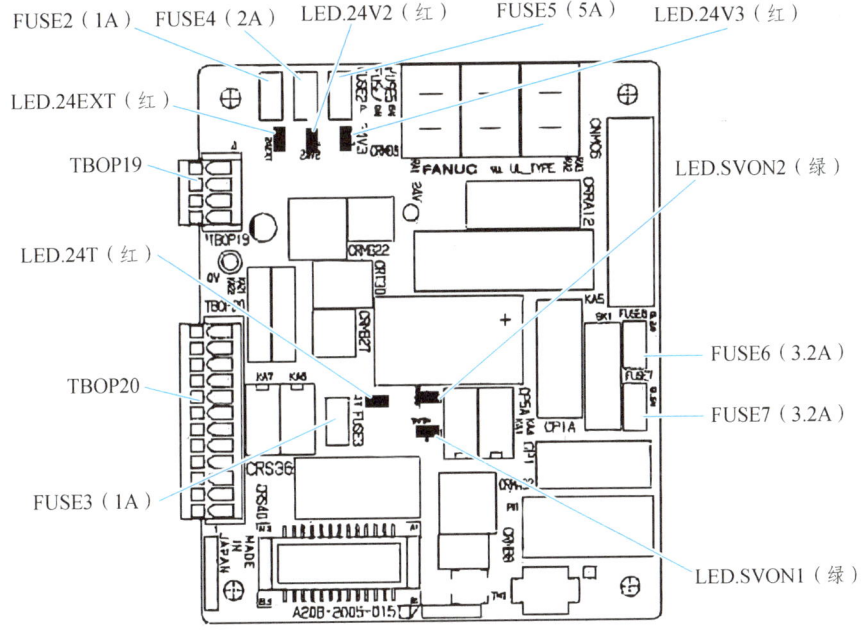

图 7-74　急停板指示灯位置

2. 基于急停板指示灯的故障诊断

急停板指示灯的故障诊断方法如表 7-14 所示。

表 7-14　急停板指示灯的故障诊断方法

LED	颜色	故障内容及其对策
24EXT	红色	故障：LED 亮，说明保险丝（FUSE2）已经熔断，尚未供给急停回路的 24EXT。 措施 1：在没有保险丝熔断而显示报警的情况下，确认 TBOP19 的 EXT24V 和 EXT0V 的电压，尚未使用外部电源时，确认 EXT24V 和 INT24V 之间或者 EXT0V 和 INT0V 之间的连接； 措施 2：确认 24EXT（急停线路）没有发生短路或接地故障； 措施 3：更换急停板； 措施 4：检查示教器上是否有异常，如有需要则予以更换
24T	红色	故障：LED 亮，说明保险丝（FUSE3）已经熔断，尚未供给示教器的 24T； 措施 1：检查示教器电缆（CRS36）是否有异常，如有需要则予以更换； 措施 2：检查急停板（CRS40）与主板（CRS40）之间的电缆是否有异常，如有需要则予以更换； 措施 3：检查示教器上是否有异常，如有需要则予以更换； 措施 4：更换急停板； *措施 5：更换主板
24V2	红色	故障：LED 亮，说明保险丝（FUSE4）已经熔断，尚未供给急停输入信号的 24V-2。 措施 1：确认 TBOP20 的连接； 措施 2：检查急停板（CRS40）与主板（CRS40）之间的电缆是否有异常，如有需要则予以更换； 措施 3：检查急停板（CRMA92）与 6 轴伺服放大器（CRMA91）之间的电缆是否有异常，如有需要则予以更换； 措施 4：急停板（CRMB22）与 6 轴伺服放大器（CRMB16）之间连接有电缆时，检查电缆是否有异常，如有需要则予以更换； 措施 5：更换急停板； 措施 6：更换急停单元； *措施 7：更换主板； 措施 8：更换 6 轴伺服放大器
24V3	红色	故障：LED 亮时，说明保险丝（FUSE5）已经熔断。尚未供应主板的 24V-3。 措施 1：检查急停板（CRS40）与主板（CRS40）之间的电缆是否有异常，如有需要则予以更换； 措施 2：检查急停板（CRMA92）和 6 轴伺服放大器（CRMA91）之间的电缆是否有异常，如有需要则予以更换； 措施 3：更换后面板； *措施 4：更换主板； 措施 5：更换急停板； 措施 6：更换 6 轴伺服放大器
SVON1/ SVON2	绿色	LED 表示从主板向 6 轴伺服放大器的 SVON1/SVON2 信号的状态。SVON1/SVON2 亮时，6 轴伺服放大器处于可通电的状态。SVON1/SVON2 不亮时，处于急停状态

7.4.3　基于停止信号的故障诊断

停止信号的状态会显示在示教器的屏幕上。简单来讲，通过示教器能看到每个停止信号是不是在正常发挥作用，但没办法更改停止信号的状态。

7.4.3.1 进入停止信号状态显示界面的操作步骤

（1）按下[MENU]（菜单），显示屏幕菜单。
（2）在下一页选择 4 [STATUS]（状态）。
（3）按下 F1 [TYPE]（类型），显示出画面切换菜单。
（4）选择[Stop Signal]（停止信号），屏幕显示如图 7-75 所示。

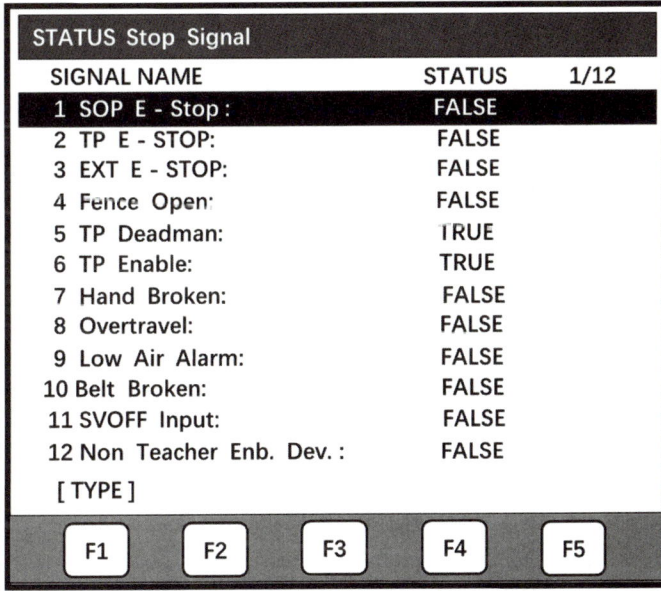

图 7-75 选择[Stop Signal]（停止信号）

7.4.3.2 停止信号描述

停止信号的具体描述如表 7-15 所示。

表 7-15 停止信号描述

停止信号	描述
操作面板紧急停止信号	指示操作面板上的紧急停止按钮的状态。如果紧急停止按钮被按下，则该项的状态指示为"TRUE"
示教器紧急停止信号	指示示教器上的紧急停止按钮的状态。如果紧急停止按钮被按下，则该项的状态指示为"TRUE"
外部紧急停止信号	指示外部紧急停止信号的状态。如果输入了紧急停止信号，则该项的状态指示为"TRUE"
护栏开启信号	指示安全护栏的状态。如果安全护栏是开启的，则该项的状态指示为"TRUE"

续表

停止信号	描述
Deadman 开关	指示示教器上的 DEADMAN 开关是否被握紧。如果示教器是可操作的,并且 DEADMAN 开关被握紧,则该项的状态指示为"TRUE"。如果示教器是可操作的,而 DEADMAN 开关被松开,则将发出警报,致使伺服器电源断开
示教器可操作信号	指示示教器是否可操作。如果示教器是可操作的,则该项的状态指示为"TRUE"
机械手断裂信号	指示手安全接点的状态。如果机械手被工件或其他东西阻碍,并且安全接点被打开,则该项的状态指示为"TRUE"。此时将发出警报,致使伺服器电源断开
机器人超程	指示机器人现在所处的位置是否已超过操作范围。如果任何机器人关节超过了超程开关所限制的操作范围,则该项的状态指示为"TRUE"。此时将发出警报,致使伺服器电源断开
气压异常信号	指示气压状态。不正常的气压信号线是连接到气压传感器上的。如果气压值没有高出指定值,则该项的状态指示为"TRUE"
带式制动信号	指示了 belt 的状态,如果此信号断开,则该项状态为"TRUE"
SVOFF 信号	指示 SVOFF 信号的状态,如果连接到急停单元的 SVOFF 信号为"开"状态,则该项状态为"TRUE"
NTED 信号	指示 NTED 信号的状态,如果连接到急停单元的 NTED 信号在"T1、T2"模式下为"开"状态,则该项状态为"TRUE"

7.4.3.3 外部紧急停止信号的连接

外部紧急停止信号输入与输出的连接是在急停电路板上完成的。连接端口 TBOP19、TBOP20 的位置,如图 7-76 所示。

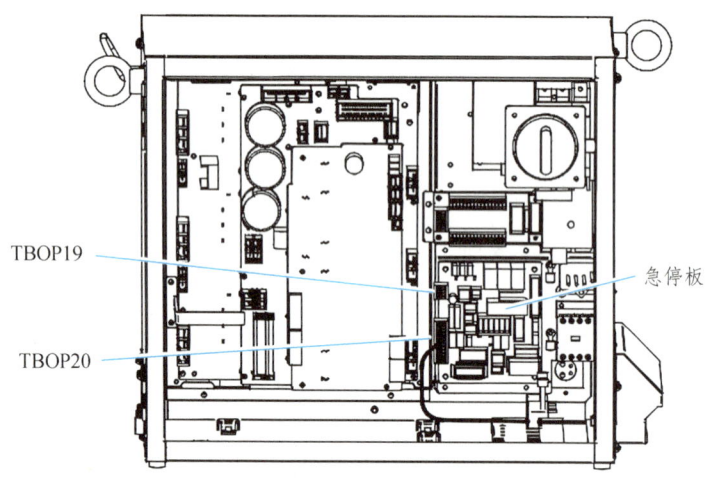

图 7-76 外部急停信号接口位置

1. 外部紧急停止输出[E-STOP (ESPB)]

1)外部紧急停止输出接口

接口针脚如图 7-77 所示。

项目七 工业机器人电气维护

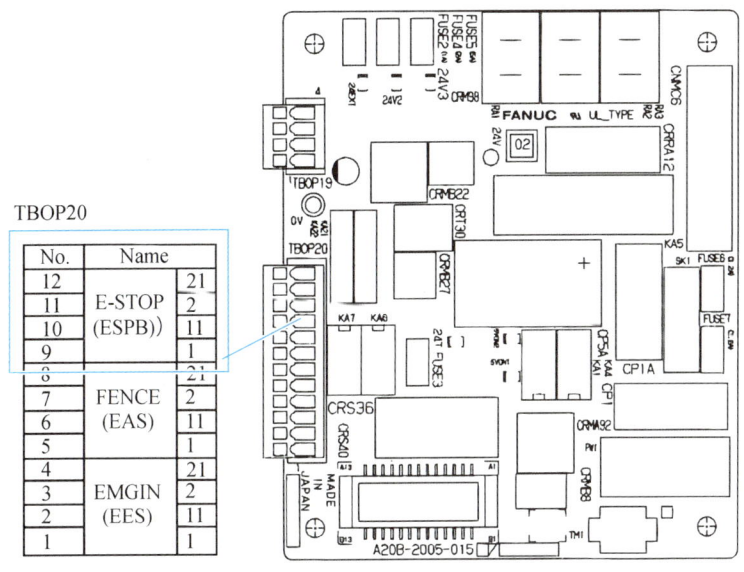

图 7-77　外部急停输出接口

接口内部电路原理如图 7-78 所示。

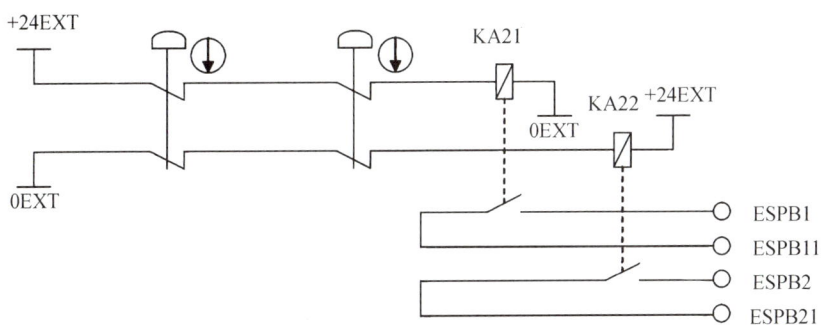

图 7-78　外部急停输出接口内部电路原理图

2）外部紧急停止输出信号描述

外部紧急停止输出信号描述如表 7-16 所示。

表 7-16　外部紧急停止输出信号描述

信号名称	信号的说明	电流、电压	最小负荷
ESPB1-SPB11 ESPB2-ESPB21	当按下示教器急停按钮或操作面板急停按钮时，触点断开。无论急停按钮状态如何，当控制器断电时，触点也会断开。通过向急停电路连接外部电源，即使机器人控制器断电，触点仍可工作（见本节"外部电源连接"）。正常运行期间，触点闭合	额定触点：DC 30 V，5 A	（参考值）DC 5 V，10 mA

机器人控制器无法检测急停输出信号触点的故障。需采取应对措施，如检查双触点，或使用能检测故障的安全继电器电路，如图 7-79 所示。

193

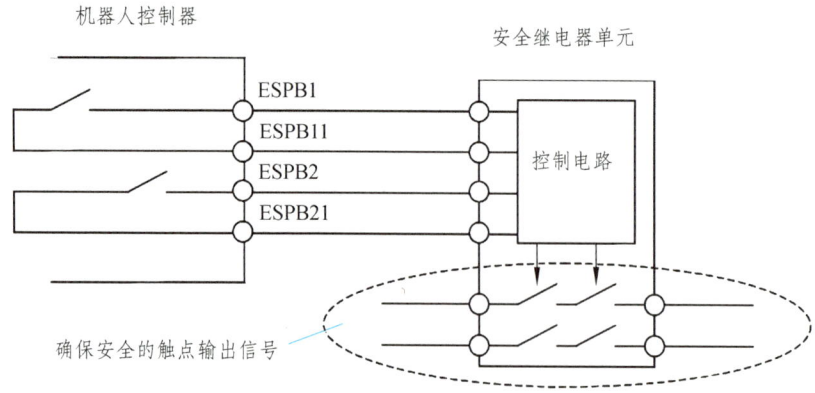

图 7-79　与安全继电器单元的连接示例

3）外部电源的连接

可以将用于紧急停止输入和输出的继电器电源与控制柜电源分开。如果不想让控制柜电源影响紧急停止输出，则连接外部+24 V 而不是内部的+24 V。外部电源连接如图 7-80 所示，内外电源的连接比较如图 7-81 所示。

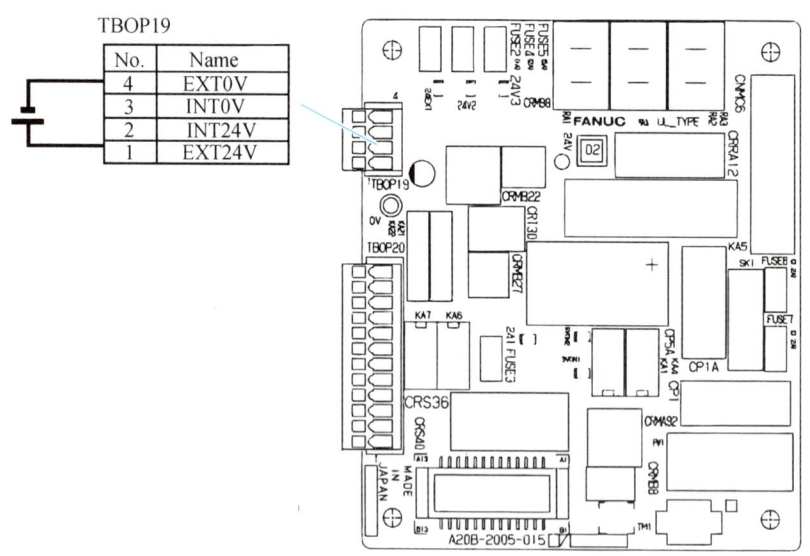

图 7-80　外部电源连接

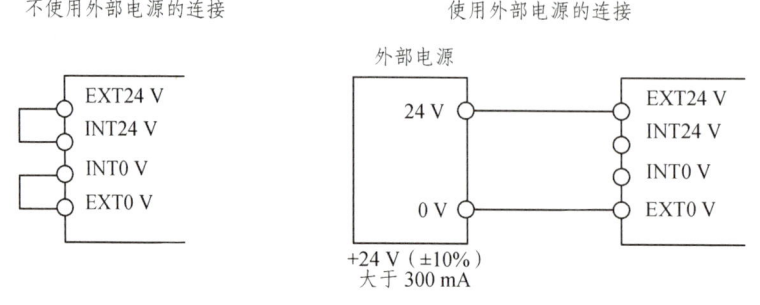

图 7-81　内外电源的连接比较

通过使用外部电源，可以将控制装置的内部电源与外部连接的外部急停信号、安全栅栏信号等输入电路的电源分离开来。此外，通过使用外部电源，可在控制装置的电源被切断期间，将示教操作盘以及操作面板部的急停按钮的状态反映到外部急停输出信号。

2. 外部紧急停止输入[FENCE (EAS) / EMGIN (EES)]

1）外部紧急停止输入接口及连接

接口针脚及外部连接如图 7-82 所示。

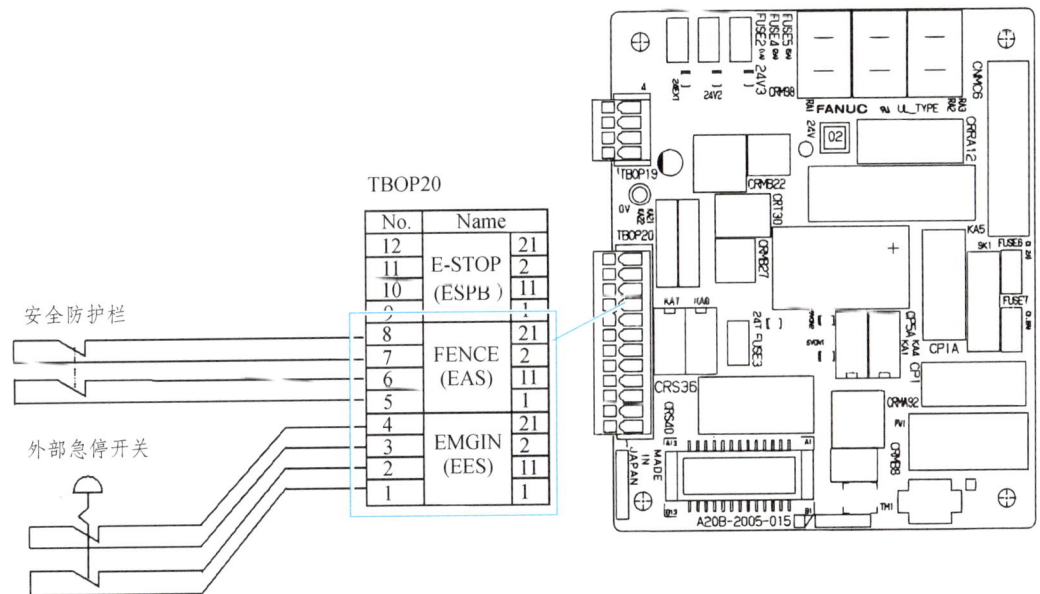

图 7-82　外部紧急停止输入接口及连接

外部紧急停止输入信号要采用双重接触件的连接方式，如图 7-83 所示，以便在发生单一故障时也能作出响应。

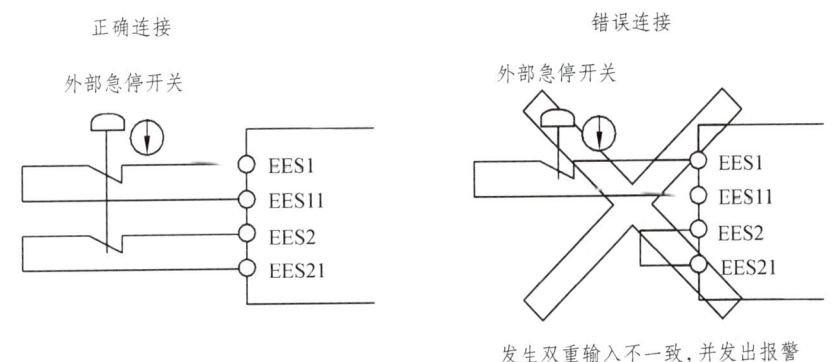

图 7-83　双重输入信号连接

这些双重输入信号的状态必须始终按照规定的时序规范在同一时刻进行改变，如图 7-84 所示。机器人控制器会持续检查双重输入的状态是否一致，若发现不一致，便会发出警报。

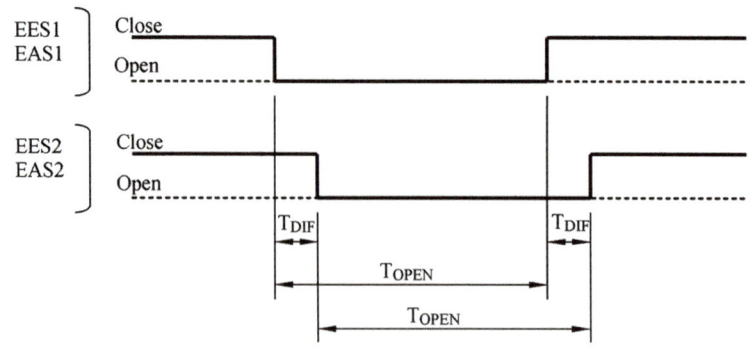

图 7-84 双重输入信号时序规范

2）外部紧急停止输入信号描述

外部紧急停止输入信号描述如表 7-17 所示。

表 7-17 外部紧急停止输入信号描述

信号	描述	电流、电压
EES1-EES11 EES2-EES21	将外部急停开关的触点连接到这些端子。当触点断开时，机器人将按照预定的停止模式停止。 当使用继电器或接触器的触点代替开关时，在继电器或接触器的线圈上连接一个灭弧器，以抑制噪声。当不使用这些端子时，用跳线短接它们	DC 24 V, 0.1 A
EAS1-EAS11 EAS2-EAS21	这些信号用于在自动（AUTO）模式运行期间，安全防护门打开时安全地停止机器人。在自动模式下，当触点断开时，机器人将按照预定的停止模式停止。 在手动慢速（T1）或手动快速（T2）模式下，且安全开关处于正确位置时，即使安全防护门打开，机器人也可以运行。 当使用继电器或接触器的触点代替开关时，在继电器或接触器的线圈上连接一个灭弧器，以抑制噪声。当不使用这些端子时，用跳线短接它们	DC 24 V, 0.1 A

附 录

附录 A　FANUC M-10iA 工业机器人各轴及总装 3D 动画

FANUC M-10iA
工业机器人
一轴 3D 动画

FANUC M-10iA 工业机器人
二、三轴 3D 动画

FANUC M-10iA 工业机器人
四轴 3D 动画

FANUC M-10iA 工业机器人
五、六轴 3D 动画

FANUC M-10iA 工业机器人
总装 3D 动画

附录 B 电路图

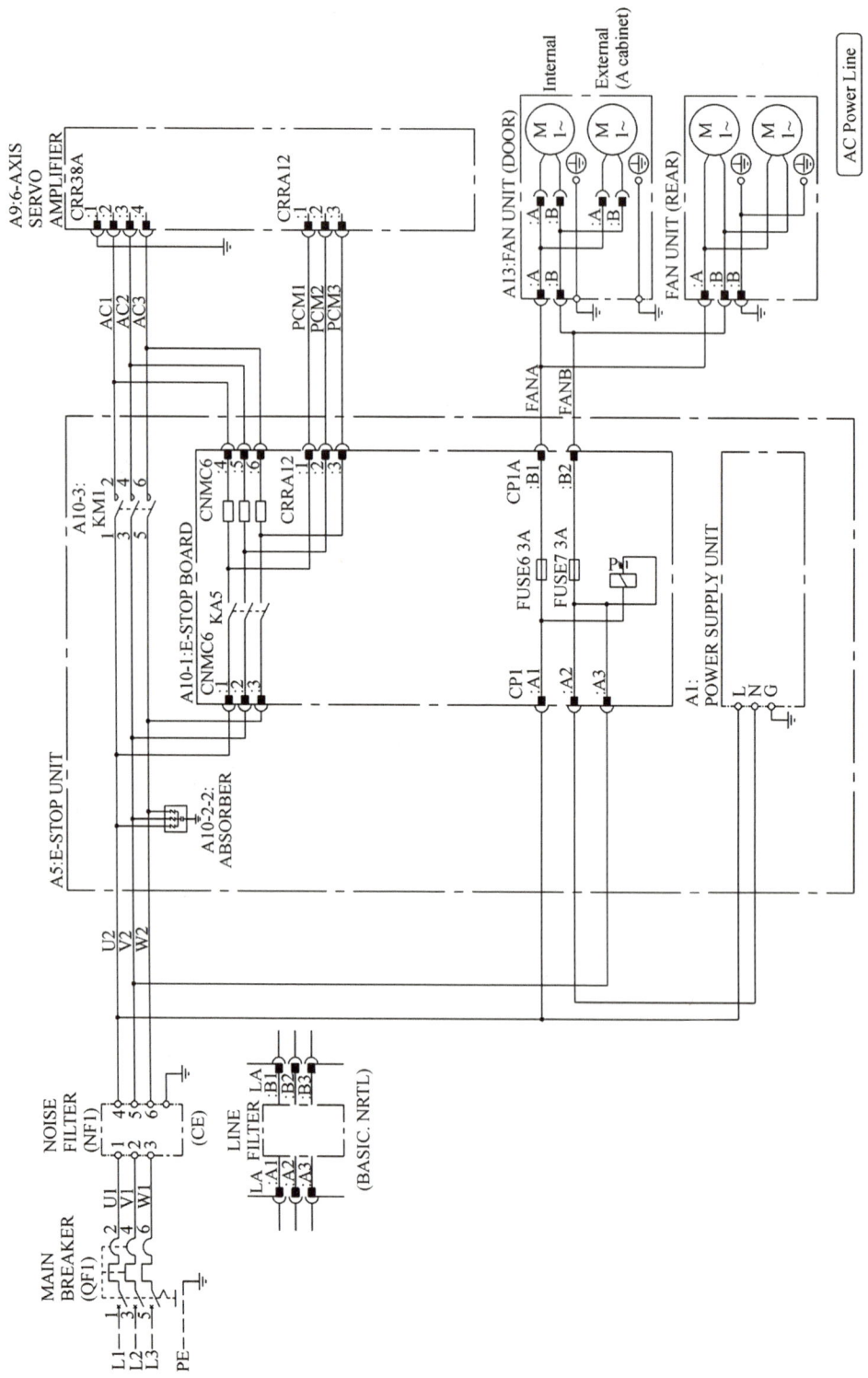

图 B-1　FANUC R-30iB Mate 控制柜交流电源连接图（三相交流电源）

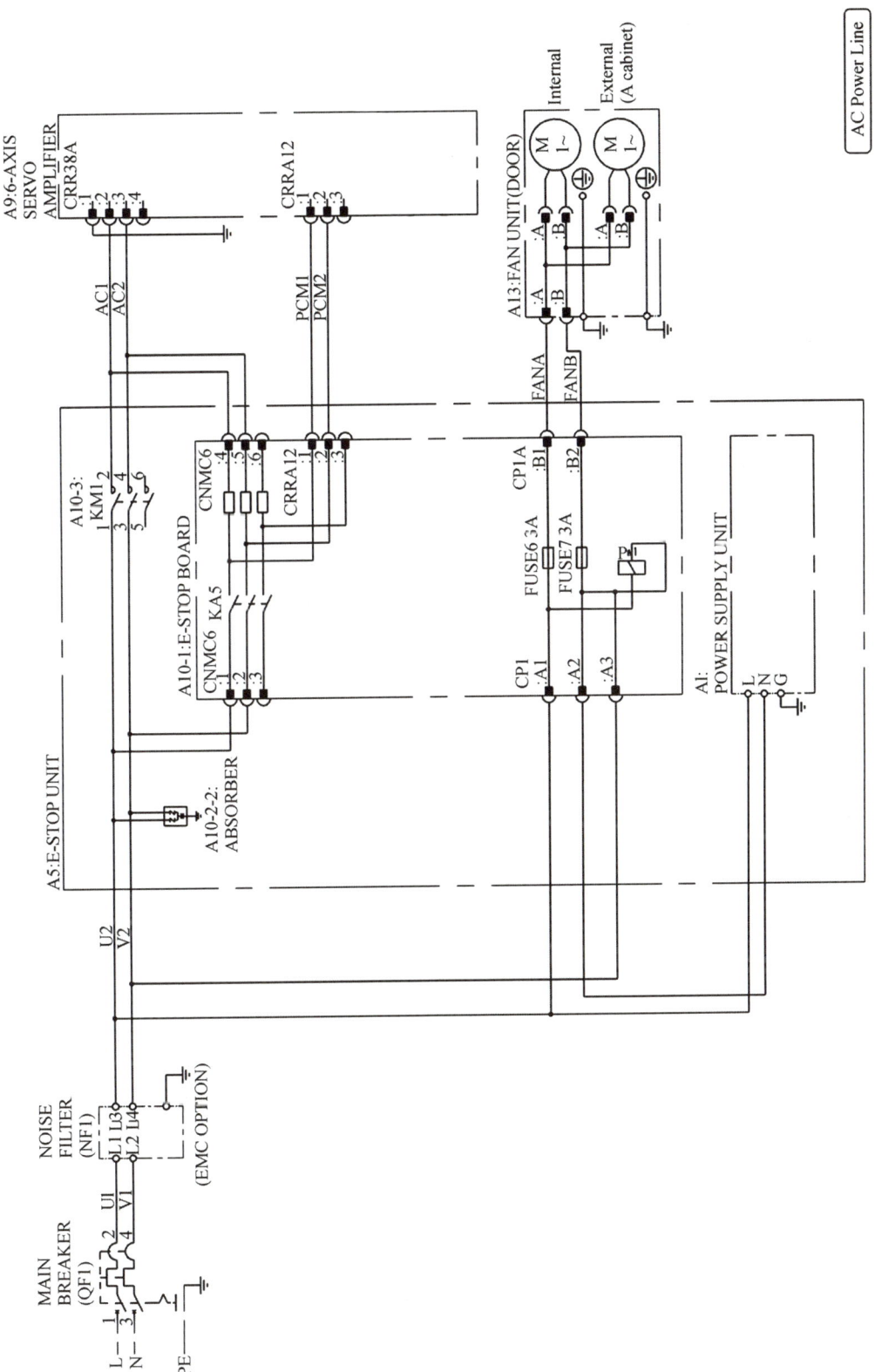

图 B-2　FANUC R-30iB Mate 控制柜交流电源连接图（单相交流电源）

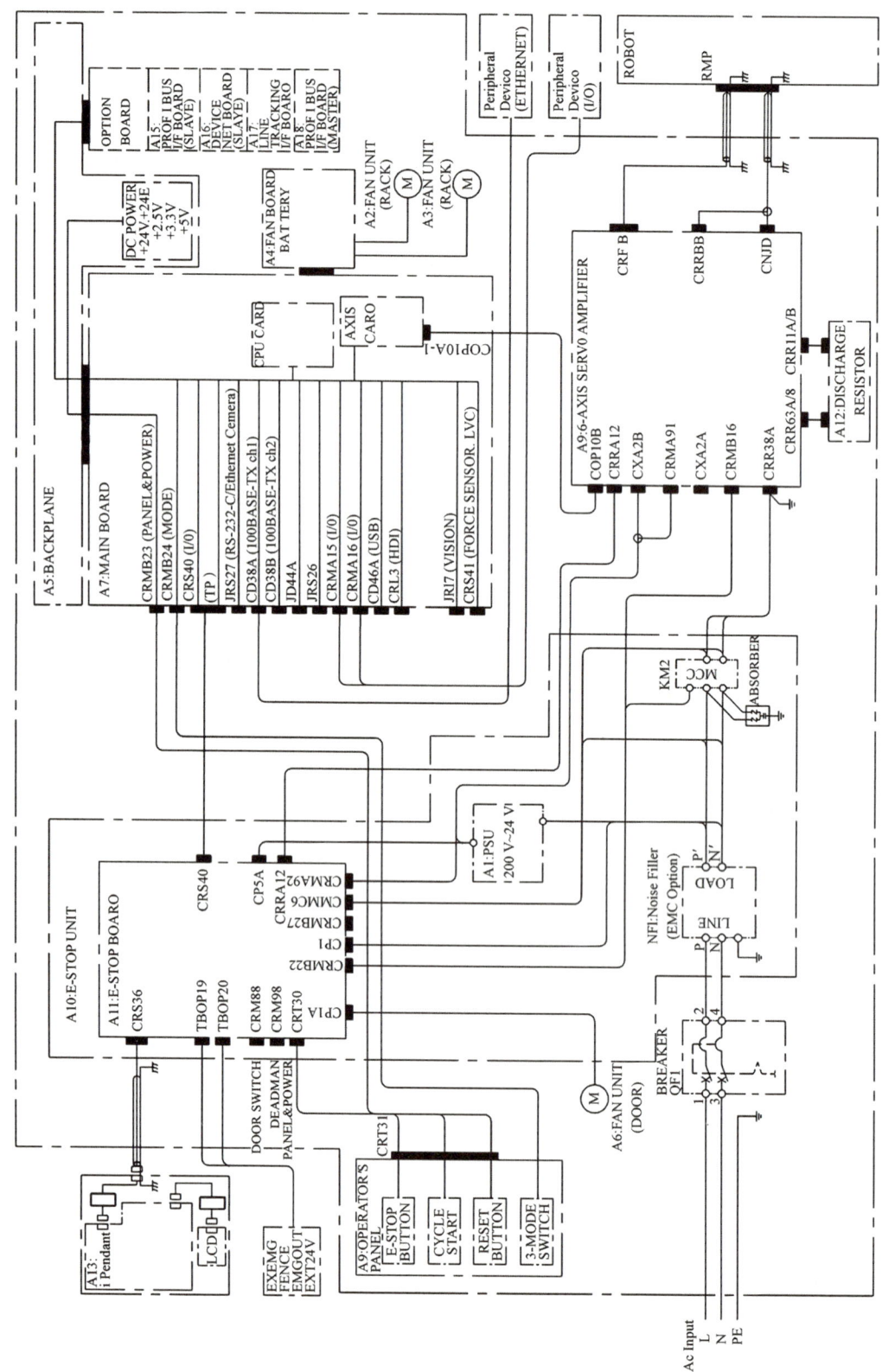

图 B-3　FANUC R-30iB Mate 控制柜系统框图（采用单相电源）

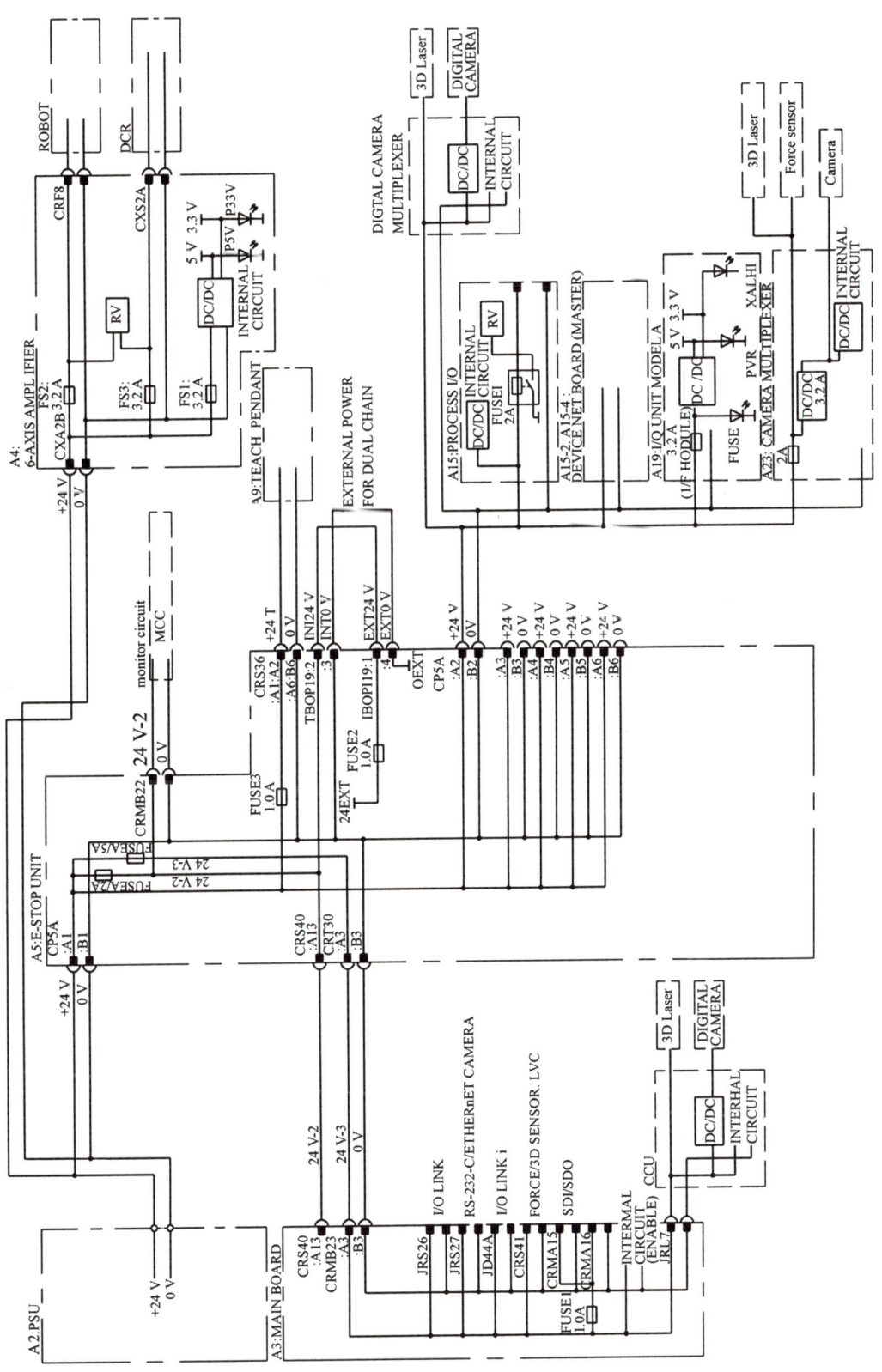

图 B-4　FANUC R-30iB Mate 控制柜内部直流电源连接图

参考文献

[1] 韩鸿鸾,周蔚,王泓霖,等. FANUC 工业机器人编程与操作[M]. 北京：化学工业出版社,2024.

[2] 龚仲华. FANUC 工业机器人从入门到精通[M]. 北京：化学工业出版社,2021.

[3] 刘小波. 工业机器人技术基础[M]. 2 版. 北京：机械工业出版社,2020.

[4] 龚仲华. 工业机器人编程从入门到精通（FUNAC 和安川）[M]. 北京：化学工业出版社,2023.

[5] 杨秀文. 工业机器人技术应用[M]. 重庆：重庆大学出版社,2023.

[6] 胡兴柳,司海飞,滕芳. 机器人技术基础[M]. 北京：机械工业出版社,2021 年.

[7] 李慧,马正先,逄波. 工业机器人及零部件结构设计[M]. 北京：化学工业出版社,2016 年.

[8] 夏冰新,王娜,商丽. 机械设计基础[M]. 北京：化学工业出版社,2024.

[9] 周惠群,王精通,刘悬. 机械制图基础与 AutoCAD 2024 入门教程[M]. 北京：化学工业出版社,2024.

[10] 赵元,于欢. 机械制造技术基础[M]. 北京：化学工业出版社,2024.

[11] 李海英,王立芳,毛现艳. 机械设计与应用[M]. 北京：化学工业出版社,2024.

[12] 张彦,王国乾,洪荣晶. 机械制造技术基础[M]. 北京：化学工业出版社,2023.

[13] 张明金. 电机与电气控制技术项目教程[M]. 北京：机械工业出版社,2015.